城市居民碳能力：成熟度测度、驱动机理及引导政策

陈红　魏佳　著

科　学　出　版　社

北　京

内 容 简 介

本书是作者在长期的能源与环境行为管理理论和实践研究中形成的系统性的创新成果。本书首先从能力的产生机制及演化过程出发，界定了城市居民碳能力的概念内涵，构建并验证了其进阶式五维结构模型。进一步基于能力成熟度演化视角，构建了城市居民碳能力成熟度测度模型，并开发了相应的测度方法。运用质性研究方法构建了城市居民碳能力驱动机理理论模型，结合我国东部地区的调查数据，探究了城市居民碳能力的多层驱动因素及作用机理。进一步地，基于加权小世界网络构建了碳辨识能力扩散模型，仿真分析了不同外部环境变化情形下的碳辨识能力的动态扩散规律。最后基于实证和仿真研究结果设计了城市居民碳能力"进阶循环式"引导政策。本书关于碳能力的相关研究是对碳能力理论研究的重要突破，为碳能力成熟度测评提供了全新的理论模型参考和方法论支持，为能源与环境行为管理的相关研究提供了崭新的研究视角、路径和方法，同时也为相关政策制定者提供借鉴。

本书适合从事能源与环境行为管理学科领域的研究人员、管理人员及大专院校师生参考阅读。

图书在版编目（CIP）数据

城市居民碳能力：成熟度测度、驱动机理及引导政策/陈红，魏佳著. —北京：科学出版社，2017.12

ISBN 978-7-03-056074-2

Ⅰ.①城⋯ Ⅱ.①陈⋯ ②魏⋯ Ⅲ.①城市–碳–储量–研究 Ⅳ.①X21

中国版本图书馆 CIP 数据核字（2017）第 314751 号

责任编辑：魏如萍　朱　晔 / 责任校对：孙婷婷
责任印制：吴兆东 / 封面设计：无极书装

科 学 出 版 社 出版
北京东黄城根北街 16 号
邮政编码：100717
http://www.sciencep.com

北京虎彩文化传播有限公司 印刷
科学出版社发行　各地新华书店经销

*

2017 年 12 月第 一 版　　开本：720×1000　1/16
2017 年 12 月第一次印刷　　印张：20
字数：405 000

定价：138.00 元
（如有印装质量问题，我社负责调换）

前　言

　　低碳减排作为我国的一项基本国策,已成为全社会的共识。随着居民生活水平的提高,相对于生产侧的减排,消费侧减排的重要性日益凸显。特别是我国东部地区,人口密集、经济发展水平高,居民能源消费产生的碳排放量居高不下。如何衡量居民自身的低碳减排能力、挖掘其减排潜力成为低碳经济领域亟需探究的重要议题。如何建设并提升居民的碳能力(carbon capablity,CC),通过居民自主低碳生活方式的转变来促进人类发展的飞跃也成为政府和社会面临的一个新挑战。

　　本书遵循"实践-理论-实践"的循环思想主线,从实践问题中提炼并验证新理论思想,同时又用新理论思想来指导实践。具体来讲,针对现实低碳实践中出现的在价值观、判断、选择和坚持层面的割裂问题,本书从能力的产生机制及演化过程出发,界定了城市居民碳能力(carbon capability of urban residents)的概念内涵,构建并验证了其进阶式的五维结构模型,提出并区分了碳能力门槛水平、可塑水平、有效水平、成熟水平和领袖水平的层级内涵。进一步基于能力成熟度演化视角,构建了城市居民碳能力成熟度进阶模型,并开发了碳能力成熟度测度标准和测度流程。运用质性研究方法筛选了城市居民碳能力的关键驱动因素,进而构建了城市居民碳能力驱动机理理论模型。在此基础上,开发并检验了城市居民碳能力测量量表,并基于我国东部地区的调查数据,分析了我国城市居民碳能力的现状、成熟度及差异特征,深入探究了城市居民碳能力驱动因素的作用机制。进一步地,基于加权小世界网络构建个体之间的碳辨识能力扩散模型,对城市居民碳能力的关键能力环节进行仿真分析。最后提出了城市居民碳能力"进阶循环式"引导政策,为全面提升城市居民碳能力提供借鉴。现将本书主要内容及结论总结为以下几方面。

　　第一,城市居民碳能力概念界定、结构验证及成熟度测度。从能力的产生机制及演化过程出发,本书将城市居民碳能力界定为从建立低碳价值理念,掌握低碳辨识技能,能明智做出低碳选择,到采取有效低碳行动并能产生低碳影响力的一种全过程的进阶式能力集合。进一步构建并验证了其进阶式五维结构模型,五个维度由"认知层"到"执行层"再到"贡献层"依次是碳价值观(carbon values,CV)、碳辨识能力(carbon identification capability,CIC)、碳选择能力(carbon choice capability,CCC)、碳行动能力(carbon action capability,CAC)和碳影响能力(carbon influence capability，CINC）。基于能力成熟度演化视角构建了碳能力成熟度模型，区分了由初始级、成长级、规范级、集成级和优化级构成的五级碳能力成熟度，并开发了碳能力成熟度测度体系。通过对城市居民碳能力的现状及成熟度分析发现，碳价值观到碳影响呈现"多层缺口"现象，城市居民碳辨识能力和碳影响能力是阻碍碳能力提升的主要瓶颈环节。城市居民的碳能力成熟度从初始级到优化级呈现明显的"金字塔型"逐级递减趋势，高达 71.7%的居民属于初始级，提高碳辨识能力是促进碳能力成熟度提升的当务之急。

第二，城市居民碳能力驱动机理的质性研究及量化检验。基于质性研究理清了城市居民碳能力的核心驱动因素及作用机制，构建了碳能力驱动机理理论模型。进一步运用结构方程模型对城市居民碳能力驱动机理理论模型进行了实证检验。结果表明，舒适偏好（preferences of comfort，PC）、生态理智性（eco-neuroticism，EN）和生态责任心（eco-conscientiousness，EC）、组织碳价值观（organizational low-carbon values，OLV）、组织低碳氛围（organizational low-carbon climate，OLC）、社会消费文化（social consumer culture，SCC）及社会规范（social norms，SN）完全通过效用体验感知（utility experience perception，UEP）作用于碳能力，而生态宜人性（eco-agreeableness，EA）和生态开放性（eco-openness，EO）部分通过效用体验感知作用于碳能力，部分直接作用于碳能力，且中介效应的显著性要高于直接效应；除了行为实施成本（behavior implement cost，BIC）之外，其余情境因素[如个人经济成本（personal economic cost，PEC）、习惯转化成本（habit conversion cost，HCC）、产品技术成熟度（technology maturity，TM）、产品易获得性（feasible access，FA）、基础设施完备性（completeness of public infrastructure，CPI）、政策普及程度（popularization and effect of policy，PEP）和政策执行效度（execution and validity of policy，EVP）]对效用体验感知作用于碳能力的路径呈现出显著的调节作用，且只有个人经济成本和习惯转化成本（habit conversion cost，HCC）的调节作用为负向；年龄、学历、婚姻状况、家庭月收入、组织性质、职务层级对碳能力也存在显著影响。

第三，城市居民碳能力关键能力环节仿真分析。综合考虑"广播型"和"易货型"两种能力扩散机制，运用加权小世界理论构建个体间的非正式碳辨识能力扩散模型，借助 Matlab 仿真平台对模型进行仿真分析，研究网络中外界情境因素干预下和个人碳交易市场调节下的碳辨识能力扩散规律。研究表明：无论是"随机关系强度"网络还是"强关系"网络，以知识优先策略来确定能力扩散过程中的发送方，能够为网络带来更高的能力增长率，且短期内网络的均衡性最好，随着"碳辨识能力差"优势的逐渐消亡，强度优先扩散模式下网络的均衡性最优；无论是外界情境因素综合作用还是单独作用，碳辨识能力扩散效率均会明显上升；在"弱关系"网络中，尽管以知识优先和强度优先确定发送方时，网络中节点的能力增长率差距甚微，但强度优先下的网络均衡性明显优于知识优先模式；相比于"强关系"网络，"弱关系"网络受到外界情境因素的干预影响时，能够产生更多的能力增量；引入个人碳交易市场机制后，网络中能力的增长速度明显提升，均衡性整体上优于无碳市场交易机制下的网络；网络中"易货型"节点所占比例越多，网络中的"广播型"节点越少，网络中碳辨识能力扩散的效率越高，但同时也会伴随着网络均衡性变差的风险。

第四，以积极效用体验感知为核心的城市居民碳能力"进阶循环式"提升策略研究。从城市居民碳能力自身建设、驱动因素重点引导、情境因素积极干预和效用体验感知积极强化四个方面出发，以系统性的视角构建了城市居民碳能力"进阶循环式"提升策略体系，进一步通过能力水平、效果显著性、实施困难度、成效凸显期和成本支出五项指标对各项策略进行了综合评估，提出了引导策略选择矩阵的方案。

本书的创新点主要体现在以下四个方面：①从能力的产生机制及演化过程出发，界定了城市居民碳能力的概念内涵，构建并验证了其进阶式五维结构模型，发现了碳能力的多层缺口现象，提出并区分了碳能力的门槛水平、可塑水平、有效水平、成熟水平和领袖水平的层级内涵，是对碳能力理论研究的重要突破，为低碳行为研究提供了崭新的研究视角；②基于能力成熟度演化视角，构建了城市居民碳能力成熟度进阶模型，区分了由初始级、成长级、规范级、集成级和优化级构成的五级碳能力成熟度，进一步开发并检验了碳能力成熟度测度标准和测度流程，发现了城市居民碳能力成熟度的"金字塔型"分布特征，为碳能力成熟度测评提供了全新的理论模型参考和方法论支持；③理清了城市居民碳能力的核心驱动因素及作用机制，发现、界定并验证了生态人格（ecological personality，EP）的概念结构，进一步构建并验证了城市居民碳能力驱动机理综合理论模型，为剖析碳能力的驱动机理提供了全新的视角、模型、路径和方法，为居民低碳行为研究领域提供了新的借鉴；④综合考虑"广播型"和"易货型"两种能力扩散机制，运用加权小世界网络构建了碳能力关键能力环节（碳辨识能力）扩散模型，借助 Matlab 仿真平台，仿真了随机关系网络、强关系网络、弱关系网络中碳辨识能力的扩散趋势，重点区分了外界情境因素和个人碳交易市场两类干预机制下的碳辨识能力扩散规律，为碳能力扩散研究提供了崭新的研究思路和方法论基础。

本书的研究工作得到了国家自然科学基金面上项目（71473247、71603255）、江苏高校哲学社会科学优秀创新团队（2017ZSTD031）、江苏省第五期"333 高层次人才培养工程"第二层次中青年领军人才项目（2016）、江苏省研究生教育教学改革研究与实践课题（JGZZ16_078）、中国博士后科学基金面上项目（2017M620459）、中国矿业大学优秀创新团队-卓越团队（2015ZY003）、中国矿业大学"十三五"

品牌专业建设工程项目（2017）等资助，特此向支持和关心作者研究工作的所有单位和个人表示衷心的感谢。书中有部分内容参考了有关单位或个人的研究成果，均已在参考文献中列出，在此一并致谢。

由于时间仓促，作者水平有限，书中不妥之处在所难免，请广大读者批评指正。

陈　红　　魏　佳

2017 年 7 月

目　　录

第一章 导　论

第一节　研究背景

一、低碳减排是我国的一项基本国策

环境问题已成为 21 世纪全球共同面对的一个严重问题，尤其是伴随能源消费产生的 CO_2 排放问题[1-4]。从《联合国气候变化框架公约》的达成到《京都议定书》的签署，政府间气候变化专门委员会[5]不断推动全球各国参与低碳减排[6]。与大多数经济现象一样，CO_2 减排的边际成本也是上升的，这使得后续并没有签署具有法律意义的条款[7]。特别是欧洲碳交易体系等碳交易市场的出现更是使减排成本变为现实的经济利益[8]。这就意味着，全球 CO_2 减排问题正在寻找更加切实可行的途径，CO_2 减排潜力亟需从全方位深入挖掘。就我国而言，一次能源消费总量及其产生的 CO_2 排放量正随着国内生产总值（gross domestic product，GDP）一起飞速增长，CO_2 排放量早在 2006 年便超过美国，居世界第一位[9]。同时，我国的 CO_2 排放比例也由 20 世纪 90 年代初的全球 10.57%增长到 2014 年的 27.5%[10]。在这种情况下，我国需要承担 CO_2 排放控制责任是毋庸置疑的。

低碳减排作为我国的一项基本国策，已成为全社会的共识。《"十二五"节能减排全民行动实施方案》中明确指出[11]，政府机构和家庭社区支持低碳减排，缓解我国所面临的能源环境压力。《"十三五"节能减排综合工作方案》进一步强调要动员全社会参与节能减排[12]。如何有效地控制碳排放量，不仅涉及 CO_2 减排目标的达成度，更是关乎整个社会的经济发展及人类的可持续发展，也是全民生活质量的迫切要求。

那么，如何在发展经济的同时降低碳排放，是我国目前面临的严峻挑战。为了迎接这一挑战，国务院于 2009 年 11 月设定了一个低碳减排目标，即到 2020 年单位国内生产总值二氧化碳排放比 2005 年下降 40%～45%[13]。2016 年 1 月，国家发展和改革委员会明确提出计划于 2017 年启动全国碳排放交易体系[14]。这意味着，我国在促进 CO_2 减排、缓解温室效应方面开始探索切实可行的崭新的路径。由此，如何从多方位全面实现这一减排目标，就成为亟需解决的重要问题。

二、居民的生活能源消费日益增长，消费侧的碳减排刻不容缓

事实上，从国际碳减排的发展趋势来看，为了减少二氧化碳排放，欧美等发达国家和地区的能源管理已由传统的生产侧管理转向消费侧管理。这主要是由于随着经济社会的发展，居民能耗的增长速度开始超过工业能耗，居民能耗占总能耗的比例都维持在 20%以上[15-17]。美国 80%以上的能源消耗和碳排放源自消费者需求，而且居民通过家庭和旅行所排放的 CO_2 排放总量占比高达 41%[18]。特别地，有研究指出居民生活消费（直接或间接）产生的 CO_2 量占到全球 CO_2 排放量总量的 72%[19]。除了生活用能，交通能耗产生的 CO_2 排放量也日益增多，据国际能源署最新数据显示，2012 年交通部门燃料燃烧排放的 CO_2 量占全球燃料燃烧 CO_2 排放量的 22.6%，成为第二大 CO_2 排放源[20, 21]。

从我国的实际情况来看，尽管长期以来，CO_2 排放主要来自工业化的高速发展，但是近年来，居民生活能源消费及由此产生的碳排放量大幅增加[22, 23]。如图 1-1 所示，1990～2014 年，我国人均能源消费呈现较为明显的上升趋势。作为世界上最大的发展中国家，我国正处于快速工业化和城市化的发展阶段，随着经济的持续增长和居民生活水平的不断改善和提高，居民生活用能的结构也在不断改善，居家电器、小汽车等能耗型产品的拥有量和使用量都将不断增加，这些都将无法避免地带来居民生活能源消耗增加，并使其排放的 CO_2 量不断增长。

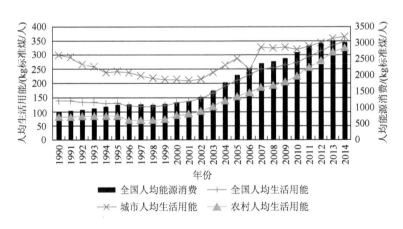

图 1-1　我国居民人均能源消费情况（1990～2014 年）

资料来源：中国能源统计年鉴 2015

特别地，通过城乡对比，不难看出城市居民和农村居民的人均能源消费量差距加大，主要表现为农村远低于城市居民，差距最大时高达 3.5 倍[24]，就 2014 年

的数据来看，城市居民和农村居民的人均能源消费比重为 1.21：1。如果考虑间接能耗，我国城市居民能源消耗量约占全国能源消费总量的 20%[25]。由此可见，城市居民能源消费量占据整体生活能源消费量的主要地位。随着城市化率的不断提高，城市居民生活能源消费及其产生的二氧化碳排放量将日趋增长、不容忽视。而且，城市居民作为工业品终端消费的主力，其是否具有低碳化的价值取向在很大程度上会影响工业企业对自身产品及理念的设计和生产。因此，在可预见的未来，城市居民能源消费将逐渐成为我国未来 CO_2 排放的主要增长来源，消费侧的低碳减排刻不容缓。

三、消费侧的碳减排有赖于城市居民碳能力的提升

学者和政策制定者已经意识到，城市能源消费引起的 CO_2 排放量的增长已开始不断抵消技术进步和产业升级等因素带来的减排效应，只针对工业生产领域的减排措施并不能实现有效减排[26, 27]。如何挖掘居民消费所蕴含的低碳减排潜力成为低碳经济领域的重要议题。居民作为除政府、企业之外的第三大减排责任主体，他们是否拥有减少碳排放的动机和能力是现阶段需要高度关注和深入发掘的领域。

虽然有学者提出"碳能力"的概念，并探索其测量维度[28-30]，指出碳能力是指"个体能够对低碳做出明智的判断并采取有效低碳行为的能力"，侧重于考察个体的知识、决策（decision making）、个体行为及集体行为能力。不可否认，对低碳行为的明确判断和有效实施是碳能力的核心能力要素，但不容忽视的是，低碳行为能力并不能完全等同于碳能力本身。正如能力研究的经典理论——冰山理论所述，能力并不仅限于知识和技能等隶属于海平面以上的浅层次的部分，价值理念、动机等潜伏在海平面以下的深层次部分更是区分个体能力差异的关键所在[31, 32]。类比到城市居民碳能力，知识、技能、行为等容易观察的要素就是碳能力的外显特征，而根植于居民内心的低碳价值观念、动机等"潜伏在海平面以下"的要素则是更有助于真正认识、评价和提升低碳减排能力的核心要素。然而，现有的研究很少关注到这一点，大量研究仍然集中于研究居民的低碳行为能力本身，旨在从普及知识、经济补贴、政府监管等方面来引导居民的低碳行为，但是收效有限。显然，相比自上而下的监管，居民拥有低碳价值理念、自主自发地低碳才是促进低碳社会的根本[33]。由此可见，相比低碳行为引导因素，低碳减排更依赖于城市居民内在碳能力的提升。

四、城市居民碳能力及其驱动机理的研究有助于碳减排政策的制定

低碳发展离不开公众参与，目前已有许多国家和学者开始关注个体行为与 CO_2 排放的关系，如德国、法国、英国、瑞士、挪威和美国等，且大多数学者认

为改变居民个体的出行行为可以有效减少二氧化碳的排放[34-36]。我国相关政府部门也大力倡导居民低碳减排，并做了大量的宣传工作。例如，2013 年 6 月 6 日，国家应对气候变化战略研究和国际合作中心召开媒体发布会，确定 2013 年 6 月 17 日为首个"全国低碳日"[37]。自 2013 年起，每年都举办全国节能周和全国低碳日活动[38]，2015 年的低碳活动日主题为"低碳城市，宜居可持续"[39]。为响应低碳日活动，许多城市和团体组织围绕"低碳"主题也已开展诸多相关活动[40]。但从这些活动的后期效果来看，目前对于低碳行为的宣传和引导，多呈现"口号化"特点，并没有将低碳理念转变为居民的自觉行动和主动选择，更没有把低碳理念贯穿到居民生活的每一天，从而实现低碳行为的常态化。

由此可见，实现居民自主低碳任重而道远。正如从物物交换到货币流通是人类经济发展的一次飞跃，居民高碳生活向自主低碳生活的转变也将成为人类发展的另一次飞跃。那么，如何评估并提升居民的低碳能力，进而促进此次飞跃，正在成为政府和社会面临的一个新挑战。尽管政府已经从各个层面开始出台法律、法规、标准来促进低碳减排，但多数集中于工业减排。相较于发达国家，我国目前对于居民低碳行为的宣传和引导还缺少系统化的长效激励机制和创新性的制度设计，居民的低碳行为并没有得到有效、常态化的引导。另外，从居民个体角度来说，其低碳的自愿性还远远不够，而隐藏在非低碳行为背后的碳能力障碍问题值得深入探讨。

基于上述背景，构建基于碳能力建设和提升的低碳减排政策，对引导我国城市居民低碳减排具有重要的现实意义，而我国城市居民是否具有低碳减排的能力？如果有，碳能力究竟是如何产生和发展的？其碳能力有何特征？其驱动因素有哪些？如果没有，那么建设和提升居民碳能力的哪些途径是有效的？有效途径的作用机制是怎样的？对这些问题的解决有助于挖掘城市居民碳能力的产生过程和演化机理，掌握城市居民碳能力的特征，挖掘其低碳减排潜力，理清城市居民碳能力发展和演化的驱动因素体系，筛选出核心驱动因素，把握关键驱动因素的作用机制，从而能够制定出更加符合地区实际情况且更有效的居民低碳引导政策体系。

五、如何引导我国东部地区城市居民建设和提升碳能力尤为重要

我国区域自然地理条件、经济、社会、科技、人口和文化的空间差异显著，根据国家统计局 2011 年 6 月 13 日的划分办法，为科学反映我国不同区域的社会经济发展状况，将我国的经济区域划分为东部、中部、东北和西部四大经济地区。东部包括北京、天津、河北、上海、江苏、浙江、福建、山东、广东、海南等省份，是经济比较发达的地带。目前各地区的总体差异依然存在[41]，区域能源消费强度与经济增长之间的关系[42, 43]、生活能源消费结构及碳排放、人均生活用能[44]存

在明显空间差异[45, 46]。东部是我国城市分布最密集的地带，城市地理分布区域跨度较广，占地面积约为全国的 9.5%，但分布了 30.56% 的城市，东部 10 个省份人口占全国总人口的 38.21%，GDP 远高于中西部地区，占全国 GDP 的 54.34%[①]。此外，单从私人汽车拥有量而言，东部地区 10 个省市的私人汽车拥有量占全国私人汽车拥有量的 50% 以上，且近年仍以 20% 左右的年增长率持续增长[47]，交通碳排放量远高于其他地区。与此同时，整个东部地区是我国雾霾非常严重的区域，特别是京津冀地区，PM$_{2.5}$ 指数常年居高不下[48]。

总体来看，东部地区人口密集，经济发展水平高，无论是工业导致的碳排放还是居民其能源消费产生的 CO$_2$ 排放量均居高不下，低碳减排势在必行。因此，如何引导东部地区城市居民建设和提升碳能力更具现实意义。综上所述，本书将研究对象界定为我国东部地区城市居民的碳能力。

第二节　本书的切入点及研究框架

一、本书的切入点

本书旨在对城市居民碳能力的概念结构、成熟度测度方法及驱动机理进行深入探究，以期构建能够促进城市居民碳能力持续提升的政策建议。从前面的分析可知，引导东部地区城市居民建设和提升碳能力更具现实意义，因此选取东部地区城市居民为主要研究对象。

本书首先在回顾能力的内涵和结构相关文献资料的基础上，对我国城市居民碳能力的内涵进行清晰界定并阐述其结构内涵，进一步基于能力成熟度模型构建城市居民碳能力成熟度模型及成熟度测度标准和测度流程。基于质性研究，探究城市居民碳能力的核心驱动因素，构建城市居民碳能力的驱动机理综合理论模型。结合文献研究，开发城市居民碳能力及其驱动因素研究量表，选取东部地区城市居民为主要研究对象，进一步进行大样本调查。基于调研数据，分析我国东部地区城市居民碳能力的现状、成熟度及差异性特征。运用结构方程模型，对城市居民碳能力驱动机理综合理论模型进行实证检验。进一步地，综合评价我国东部地区城市居民碳能力的成熟度水平，判断碳能力的关键成长阶段，基于加权小世界网络构建个体之间的能力扩散模型，探讨在不同外部情境干预下的碳能力的动态变化规律，进而揭示碳能力成熟度由初始级到成长级的跃迁规律。最后，根据质性分析、量化检验及仿真分析的研究结论，在梳理现有低碳引导政策的基础上，提出促进我国城市居民碳能力建设和提升的政策建议。

---

① 数据来自国家统计局官方网站 2015 年数据，作者根据需要进行了计算整理。

二、本书的研究意义

（一）理论意义

城市居民低碳减排势在必行，而现有的研究多关注于城市居民低碳消费行为本身，忽视了根植于城市居民内在的价值、动机和能力，因此本书深入剖析能力的产生机制，从能力演化的全过程视角出发，剖析低碳行为能力的内涵和外延，定义城市居民碳能力的进阶式概念，进一步阐释影响城市居民低碳减排的深层动机和能力，这是对能源行为领域相关研究的拓展和丰富。

通过对城市居民碳能力驱动机理的研究，对于丰富城市居民碳能力理论及如何更好地发挥驱动因素的调控作用，引导微观主体低碳减排行为有重要的理论和现实意义，可促进行为经济学、行为心理学、计算机科学等多学科的交叉应用，是对居民低碳消费行为相关领域研究视角的重要拓展。

（二）实践意义

1）国家政策层面

随着工业化、城镇化进程加快和消费结构升级，我国能源需求呈刚性增长，节能减排工作难度不断加大。"十三五"规划已明确地提出节能减排的目标，本书的研究结论和政策建议具有很强的实践性，对于制定和优化低碳减排政策具有重要参考价值，也可为城市居民碳能力常态化提供可行路径。

2）经济和环保层面

无论从宏观经济发展层面还是在微观经济发展层面，低碳减排都是增强我国竞争力、促进可持续发展的必要举措。就我国发展的实际情况而言，城市居民作为终端消费的主力，其低碳消费趋向和能力水平将会倒逼工业生产。同时，工业生产流通领域的生产者和决策者也是生活能源的消费者。对城市居民碳能力的研究结论更有助于识别居民的低碳减排潜力和能力障碍，进而有助于促进居民在进行消费决策时兼顾经济发展和环境保护。

3）社会促进层面

快速的经济增长对生活质量改善的作用不容置疑，但与此同时，我们也应该正视经济飞速发展带来的负面影响，这种负面影响更多地体现在生态环境质量方面。本书从提升城市居民碳能力的角度，促进低碳减排，营造优质的环境质量，促进城市居民整体低碳价值理念的改观，提升城市居民的幸福感及生活质量。

总之，本书的研究结论最终有助于推动我国城市居民碳能力的建设和保持，促进居民低碳生活方式的培养，促进低碳社会发展，具有较广泛的应用前景。

三、本书的研究方法与研究框架

（一）研究方法

本书聚焦于我国东部城市居民，从碳能力的产生及演化过程出发，借鉴已有研究成果，综合运用行为经济学、行为心理学、质性研究方法、多元统计分析方法、结构方程模型、加权小世界网络等多学科的理论与方法进行研究，在研究过程中科学地选择研究方法，使其更好地服务于研究内容和研究对象。

（1）在理论分析及推演的基础上，综合运用制度经济学、行为经济学、社会学、消费心理学等多学科知识，延展能力的现有理论边界，清晰界定城市居民碳能力的概念内涵，构建城市居民碳能力进阶式结构模型。

（2）在搜集和阅读相关文献并进行多次专家访谈的基础上，充分结合我国城市社会、经济、文化的情况和特点，设计我国城市居民碳能力测量量表并进行多次修正，然后通过网络和实地两种方式发放量表，收集相关数据，评价我国东部地区城市居民的碳能力现状及差异性特征，同样的方法应用到城市居民碳能力驱动因素量表的开发和修正。

（3）运用质性分析方法，通过多次访谈并结合现有文献，筛选出城市居民碳能力的驱动因素，清晰界定各驱动因素的概念内涵，并构建城市居民碳能力驱动机理理论模型和研究假设。

（4）基于所获得的有效数据，运用统计分析手段对城市居民碳能力的现状进行评价，识别碳能力成熟度较低的居民群体，探究其个性特征及能力障碍；运用相关分析和结构方程模型，探索城市居民碳能力的驱动因素及其对碳能力的影响机制；评价不同居民的碳能力成熟度等级，综合考虑"广播型"和"易货型"两种能力扩散机制，运用加权小世界理论构建个体间的非正式碳辨识能力扩散模型，借助 Matlab 仿真平台对模型进行仿真分析，研究网络中外界情境因素干预下和个人碳交易市场调节下的碳辨识能力的扩散规律。

（5）基于研究结论，运用归纳与演绎等系统科学和思辨研究方法，对我国现行低碳减排引导政策体系进行梳理和分析，为我国城市居民碳能力建设和提升的政策体系提供科学可行的建议。

（二）研究框架

本书的研究框架如图 1-2 所示。

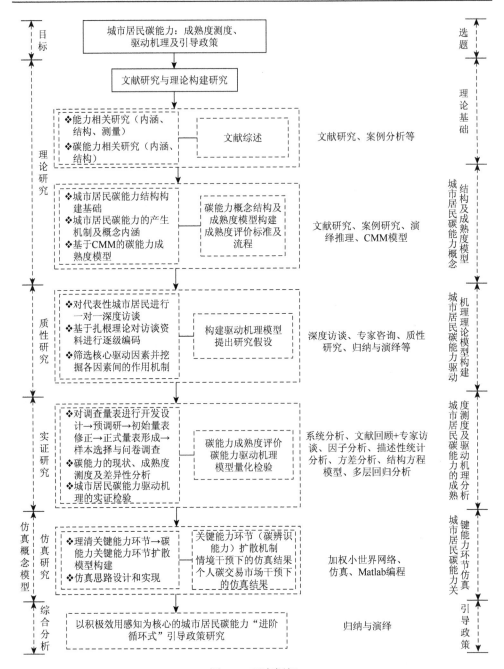

图 1-2　研究框架

第二章　能力及碳能力相关研究

第一节　能力相关研究

一、能力的内涵及结构

（一）能力的内涵

能力既是人们最熟悉、最常见的个体心理品质，也是在学术研究领域争议较多、在实际应用领域不易界定、难以测量的个体心理品质。能力相对应的英文词汇有很多，如"ability""capability""competence""capacity""talent""skill""aptitude"等，上述词汇在中文文献中均可以理解为能力，这就更加混淆了对能力真正内涵的阐释[49]。随着时代的发展，对能力的理解也更加丰富。尽管对于能力的内涵，学者们已经取得初步了解，但不可否认的是，能力的隐匿性和复杂性特征从一定程度上增加了能力研究的难度。能力的早期研究始于心理学领域，随后逐渐拓展到哲学、组织行为学、社会学、教育学等许多领域，能力相关研究越来越受到学者们的重视。迄今，关于能力概念和结构的研究还存在诸多争议，能力的概念呈现多元化发展态势。

1）心理学领域的能力观

心理学研究领域对能力的认知主要有四种观点，分别是"潜能说""能量说""动态知识技能说""个性心理特征说"[50, 51]。上述四种主流观点中，人们以"个性心理特征说"最为认可，这里提到的心理特征是指个体身上经常地、稳定地表现出来的心理特点[52, 53]。教育学、社会学和科学等学科一般也沿用这个定义。个性心理特征说对能力概念的解释是：一方面，能力作为个体的一种个性心理特征，主要强调直接影响活动的效率并使活动得以顺利完成的心理特征。换言之，能力总是和人完成一定的活动相联系在一起的，离开了具体活动，人的能力既不能表现出来，也无法得到发展[54]。另一方面，能力是顺利完成某种活动直接有效的心理特征，而并不是顺利完成某种活动的全部心理条件。鉴于能否成功、高效地完成某项具体活动会受到许多因素的影响，除了客观因素之外，如知识、经验、特质、兴趣、爱好等主观因素也会影响其成功率。然而，需要注意的是，这些因素并不能直接决定活动的效率和成功率，只有能力可以起到直接性的决定作用[55]。

如果一个人可以通过协调自己的某些能力来高效地完成某项活动，那么这个人就表现出能力，反之就很难从事这种活动，表现出没有能力。

2）哲学领域的能力观

马克思认为，能力是人的本质力量，它的展现和开发必须依托于具体的客观对象，而这个客体对象既可以是精神世界，也可以是自然物质世界[56]。能力是指人的综合素质在现实行动中表现出来的正确驾驭某种活动的实际本领、能量，是实现人的价值的一种有效方式，也是社会发展和人生命中的积极力量[57]。一方面，能力展现是确立主客体关系的基础，也是主体对客体世界进行改造的基础；另一方面，能力的概念也获得了基本的范畴。也就是说，在哲学层面上看，能力实质上是一个关系的概念，是对人与世界的关系、主客体关系的反映；也就是说，能力总是特定的主体，在针对特定的客体完成某种活动的过程中表现出来的"能量"[58]。尽管哲学领域对能力的解说是抽象而笼统的，远远不能为我们对能力的认识提供具体的观点，但它至少为我们理解能力的概念确立了一个基本的框架：应当将能力放在主客体关系中来理解其概念。

3）组织行为学领域的能力观

组织行为学领域认为能力是指个体能够成功完成各项任务的可能性，它是对个体现在所能做的事情的一种评估[59]。这种观点的本质也认同能力的个性心理特征说，但它同时也注重个体在完成任务过程中的生理能力（如耐力、手指灵活性、腿部力量等）。这里所认为的心理能力主要是指从事那些心理活动所需要的能力，可以通过智力测验来衡量[59]。然而，随着企业组织的发展，20 世纪 60 年代后期，大量研究证明：智力和工作绩效并非显著相关，具有影响力的是 Mcclelland 提出的一个颇具创意的观点，即"测量胜任力而非智力"[60]，也就是那些可以将表现优秀者与表现一般者区分开来的特质，如态度、价值观、动机、特质等潜在的深层次特征。这一论点掀起了工业心理学和管理学中关于胜任力研究的热潮[61, 62]。不难发现，能力和胜任力本质上均属于能力，只是在不同领域中由于研究侧重点的差异而造成的名称差异，对个体来讲，对某项具体任务的胜任力等同于能力，因此本书不对上述两个概念进行特别区分。

从现有文献看，在组织行为学领域的能力概念变迁史上，先后出现过四种不同的能力概念：特征观论、行为观论、整合观论、情境观论。持特征观的学者认为能力可以是动机、特质、自我概念、态度或价值观、某领域的知识、认知或行为技能等可以被测量或量化的个体特征[63, 64]。持行为观的学者则认为能力就是一系列行为，这些行为相互独立，但是这些行为必须和具体的工作任务相联系，它可以整合也可以分割，更可以测量[65, 66]。这一观点可以追溯到关于能力本位教育（competency-based education，CBE）的早期文献[67]。在现今加拿大等国家所实施的能力本位教育中也可以清晰地探寻到这种痕迹[68, 69]。持整体观的学者认为能力是与职位或工作角色相联系的，胜任一定工作角色所具备的知识、技能、判断力、态度和价值观的整合就是能力[70]，这种观点的认可度较高[71, 72]。能力也被认为是个体的一种复杂的素质结构，集个体在工作任务中表现出来的知识、技能和态度等于一身[73, 74]。进一步地，Sandberg整合研究了上述这三种能力观点，认为这三种能力观表述有所区别，但究其本质而言，却都属于非常典型的特质观，即将能力等一系列在不同情境下均具稳定性的各种特质[75]，在很大程度上忽视了经验等在能力形成中的作用。为此，他进一步强调了以往经验对于任务成功率的重要作用，即个体在完成某项任务时，总是有意识或无意识地运用以往的各种经验，并企图从中找出解决方案，或者探索以往经验和遇到的新情境的结合点，以期高效完成各项任务。因此，人的能力只能在真实的情境中通过实践获得，对能力进行研究时需要特别关注其实践情境。由此可见，要理解能力的具体内涵，必须将其置于具体的任务或生活情境中进行考量，脱离了情境的能力，无法对现实具有指导意义。

（二）能力的结构

对能力内涵的研究并不能支撑学者们对能力的全面认知，关于能力的结构问题逐渐变为学术界的关注焦点。然而对于能力结构的问题，历来众说纷纭，但大多是基于心理学对能力结构的研究。在学术界比较获得认可的能力结构理论都是解构能力的组成因素或形成过程。能力理论作为本书的重要理论基础，本书将对这些能力结构理论进行详细回顾，主要包括能力的静态成分模型和动态过程模型两类。

1）静态成分模型

能力的静态成分模型研究主要集中在能力的分类、构成因素和多层级结构的探索上。例如，根据能力活动的适用范围将其分为一般能力和特殊能力[76]。能力按照它的功能可划分为认知能力、操作能力和社交能力[77]。除了上述分类研究，心理学对能力结构的研究多着眼于智力结构的研究。尽管智力并不完全等同于能力，但在能力的概念研究中，以脑力为主的部分可以等同于智力，也就是说智力等同于心理学中的一般能力。因此本书对相关智力结构研究进行了梳理。对智力的理论研究分为三大类：分类论、因素论和结构论。分类论代表观点是关于流体智力和晶体智力的划分[78]。因素论主要分为二因素理论[79]和群因素理论[80]。结构论主要包括三维结构模型[81]、多元结构模型、三元模型[82]、成功智力模型[83]。

在组织行为学、管理学等领域的研究中，目前比较有代表性的能力结构模型主要有冰山模型和洋葱模型。胜任力的冰山模型认为胜任力包括动机、特质、自我概念特征、知识和技能五种类型[60]。"知识和技能"似处于水面以上看得见的冰山，最容易改变；"动机和特质"潜藏于水面以下，不易触及，也最难改变或发展；"自我概念特征"介于二者之间。洋葱模型的本质其实是从新的角度对上述模型进行阐述，不同于冰山上层和下层，它描述胜任力时，强调层层深入的核心内涵，即由表层向里层，不断发展和深入。其中，最表层的是基本的技巧、知识等，里层的核心内容则是一些如价值观、动机等个体潜在的特征。此外，学者们基于一般能力结构，研究了一些特殊能力结构模型，如综合能力模型[84]、高教教师能力结构模型[85]、战略思维能力结构模型[86]、就业能力结构模型[87]、创新能力结构模型[88]、组织动态能力结构模型[89]等。

　　2）动态过程模型

　　上述静态成分模型主要基于静态稳定的角度来探究能力的机构，而动态过程模型则是基于动态变化的角度，关注能力发生的整个过程，特别是从行为的发生过程来构建能力的机构。其中，代表性的研究有：功能模型[90]、智力的 PASS 模型（planning-attention-simultaneous-successive processing model）[91]、社会信息加工模型[92]、社会认知-情绪模型[93]等，这些模型都认为能力在各个环节中都有所表现，并且还体现在整合这些过程的能力。社会能力被认为是一种整合判断所有相关行为过程的能力，基于实际测量的需要及可能存在的干预因素，社会能力的功能模型[90]被进一步提出。该模型涵盖了刺激、行为和结果三个过程。刺激是指行为的先行因素，是行为出现的基础，但行为还会受到个体特征和环境的影响。需要强调的是，行为产生的结果必须在行为的、交流的、工具性的和情感的四个方面都有积极的效果才可以被认为是具有社会能力的。

　　智力的 PASS 模型[91]，即"计划-注意-同时性加工-继时性加工模型"，主张智力活动包括注意-唤醒系统、编码-加工过程和计划系统 3 个协同作用的认知系统。社会信息加工模型的前提是个体对环境的理解和解释能影响行为，因此他们从整体上关注个体在不同的情境下如何加工信息并且形成解决办法的全过程，他们将这一过程分为六个步骤：编码—解释—澄清目标—生成反应—决定反应—做出行为[92]。上述模型中，认知方面的过程和相关因素被重点关注，但是忽视了行为的发生不仅仅是受制于认知方面，行为动机、情感等也是影响行为的重要因素，因此，社会认知-情绪模型[93]对该模型进行了完善，将情绪过程加入该模型中，认为情绪强度和情绪管理能力作为个体的背景因素会影响行为的产生过程。功能模型以行为结果来判断个体是否具有能力，社会信息加工模型则是以信息加工的每一个过程是否顺利为标准。二者都为能力的测量和干预提供了明确的标准，具有较强的实践指导意义，但是过程模型实质上是一个认知模型。将情境因素加入个体能力的发展过程中，能更好地理解能力的动态内涵已经成为一种共识。例如，关于社会能力的棱柱模型[94]，该模型包括三个水平。最高水平是社会能力的理论水平，第二层是社会能力的指标水平（包括情境下的差异），第三层包括动机和行为技能。指标水平可以提供能力的测量标准，而对干预则要从技能水平着手，已有一些学者据此模型进行了实证研究[95]。

综上所述，动态过程模型关注的是行为产生的过程及其目标适应性结果，重视个体与情境的交互作用，其目的在于辨别出不适宜行为产生的原因，识别能力产生的阻碍环节，从而为解决测量和干预提供指导。

二、能力的测量标准

就目前能力相关研究而言，关于能力的测量标准并不统一，心理学领域主要通过测量智力进而评估能力。智力测验并不能测量所有与智力相关的行为，而是对智力活动进行取样，从中选择一些可观察、可测量的代表性行为，这些行为能够提供足够的信息来反映个体智力水平，构成智力测量的行为样组[96]。其他领域对能力的测量主要是基于具体能力的内涵，可以分为技能取向、结果取向和整合取向三大类，具体总结为以下几种。

（一）技能取向

能力概念的技能取向是指将能力视为个体拥有的各种具体的知识、技能，拥有适当的这些知识、技能的个体被认为是有相应能力的。例如，能力的发展就是认知技能和认知知识的发展，包括控制情绪、调控行为等[97]。学者们将能力视为一种认知能力，包括各种具体的认知技能[98]。相比之下，能力的概念逐渐发展并且趋于全面，即能力是使个体适应具体情境的认知技能、行为技能等。这种取向的关键是制定确切的标准（是否具备某项技能），根据个体是否具备这些技能来判断其是否具备能力[99]。尽管该取向并不适用于具体能力的跨文化比较研究、能力的差异研究等，但它适用于制定能力评价量表，以达到筛选能力不足的个体、评价干预项目的效果[100]。然而，对于技能与能力的联系和区别，已有较多学者进行了论述[101, 111]。总的来说，技能是个体为胜任某一具体任务而展现出的具体行为，而能力则是对一个人恰当地使用这些技能的能力的综合判断。特别地，还需要注意这样一种情况，个体可能具备某些技能，但他不想去使用这些技能，从而导致这些技能并未发挥应有的适应作用而被误以为不具备能力[102]。

（二）结果取向

结果取向的能力概念重视个体的外显行为结果，以行为是否能有效地获得预期的结果为标准来判断个体是否具有相应的能力。有研究指出，能力嵌入在行为过程中得以表现[103]。例如，有学者认为社会能力是在社会情境中获得个人和团体成功的能力[104]。教师的教学能力表现为一种特殊背景下的行为[85]。张晓和陈会昌在采用结果取向研究能力时，通过自我报告、他人评价来获得个体在一般情境中的行为的有效性[105]。行为观察法也是获得个体在特定问题情境中的行为表现的有效方式[106]，并被广泛用来评价能力[107, 108]。有研究指出，个体的行为目标和任务随情境、个体成熟、认知或情绪而变化，这样就使任务目标的测量指标越来越多，而选取其中一些指标又太局限[109, 110]。

（三）整合取向

早在 20 世纪 80 年代初期，Mcfall 就融合了能力的技能和结果的观点，指出能力是指"对个体在某一情境下的行为进行的有效性判断"，这一概念既包括个体在情境下的行为结果——他人对行为有效性的判断，又包括实现有效性的前提条件——行为技能，同时还将情境变量加入概念中[111]。此后很多学者提出类似的概念[112-114]，不仅将行为技能和结果纳入概念中，更注重能力的情境性和发展性。另外一个被学者们广为借鉴的观点是整合理念[115]，即能力是在一定实践环境中为达到一定绩效的个人特质的整合，整合不是组合和简单的叠加关系，整合之后是一个整体且不可分割。Preston 和 Kennedy 进一步认为，尽管能力不能直接观察和测量，但可以通过测量和评价个体具备的知识、技能、态度和气质等，推测个体是否具备某项能力，也可以通过观察个体在活动中表现出的行为效率与效果，进而判断个体能力的大小。但是，能力不完全等同于可观测和测量得到的知识、技能、态度和行为结果。能力的本质其实是一种高级知识，嵌在行为过程中，表现为行为惯例，可用行为的效率进行测度[116]。

整合取向对能力的多维性、情境性有了更深刻的认识，它弥补了技能取向和结果取向的不足[117]。需要强调的是，这种概念取向对测量提出了严格的要求，不仅要关注个体的一些具体技能，还要重视能力发展的各个阶段并对各阶段的"良好发展结果"分别进行明确定义。因此，采用该取向进行研究时，可以借鉴发展任务理论[118]，即根据研究对象的发展阶段先确定该阶段的发展任务，然后选用相应的测量方法。例如，Bornstein 等便吸取了发展任务理论的基本观点，认为个体在不同年龄阶段所需发展的技能是不同的，因此对个体不同时期的能力采用不同的测量工具[119]。

三、文献系统性评析

（一）能力的内涵及结构

由于研究视角、研究层次的诸多差异，各种能力的概念互相交织，很容易引起概念上的混淆和模糊。目前，学者们对能力理解的分歧主要是集中于如何处理能力核心要素之间的关系问题，正是由于这些分歧才形成了能力的多种研究思路。纵观现有研究，无论是心理学、组织行为学还是哲学等领域，均认为能力必须和具体的任务活动相联系，离开了具体活动，人的能力既不能产生，也无法进一步发展。现有研究对能力的定义多沿用心理学领域概念，其不足之处在于，特别强调能力是一种心理特征，而事实上，能力并不仅仅是心理特征。所以，究其本质，能力是对一个人完成某项任务的综合评估，这种评估是实效性的，而心理特征只是能力考评的一个重要的环节，但并不是能力的全部组成部分。虽然有不少研究在能力的概念中重点强调"心理特征"的重要性，但在解释"能力是一种心理特征"时却不但简要而且非常含糊，并没有对这些心理特征的具体内涵进行阐释，学者们普遍存在这样一种困惑：这些"心理特征"究竟包括什么特征，而且特质、价值观、态度等多个心理因素绝对不是独立的，而是既相互独立又相互促进，甚至表现为一种纵向的发展过程。这些构成要素的有机整合是能力发挥的基础，但对到底哪些特质是激发个体能力的关键要素并不十分清晰。

心理学在对能力的概念研究中往往混淆能力与个体的各种特质的组合，而组织行为学又很难将能力与行为绩效严格区分。显然，能力与特质、知识、技能和行为结果密不可分，但是能力既不是特质，也不是行为绩效。仅仅通过测量特质、具体的知识、技能或行为都不能全面地认识和理解能力。整合的能力观试图将前两种界定方式结合起来，通过知识、技能、行为的整合来形成一个更加全面、完整的能力描述的界定方式。它在一定程度上避免了以技能或行为取向进行能力测量的局限，并能辩证地看待个体的一般能力及其在具体任务中的操作表现，将一般素质与具体情境联系起来，具有一定的合理性。一般能力与情境可以有多样化、多层次的整合，所以可将能力视为一种复杂的可分为不同等级水平的能力结构，这就有助于构建包括从低级水平的能力到高级水平的能力在内的完整的能力标准体系。但是应该看到，整合能力观在强调能力的一致性时，忽视了不同类型能力之间的差别。另外，此类能力观点在制定能力标准时只看到能力形成的结果，却忽视了能力形成的过程，因而使能力的培养缺乏针对性。

尽管能力的动态过程模型试图从能力发生过程的角度来建构能力，体现出能力的实现过程，但是这个模型过于关注认知方面的因素，缺少认知、情感和行为的整合。近年发展起来的整合情境模式启示我们关注能力随情境而发生的变化，并且为测量和干预提供了理论指导，但是它在测量方面存在的问题也亟待解决。此外，更宏观的情境因素是文化，上述理论模型皆出自西方研究，这些模型是否具有文化普适性尚缺乏研究证据。因此，在不同文化中验证上述模型的适用性是必要的也是更重要的，如何扬长避短、博采众家之长，建构一个更合理、更科学的能力理论模型已成为能力研究的当务之急。因此，本书在整合观的能力概念基础上，应该对能力的形成过程进行分析，构建由低水平的能力到高水平的能力的发展结构，深入掌握其产生机制和演化过程，才能更深刻地理解能力的内涵。

（二）能力的测量标准

现有研究主要集中于技能取向、结果取向和整合取向三类。知识技能取向能有效区分哪些个体是能力不足的，但是技能取向的自身缺陷也十分明显，其中最重要的一点是，该取向将技能和能力混为一谈，并且认为能力等同于若干技能的简单组合。显然，以具体技能分解能力必然是琐碎和不完整的，它忽视了在真实的情境中个体行为表现的多样性和复杂性。依据这种能力取向进行的能力评价，其效度是令人怀疑的。究其原因，主要是因为基于技能取向的能力测量更多的是能力的表层技能，并不能真正测量到个体能力本身，或是说全面的能力，因而这种测量方式更多地适用于某些针对性较强的操作性能力。当然，确定一套普适的技能来衡量能力是非常困难的。特别地，鉴于技能取向的不足，该取向并不适用于具体能力的跨文化比较研究、能力的差异性特征研究、能力的发展特征研究等，但它适用于制定能力评价量表以达到筛选能力不足的个体、评价干预项目的效果。

基于结果取向来测量能力也存在一些问题，主要表现为对行为结果的有效性评价缺乏统一的标准。单看个体的行为表现，我们很难确定出统一的标准来划分其能力的不同水平，例如，完成多少工作任务才能称为工作能力水平"较高"。此外，不同的评价者由于评价标准的不一致，可能会有不同的判断。最后，个体的行为目标和任务随情境、个体成熟度、认知或情绪而变化，这样就使要测量的指标越来越多，而选取部分指标就不免局限。

上述的技能取向和结果取向分别是从能力的必备条件（技能）和行为结果两个角度来进行概念界定的，在某种程度上来说，属于从内部和外部视角来构建能力，内部指所需技能，外部指行为结果。无论结果取向还是技能取向都忽视了能力的情境性和发展性的特征。整合取向虽然兼顾了结果取向和技能取向的优点，从多个方面、多个维度对能力进行界定，但是该模型中也存在一定的不足，即过分关注于情境的特异性，这不免给测量带来很多问题，即测量当下情境的行为结果表现，还是综合关注不同情境下的行为适应结果？因此，就能力的复杂性而言，探究整合取向下的能力测量依然存在很多困惑，但是整合取向的测量标准为具体能力测量的研究提供了重要的借鉴意义。从这个意义上来讲，评价个体的能力时应该关注能力产生的各个阶段，既要关注能力产生的认知基础，还要关注在不同情境下个体有效的行为表现。

第二节　碳能力相关研究

碳能力是能力的一个属概念，是一种特殊的能力，城市居民为实现低碳减排而具备的能力在本质上应该是一致的，都是城市居民在日常生活中表现出来的，影响碳排放的个人心理特征及行为表现。城市居民碳能力本质是一种"低碳消费能力"，因此，对碳能力的概念及结构进行界定，一方面要考虑能力的本质和特性，另一方面也要考虑个体在能源消费活动中的整个心理和行为过程。基于此，要深入理解碳能力，首先要深入挖掘低碳消费的相关概念。

"低碳"一词最早出现在环境保护领域，意为从降低二氧化碳的排放量角度保护环境。英国政府在 2003 年提出"低碳经济"以后，各个领域都在关注"低碳"[120-122]。"低碳消费"的概念是"低碳经济"的衍生概念，学术界并没有一个统一明确的界定，但是学者们对其定义都进行了有益的探索。低碳类产品或服务是一种半公共物品，使得低碳消费具有正的外部性，因此低碳消费是一种亲社会性偏好，可以促使消费者形成积极的低碳价值观[123]。从内涵看，低碳消费不仅包括城市居民在能源消费方面的直接减排，也包括城市居民在能源消费方面的间接减排（如避免过度消费、注重循环利用等）[124]；从外延看，低碳消费包括城市居民在购买过程、使用过程、处理过程中全方位实现低能耗、低污染、低排放。

本书对低碳消费的广泛定义是：以减少温室气体的排放为最终目的，建立在人、生物和环境之间平衡的基础上，对整个生态资源合理有效的利用和保护性的消耗。低碳消费的消费对象不仅包含产品，而且包含服务，对于个体消费者而言，低碳消费还能使其心理上得到满足，有利于消费者的身心健康，最终激发消费者对低碳消费的强烈需求。

一、碳能力的内涵及结构

缓解气候变化对人类来讲至关重要，为了更好地应对环境问题，低碳经济和低碳消费应运而生，相关的研究也较为丰富，主要集中在工业碳排放、碳交易及减排政策等方面。针对个体的低碳减排研究多聚焦于低碳消费行为等行为层面的研究，对隐藏在行为背后的碳减排潜力则涉及较少。

为了更好地捕捉"低碳消费"的深刻内涵，进一步探究了个体减少碳排放的动机和能力，Seyfang 等首次提出"碳能力"的概念[28]。碳能力实际是指个体的低碳能力，关于它的研究目前尚处于起步阶段。它与现有的"碳学识能力"（carbon literacy）的概念形成强烈对比，碳能力并不仅仅是局限于个人主义的知识、技能或动机这样一些概念，而是开始意识到个体行动会受限于社会结构，因而更需要集体行动或是其他公众治理方案。碳能力被定义为"通过个体行为和集体行为，能够对低碳做出明智的判断并采取有效低碳行为的能力"[28, 29]。政府和社会不再是完全的低碳责任体，居民的低碳责任日益凸显，居民既是低碳权力的享受者，又是低碳责任的承担者，同时，居民也是"碳"管理的参与者。

Whitmarsh 等认为碳能力包含 3 个核心维度，分别是决策（知识、动机、技能等）、个体行为或实践（personal behavior or practices）（如能源节约）、广泛参与低碳管理（wider engagement with systems of provision and governance）（如游说、投票、抗议等），这也是目前关于碳能力维度研究的主流观点（图 2-1）。具体来讲，决策包括个体对低碳知识的了解、低碳减排相关技术的掌握及判断和减排动机等；个体行为或实践是指个体在生活方面低碳行为选择，因为在生活中个体在衣食住行各方面的行为都在一定程度上伴随着 CO_2 排放（如能源消费）；广泛参与低碳管理是指个体通过社会机构组织直接参与低碳管理或者通过向政府和有关部门建议间接参与管理，从而提高他人碳能力、改变他人碳排放行为，最终通过集体行为的改变冲破社会阻碍以实现集体减排。

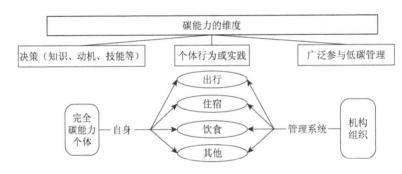

图 2-1　碳能力三维度的作用原理[30]

图 2-1 描绘了碳能力的三个维度（映射到可持续消费的社会实践模型），它包括决策、行为和结构方面。人们为了实现低碳生活方式，面临着较多的障碍[28]。因此，碳能力较强的人将会意识到这些障碍，并寻求通过集体和政治机制的改变，影响政策、供给系统和基础设施等来克服低碳生活方式的结构化障碍。特别地，碳能力与当前重点强调通过改变个体认知和动机过程（维度 1）来促使个体行为或实践改变（维度 2）的政策形成鲜明对比[125]，它强调的是一种更加整合全面的概念，并将个体行为或实践置于更广泛的社会结构中，关注集体行为与公众参与的意义。这一概念也表明了一种观点，很多消费（会带来碳排放）行为是习惯性的和日常的，而不是有意识的决定产生的结果。与社会实践和结构有关的文献相一致，我们看到个体消费决策认知通过社会生活选择方式来传导，从而导致集体

行为，并且这些集体行为被社会管理系统、规则和宏观层面的结构资源分隔。碳能力较强的个体，在自身知识动机的作用下做出正确决定，从而在行为上实行减排，但他们也会意识到实行低碳生活的社会障碍，从而参与机构或组织等，通过参与管理影响他人的知识技能等，进而影响他人的碳排放行为，最终通过集体减排，实现低碳生活。有研究认为提升碳能力过程中的一大挑战是在日常的实践和选择中，增强碳的可见度及能源再使用率[126]。

社区碳能力（community carbon-capability）的概念及结构是在居民碳能力概念的基础上发展而来（图 2-2）[127]，主要包括动机（mobility）、生活和住宅（living and house）、社区选择（community choices）三个维度。基于此，以个体的行为改变（individual behavior change）、技术（technologies）和活动参与（action on type of activities）作为关键要素来测量上述三个方面。

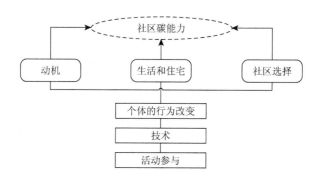

图 2-2 社区碳能力的理论框架

此外，国内学者也对碳能力进行了初步的探索，涉及的概念有低碳行为能力、低碳消费能力等。芈凌云基于组织行为学中对"能力"概念的界定，把"行为能力"作为个体完成某项任务或实施某项行为以达成预期目标的可能性[44]。她认为"低碳行为能力"即行为人完成某项低碳活动或实施某项行为达成减少二氧化碳排放目标的可能性。这种"行为能力"包含着行为人能胜任目标行动，取得绩优结果的含义。采用"behavior competence"一词来表示"行为能力"，主要是考虑到能力是个体知识、技能、经验等的外化表现，是个体在活动中体现为活动效率的因素，将"低碳行为能力"与"低碳行为意愿"并列，一同作为居民低碳化能源消费行为的直接前因变量开展研究。与此同时，她认为低碳消费行为受感知的行为控制、自我效能感和低碳相关知识的影响。通过四个项目进行测量，分别是"对于低碳节能的新知识，我很快就知道该如何应用""对别人介绍的低碳节能小窍门，我能很好地用于自己的生活中""我会自己开发出一些可以节能减排的生活小窍门""对于新的想法，我很快就能制定出可行的实施方案"，不难看出，她认为低碳行为能力的本质是一种低碳技能。石洪景在对城市居民低碳消费行为进行研究时，将低碳消费能力作为一个影响因素，分为认知能力、选择能力和操作能力[128]。他还提出，提高城市居民实施低碳消费行为的操作能力是促进低碳消费的根本，这种操作能力包括城市居民对实施低碳消费行为的可选择能力与辨别能力等。杨东红等构建了经销商低碳行为能力评价指标体系，从低碳销售设计能力、低碳销售环境创造能力、低碳销售理念创新能力、低碳销售控制能力、低碳销售验证能力和低碳销售技术开发能力等 6 个方面衡量[129]。

二、碳能力影响因素的相关研究

就现有文献来看，对碳能力的影响因素进行具体的分析，仅有少数研究提出了低碳行为能力、低碳消费能力等概念，并将其作为低碳消费行为的前因变量。例如，芈凌云认为"低碳行为能力"是与"低碳行为意愿"并列的影响因素，它们直接影响城市居民的低碳化能源消费行为。与此同时，她认为感知到的行为控制、自我效能感和低碳相关知识影响低碳行为能力[44]。

鉴于碳能力是一种具象的能力，因此在研究其影响因素时，需要考虑其作为一般能力的属性特征，关注一般能力的影响因素。能力的影响因素分为三类，分别是遗传、环境和非智力因素（情感过程、意志过程、气质和性格）[130]。另外，鉴于知识和技能是能力的认知基础，而个体行为是能力的载体，那么，低碳知识/技能是低碳能力的认知基础，而低碳消费行为是碳能力的行为结果，因此在研究碳能力影响因素时有必要对低碳知识/技能、低碳消费行为的理论及相关研究进行回顾。很多文献从不同视角对低碳消费行为、绿色消费行为等能源消费行为进行了理论和实证研究。尽管这些研究变量在内涵和外延上都与低碳消费行为这一变量并不完全一致，但其研究结论对低碳消费行为也具有一定的借鉴性。

通过文献梳理发现，现有研究对于能源消费行为的理论研究较为集中，主要围绕理性行为理论（theory of reasoned action，TRA）模型、计划行为理论（theory of planned behavior）模型[131]、解构式计划行为理论模型[132]、价值观-信念-规范理论模型[133]等展开。理性行为理论主要关注基于认知基础的态度形成过程，以及态度形成后如何影响个体的行为表现[134]。其基本假设是：人是理性人，在做出某一行为前会综合各种信息来考虑自身行为的意义和后果。在这一假设前提下，Fishbein 和 Ajzen 认为，行为的产生直接取决于个体实施该项行为的行为意愿。行为意愿是任何行为表现的必要和决定条件，可能影响行为结果的因素均通过影响行为意愿来间接影响行为，而行为意愿又通过态度和主观规范而决定。态度是个体对特定对象反映出来的持续的喜欢或不喜欢的心理体验，是个体对实行特定行为的正向或负向的评价；主观规范，或社会态度，是个体对身边重要的人或组织执行或不执行特定行为所产生压力的感知，主要指影响个体行为意愿的社会因素（social factors，SF），如法律法规、市场制度、组织制度等。理性行为理论模型是一个通用模型，是影响范围最广的理论之一。它认为任何因素只能通过态度和主观规范来间接影响行为，这使人们对理性行为产生了清晰的认识。

与理性行为理论类似，Ajzen 的计划行为理论也认可行为意愿对行为的重要影响，即如果个人对某项行为表现出的态度越积极，或所感受到外界规范的压力越大，对该行为所感觉到的控制越多，那么个人采取该行为的意向就越强[131]。行为表现是态度与外界环境共同作用的结果，这种外部因素更多的是指情境因素，如社会因素、政治因素、经济因素、环境因素等[135]。价值观-态度系统模型（value-attitude-system model）是从心理学和消费者行为学的角度提出的，认为消费者购买或消费行为取决于对产品的态度，而态度又取决于个体信念系统，即价值观系统[136]。在价值观-态度系统模型的基础上，环境价值观-态度系统模型（environmental value-attitude-system model）被提出，该模型是价值观-态度系统模型在环境行为领域的具体应用[137]。与此类似，一个倒三角的行为认知层次模型于 1996 年被提出，即价值观-态度-行为系统模型（value-attitude-behavior-system model），该模型从倒三角的底部到顶端依次形成价值观、价值观导向、态度或规范、行为意图和行为的认知层次结构，底层变量对上层变量发挥着基础性的决定性作用[138]。Stern 等学者进一步在对公众环境保护行为的研究中提出了价值观-信念-规范（value-belief-norm，VBN）理论[133]，认为个体对环境持有的价值观、信念和个人规范 3 种力量会共同作用个体对环境的行为，其中个体价值观又可分为生态的、利他的和利己的 3 个维度。VBN 理论模型为研究心理变量作用于行为的过程提供了理论基础。

基于上述理论，学者们从不同方面对低碳消费行为的影响因素进行了具体研究。Hines 等学者以期刊论文、报告、书籍等 128 篇文献作为研究资料依据，认为环境问题知识、个性变量、行动技能和行动策略知识 4 个变量会通过影响个体的环境行为意愿，进而影响到个体实施的环境行为，同时还指出外界情境因素如社会压力、经济状况等是影响环境行为发生的重要助力变量[139]。Hines 等研究了环境态度的影响后指出，环境态度分为一般态度（对生态环境本身的态度）和具体态度（对特定环境责任行为的态度），两类环境态度和环境责任行为都具有显著的相关性，但具体环境态度的预测作用更有效。Fraj 和 Martinez 的研究结论也支持这一观点，明确了态度的重要预测力[140]。研究表明，对环境问题的一般知识、对特定环境问题的知识、环境态度三变量与环境敏感行为（包括购买行为、回收行为）存在显著的相关关系[141]。

Straughan 和 Roberts 的研究指出，利他主义价值观能够显著影响生态意识行为，其重要性仅次于感知效力[142]。然而，Webster 的早先研究发现，高社会意识的人并不一定具有强烈的社会意识购买行为，特别是与改善环境行为相关的行为，他们也并不会对"环保呼吁"等表现出特别的同情[143]。Thogersen 和 Ölander 验证了个人价值观对可持续消费模式的显著影响，并且进一步强调行为的远端决定因素即是价值观，但这种影响相对较弱，一般需要通过其他变量来实现，如感知到的行为效力、态度等[144]。特别地，在研究低碳消费行为时发现，消费价值观比一般价值观更能直接地影响消费行为，它通过态度的过程进而影响低碳消费行为[145]。此外，除了价值观、情感、态度、责任感等内生性影响因素，影响居民低碳消费行为的因素还包括经济成本、资金的节省、经济性政策、行政性政策、自愿性政策、低碳消费行为相关知识及外部情境因素（社会规范、宣传力度、低碳产品的可选择程度、低碳知识的可获得性）等[146]。研究发现"价值观""关注度""行政性政策""操作能力""社会规范"对城市居民的低碳消费行为产生了显著的影响作用，且影响系数全部为正[128]，反映出城市居民的个体心理特征、消费行为能力、低碳消费法规政策及外部环境因素对低碳消费行为的实施会产生一定的影响与制约作用。

梳理现有的相关研究发现，学者们对城市居民低碳消费行为的前因变量和发生机制已经做了一些有益的探索与研究，但是整体上看，研究主观规范、社会责任意识等外源性因素居多，而涉及内生性心理因素的研究不仅较少且主要集中在环境态度、环境价值观、环境情感等变量[147]，鲜有学者关注到影响这些关键心理变量的更深层次的因素人格特质。人格是激发个体信念、价值观和态度的核心部分，已有研究指出人格特质对环境行为存在显著的影响作用[148,149]。换言之，人格的差异会影响个体的环境态度和环境行为[150]，而低碳消费行为是环境行为的属概念，这似乎表明人格特质的差异也可能会影响个体低碳消费行为的实施。此外，人口统计学变量是分析城市居民低碳消费行为差异性的一个有效视角，并且得到国内外学者的普遍认同[151-154]。这些因素主要包括性别、年龄、婚姻状况、学历、职业、收入等。综上所述，将城市居民碳能力的影响因素相关的变量总结如表 2-1 所示。

表 2-1　碳能力的影响因素相关研究

属性	相关变量	影响因素
碳能力的属性	一般能力	遗传、环境和非智力因素（情感过程、意志过程、气质和性格）
碳能力的相关概念	低碳行为能力	感知到的行为控制、自我效能感和低碳相关知识
碳能力的认知基础	低碳知识/技能	教育水平

续表

属性	相关变量	影响因素
碳能力的结果表现	低碳消费行为	(1) 个性变量（性别、年龄、婚姻状况、学历、职业、收入）； (2) 内生性影响因素：人格、一般态度（对生态坏境本身的态度）、具体态度（对特定环境责任行为的态度）、情感、低碳价值观、消费价值观、利他主义价值观、信念、主观规范； (3) 知识/技能因素：行动技能、操作能力、行动策略知识、低碳知识（一般知识及对特定问题的知识）、低碳内容知识、低碳行动知识、低碳效果知识； (4) 外部情境因素：社会规范、社会责任意识、"关注度"、"行政性政策"、"社会规范"、宣传力度、低碳产品的可选择程度、低碳知识的可获得性； (5) 经济成本：经济成本和资金的节省； (6) 政策法规类因素：经济性政策、行政性政策和自愿性政策

资料来源：文献梳理

三、文献系统性评析

通过对当前的各种概念取向进行评析，可以看出，学者们基于不同的研究问题、研究角度选取不同的能力概念。这种理论视角的不同导致不同的研究间很难进行整合比较，致使当前关于能力的研究领域缺乏统一的结论。就居民碳能力这一具体能力而言，更是缺乏科学细致的研究。基于上述分析，尽管学者们对碳能力进行了有益的探索，尝试对其概念和结构进行界定，但就现实情况而言，相关的研究还处于理论的探索阶段，亟需一个统一的理论模型来指导碳能力的实证研究。结合能力的测量标准可知，相对而言，整合取向的概念更符合能力的本质内涵，即将碳能力视为一个发展性的概念，这不仅有利于我们深入理解碳能力的概念内涵，而且可以很好地整合以往的研究，探究能力的发展性内涵。因此，未来的研究需要考虑如何解决这一难题，在整合取向概念的指导下开展实证研究。或许学者们可以借鉴发展理论的做法[155]——对不同阶段不同情境下的碳能力进行测量，并利用结构方程技术来综合碳能力的各项指标。

此外，大多数有关碳能力的相关理论研究结果都来自西方，而能力的情境性特点决定了它是具有文化差异的。例如，同一种社会技能在不同文化下具有不同的适应意义[156]。同时，在不同文化下，碳能力的概念内涵、构成部分和测量标准也是具有较大差异的。例如，西方社会重视个体的自主、独立，我国文化更重视人际和谐、顺从长辈[157]。这样的情况下，对基于结果取向进行能力研究的学者看来，西方文化中的能力构建就会更注重个体的自主性、独立性发展结果，而我国文化下的能力构建则可能更注重人际关系的和谐；对基于技能取向进行能力研究的学者看来，西方文化中的能力建构将更重视与自主性、独立发展有关的技能，如问题解决技能的发展，而我国文化背景下的能力建构则可能会更加关注人际交往技能，如情绪管理技能、冲突解决技能、面子观等。因此，在构建碳能力模型时如何进一步构建碳能力的测量标准，是下一步需要重点解决的问题，在解决这一问题时，需要考虑到中西文化差异及中国特有的文化情境。进一步地，对于城市居民碳能力这一范畴，目前理论界还缺乏成熟的研究，特别是我国理论界的研究还不多见。换言之，这一议题还不完全清晰，特别是对城市居民碳能力的产生过程及驱动因素还缺乏深入研究，亟需进行探索性的质性研究。

第三章 城市居民碳能力概念结构及成熟度模型

第一节 城市居民碳能力结构构建基础

（一）碳能力结构模型构建的哲学依据

在哲学层面上看，能力实质上是一个关系的概念，是对人与世界的关系、主客体关系的反映，这为深入把握能力的概念确立了最基本的框架。基于主客体关系这一概念范畴去认识能力的概念，意味着我们应当从主体、客体和实践活动三个方面去分析能力。换句话说，能力总是特定的主体，在针对特定的客体完成某种活动的过程中表现出来的"能量"，尽管能力并非不可分析，但如果只做到分析，甚至仅仅看到上述三个方面当中的某个方面，显然无法完整把握能力的概念。因此，在深入剖析城市居民碳能力时，需要同时考虑主体、客体及实践活动。也就是说，不仅要关注作为主体的居民的自身特征，更要关注其与客体（自然界、生态资源）的互动，如有效的低碳消费活动等。

（二）碳能力结构模型构建的心理学基础

在心理学层面来看，能力始终被认为是人的一种个性心理特征，但由于能力是人在具体的实践活动中表现出来的一种个性特征，且实践活动本身的综合性，这种特征就不可避免地具有了高度的综合性。实际上，对能力结构的研究，就是期望能够找到特定能力中所包含或牵涉的那些相对单纯的个性特征，并进而描述这些特征的构成关系。尽管在不同具体情境的实践活动中，各个层面的多种特征中的每一个都因情境而有可能起到关键性的支持或限制作用，使人们不太容易把握这些特征的结构关系，为能力结构研究增加难度，但是，只要能够将相应实践活动的微观过程描述出来，描述为由若干环节构成的流程，也就有可能进一步探索那些相对单纯的生理、基础心理乃至社会文化心理层面的特征在各个环节上产生作用的机理，从而对某个实践活动的过程形成尽可能完整的认识，此时，也就完成了对特定能力结构的描述。

因此，在分析城市居民碳能力这样一种个体的特殊能力时，要深入剖析城市居民低碳消费过程的若干能力过程环节，并将作用于这些能力环节，并最终影响城市居民低碳行为表现的主要心理特征及行为表现纳入分析框架。

（三）能力的层级结构内涵

能力作为人的稳定的心理结构，是指个体完成各项任务的可能性[158]。能力的核心是一种"可能性"，个体行为是能力展现的重要载体。能力的水平通过可能性来决定其大小，对于某一具体的活动或任务来讲，一旦被执行，这种"可能性"就转换为个体"能"或"不能"完成该项任务/活动这两类情况，而一般所讲的能力都是"正向的"[159]，也就是"能"这种情况。"能"又包括不同的程度，体现为能力的水平差异。个体从"不能"转换到"能"完成这样任务/活动体现了个体能力的由无到有、由产生到发展的整个过程。而判断个体"能"或"不能"的依据除了受个体知识和技能的影响之外，更依赖于个体对于该任务/活动的态度、行为承诺、行为动机[160, 161]。态度通过"认知—情感—行为意愿"这一过程而产生[145]，而价值观决定了个体的处事态度，也就是说，能力的"稳定产生"依赖于个体对于该项任务的内在认同，其本质取决于价值观与任务目标的高度契合。

价值观（value）是事物具有的内在评价。在社会心理学中，价值观被理解为对待理想、风俗及社会规范的态度[162]。在心理学中，价值观被认为是人们行为的出发点和归宿，是人们世界观的重要组成部分。价值观层面的背离暗示着积极态度产生的"不可能性"，对有效能力的产生形成根本阻碍。特别地，价值观对动机有导向的作用，人们行为的动机会受价值观的支配和制约，价值观对动机模式有重要影响，在同样的客观条件下，具有不同价值观的人，其动机模式不同，产生的行为也不相同，动机的目的方向受价值观的支配，只有那些经过价值判断被认为是可取的，才能转换为行为的动机，并以此为目标引导人们的行为。

可见，知识/技能与价值观是能力产生的关键基础要素，二者缺一不可。个体具备价值观但不具备相关知识/技能，或是个体不具备价值观却具备相关知识/技能都无法促成能力的真正产生。因此，本书认为价值观是能力产生的起点，它与个体的知识/技能是构成能力认知层的核心要素。进一步地，个体基于认知发生的有效行为选择和高效行为结果是能力展现的重要载体，也是构成能力执行层的核心要素。

能力并非天生的，它的产生必须依托于具体的任务/活动，更需要遵循价值观、判断、选择和坚持这样一个动态过程。任何一个环节的缺失都能阻断能力的产生和发展，只有各个环节表现出有序性和协调性才能促进能力的合成。特别地，个体完成某项单一任务表现出的能力与个体长期对于同类任务表现出的能力并不等同，后者对于前者更倾向于一种复制和升华的过程。换言之，能力能够随着时间的推移不断复制和重构，形成能力的质变，并演化为更高阶的能力。因此，本书关于能力产生及演化的观点将有助于对碳能力内涵的进一步阐释。

第一节　城市居民碳能力的产生机制及概念结构

碳能力是能力的一个属概念，是一种特殊的能力。对碳能力的概念及结构进行研究，一方面要考虑能力的本质、产生过程和多层级结构，另一方面更要关注个体发生低碳消费的全过程。因此，本书进一步对低碳消费、可持续消费行为、低碳管理等相关文献进行了梳理，本书认为碳能力可以从以下多个方面理解：碳排放的前因和后果、个体行为对于碳排放的影响、个体采取低碳生活方式的收益、集体行动和基础设施建设对于低碳行为的意义、如何管理低碳预算、如何培养低碳生活方式[163, 164]。碳能力包含 3 个核心维度，分别是决策（知识、技能、动机和判断）、个体行为或实践（如能源节约）、公共参与行为（如游说、投票、抗议等），这也是目前关于碳能力维度研究的主流观点[30]。特别地，碳能力与当前重点强调通过改变个体认知和动机过程（维度 1）来促使个人行为改变（维度 2）的政策形成鲜明对比[125]，它强调的是一种更加整合全面的概念，并将个体行为置于更广泛的社会结构当中，关注集体行为与公众参与的意义。不难看出，尽管上述划分涵盖面广，几乎包含了碳能力的核心内容，但是太过于宏观，每个维度都涵盖广泛的概念且不易测量。就政府进行政策制定而言，具体全面的可测量维度更有助于直观地掌握居民碳能力水平。此外，现有划分标准也有待继续探究，例如，从"决策"维度来看，个体的知识/技能和动机/判断并非处于同一水平层面，更倾向于纵向的心理过程，知识/技能是判断的基础。而无论是个体行为还是集体行为，都是基于个体的动机和判断，也倾向于纵向的行为产生过程。

正如人们培养习惯一样，个体能力的产生和演化要遵循价值观、判断、选择和坚持这样一个动态过程。低碳行为作为碳能力的直接表现形式，它是一种具象的行为，它的产生需要个体持续稳定的内生价值驱动，价值-信念-规范理论（value-belief-norm theory）早已经证实了这一观点[165]。"碳价值观"促进个体产生低碳动机，它是碳能力的心理基础及核心要素。个体是否具有碳价值观是判断其是否具备碳能力的门槛因素，换言之，碳价值观是碳能力的门槛水平，碳价值观的形成阶段是碳能力形成的萌芽时期。个体不具备低碳价值观，无论其是否在日常中表现出低碳行为，均表示其不具备碳能力。然而，具备低碳价值取向与低碳动机的个体，并不一定具有对某项行为或某种产品/服务是否低碳做出明智判断的能力[166]。这种对低碳能够做出明智判断的能力，本书将其称为碳辨识能力。它不同于一般意义上的低碳知识和低碳技能这样的一些概念，而是特别关注在拥有这些知识和技能后仍然能进行有效判断的能力。因此，个体具有碳价值观并同时具备碳辨识能力，并以此为基础而进行科学有效的低碳行为决策，才能体现个体的碳能力水平。换言之，当个体仅仅具备低碳辨识能力而不具有碳价值观时，个体并不具有碳能力，个体的碳价值观能促进其低碳辨识能力的产生和发展［图 3-1（a）］。因此，碳价值观到碳辨识能力的发展阶段是碳能力的形成时期，碳辨识能力是碳能力的可塑水平。

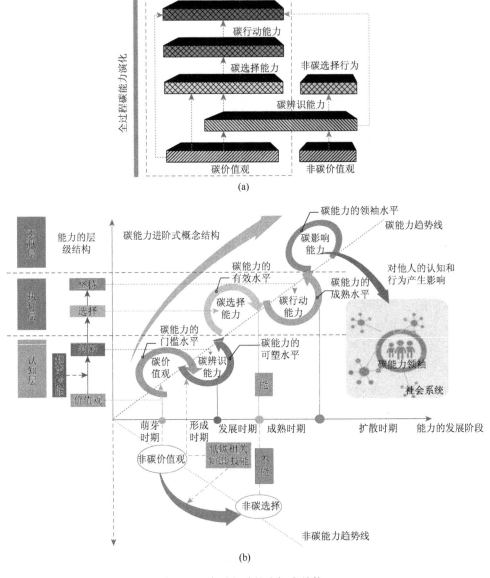

图 3-1　全过程碳能力概念结构

　　然而，具备低碳辨识能力的个体并不一定总是会进行低碳选择。在碳价值观的驱动下，个体以"碳辨识能力"为决策信息，进行一次性或短期的消费行为决策和选择，表现出一种"碳选择能力"。碳能力由形成时期进入发展时期，碳选择能力是碳能力的有效水平。不难看出，短暂的低碳决策较为容易发生，而长期稳定的低碳选择则会受到诸多阻碍因素的影响，如社会责任意识、经济成本、消费观念、生活习惯、信任程度、从众心理、舒适偏好等[167, 168]。尽管短效的低碳选择对低碳减排有一定的贡献，但是长期稳定的低碳选择才能促进真正意义上的低碳减排。正是这种持续稳定的低碳选择行为会逐渐催生和演化为"碳行动能力"，进而发展成一种低碳行为模式或低碳生活方式。碳选择能力到碳行动能力的演变，标示着碳能力的发展进入成熟时期。碳选择能力不断被复制和强化，碳能力达到实现低碳减排的渴望水平。碳行动能力是与个体日常生活联系最为紧密的低碳行为能力，回顾相关研究，低碳行为主要包括购买选择行为、日常使用行为和处理废弃行为[169, 170, 44]。结合上述碳能力的定义，除上述行为之外，公众参与行为也是衡量居民碳能力的一个重要指标。碳行动能力固然不容忽视，但是完全碳能力者不仅仅是自主低碳，更是以身作则，以一种"传教士"的姿态向周围人传播低碳理念，引导其他人实施低碳行为。研究表明花费大量资金去减少碳排放效果并不显著，应该采用习惯和惯例（routine）加以引导[171]。计划行为理论[131]也表明个人行为意愿受到主观规范的影响，如果对自身较为重要的人认为应该这样做，那么此人更加可能实施此项行为。可见，除了对知识、行为、公众参与的测量之外，在碳能力的结构探究时更应该注重个体间的相互影响，即"碳影响能力"。尽管学者们并没有明确提出"碳影响能力"这一概念，但是在社会实践和结构一致的文献中[172, 173]，我们可以发现个体认知到的消费决策通过社会形成的生活方式来调节。碳能力需要更广泛的公众参与及个体间的相互促进。这种相互促进表现出个体的影响能力，即"碳影响能力"，它是一种无形的却影响深远的低碳信念，是在潜移默化中不断影响他人和社会，不断促进他人形成一种低碳生活模式。碳影响能力的产生是对个体能力的进一步升华，它与一般能力明显不同，不仅关注个体内在能力的产生和演化，而且将个体置于广泛的社会群体当中，注重碳能力在个体与个体间、个人与群体间、群体与群体间的积极的扩散效应。碳能力的表现不应止步于碳行动能力，碳影响能力才是碳能力的领袖水平。

　　值得关注的是，并非所有个体均能满足上述能力发展过程，在现实生活中，有一些个体具备价值观但不具备碳辨识能力，依然表现出一定的低碳选择行为，甚至表现出一定的碳影响力，但这种行为和影响力是不稳定的，具有偶发性和瞬时性特征［图 3-1（a）］。换言之，碳能力在不同的居民个体中可能存在"越层"发展现象，然而，从群体视角来看，碳能力的产生和发展应该遵循碳价值观、碳辨识能力、碳选择能力、碳行动能力、碳影响能力这样一个从"自我能力建设"

到"群体能力扩散"的过程 [图3-1 （b）]。

综上所述，本书深入剖析低碳行为产生的内在心理过程和外在行为表现，从能力的产生机制及演化过程出发，提出城市居民碳能力的概念，即从建立低碳价值理念，掌握低碳辨识技能，能明智做出低碳选择，到采取有效低碳行动并能产生低碳影响力的一种全过程的进阶式能力集合。全过程碳能力进阶式概念结构主要包括五个维度，依次是碳价值观、碳辨识能力、碳选择能力、碳行动能力和碳影响能力[174]。碳能力各维度具体内涵如下。

碳价值观（门槛水平）是指居民对低碳生活的态度、倡导和认同，它是居民选择低碳生活的一种内在价值基础和精神动力，也是居民形成低碳态度、实施低碳行为的核心指导要素。

碳辨识能力（可塑水平）是指居民了解低碳相关政策，掌握低碳知识和技能，并能对"某项行为是否低碳"做出明智判断的能力。

碳选择能力（有效水平）是指居民在面对工作和生活的不同情境时，能主动选择低碳行为的一种能力。这种能力主要倾向于居民一次性或短期的低碳行为选择。例如，在购买汽车时，主动选择新能源汽车等低能耗产品。

碳行动能力（成熟水平）是指居民在日常生活实践中，能够持续稳定地实施低碳行为的一种能力。这种能力基于居民长期一致的低碳行为选择，不仅包括居民自身低碳行为的实践能力，而且涵盖居民低碳集体行动的参与能力。

碳影响能力（领袖水平）是指居民在低碳实践中，对周围的人、环境及社会产生的影响能力。这种影响能力是一种无形的能力，是居民碳能力的一种社会性延伸，它在潜移默化中影响周围人实施低碳行为，进而不断促进社会形成一种低碳生活模式。

第三节　城市居民碳能力成熟度模型及测度方法

一、成熟度的内涵

成熟度模型是基于生命周期理论的具体应用成果，即事物随着时间的不断推移逐步发展和提升，最终发展为完善状态。成熟度变迁主要用以描述在不同时间点事物的发展状况，可以用来研究任何一个事物的发展过程。成熟度一般具有以下四个特征：①将事物的发展分为几个有限的层次，精炼地描述这一跃迁过程，一般可以分为4~6个层次；②这些层次有具体的参考标准，只有达到所有标准才能进下一层次；③各层次之间有前后顺序，必须是从第一层到第二层不断发展最后到最高层次，后一层次必须依托于前一层次，发展不能越层；④整个发展过程中，各层次层层变化、不断发展，是一个层层递进不断改善的过程。

二、能力成熟度模型的适用性分析

能力发展不是线性的，也不是必然正向发展的，为了更好地了解能力的现状及存在的问题，并且有合适的策略、方法与工具能够支持逐步改进这些问题，能力成熟度模型（capacity maturity model，CMM）被广泛提出。能力成熟度模型最早由美国卡内基梅隆大学软件工程研究所（Software Engineering Institute，SEI）提出。能力成熟度模型主要是根据软件现处的阶段，确定其等级，并找出决定当前阶段软件质量和过程改进方面最核心的问题，进而为软件过程的改进提供指导[175]。后来，成熟度模型被应用到各种能力子领域，如人力资源能力成熟度模型、教师能力成熟度模型等。尽管不同的成熟度模型的各类要素、开发方法及风格都十分迥异，但是每个成熟度模型的构建要素、开发方法及模型风格都不尽相同，但究其实质，都是具有两个核心作用，一是描述某项或某一组能力的发展阶段及动态发展路线，二是作为发展指南分阶段的指引、提升策略。

具体来看，能力成熟度模型的构建理念是：能力是可持续发展的过程，这些过程是连续的，并且从低级向高级不断演化和发展，这种发展过程体现了能力成熟度不断提升的过程。软件能力成熟度模型分为 5 个等级，依次为初始级、可重复级、已定义级、已管理级、优化级。每个低等级都是下一级的基础，并且具有一定的评价标准，只有达到关键标准才能向下一级迈进，这种方式使得能力成熟度的提升具有阶梯性，进而形成一个螺旋式上升的具有连续性过程改进的结构[176]。换言之，"分级评估"和"阶梯式过程改进"是能力成熟度模型的核心概念。

这与低碳经济发展、"节能减排水平持续改进"的理念类似，进一步表明城市居民碳能力的发展理念必须契合这种持续改进的理念。在这个意义上讲，能力成熟度模型可以为城市居民碳能力提供一个阶梯螺旋式的过程改进框架，政府可以利用基于能力成熟度模型所构建的碳能力成熟度测度体系来评估城市居民低碳能力发展过程的成熟度。根据对低碳能力发展成熟度的判断，来制定相应的政策措施，保证城市居民推动低碳发展的过程不再是盲目的，低碳发展的过程不再是不可控制的，进而有针对性地指导组织低碳发展的过程。

构建城市居民碳能力成熟度模型应该遵循以下原则：符合低碳减排目标对城市居民的基本能力要求；涵盖碳能力产生和发展的关键能力环节和能力过程；体现城市居民碳能力的发展阶段和发展趋势；符合碳能力这一具体能力的特殊性。

三、城市居民碳能力的进阶式成熟度模型

基于城市居民碳能力的五个核心构成要素，参照普遍作为分级依据的 CMM5

级划分方法，将城市居民碳能力分为 5 个成熟等级，即初始级、成长级、规范级、集成级、优化级，如图 3-2 所示。

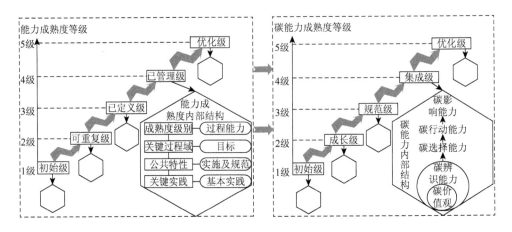

图 3-2　碳能力成熟度模型构建

级别 1：初始级，即混乱的过程。特征是：城市居民低碳意识薄弱，对低碳的认识模糊不清，并且缺乏相关的低碳知识和技能；日常生活中极少实施低碳行为，或实施无意识的低碳行为，或实施以经济节省为目标的低碳行为。

级别 2：成长级，即改进的过程。特征是：城市居民具有低碳价值观，对低碳的认知到位；具备了一定的低碳知识和技能，但总体处于初级水平，有待进一步提高；城市居民倾向于进行低碳选择，但总体上仍处于萌芽时期。

级别 3：规范级，即规范的过程。特征是：城市居民确立了稳定的低碳价值观，并且具备了进行精准判断是否低碳的辨识能力，并能进行一定的低碳选择，低碳行为的强度开始出现增大的倾向。

级别 4：集成级，即整合的过程。特征是：城市居民树立了成熟的低碳价值观，拥有高水平的碳辨识能力和碳选择能力，低碳行为不断凸显并逐渐趋于稳定。

级别 5：优化级，即不断完善的过程。特征是：城市居民拥有稳定的环保动机，碳价值观成熟度不断提升，不断主动学习新的低碳知识和技能，强化其低碳辨识能力，能长期有效地进行低碳选择和实施低碳行动，对周围人及整个社会产生积极正面的低碳影响力。

上述五个成熟度级别除级别 1 外，其余的实际上就是将城市居民碳能力发展和提升进程分成了不同的阶段，每一个阶段各有成功的关键点和特有的成熟度测度标准。

四、碳能力成熟度的测度方法

城市居民碳能力成熟度主要借助于碳价值观、碳辨识能力、碳选择能力、碳行动能力和碳影响能力五个能力环节来综合评价。用 A_i、B_i、C_i、D_i、E_i 分别表示碳价值观、碳辨识能力、碳选择能力、碳行动能力和碳影响能力五个能力环节的测量值，α_1、α_2、α_3、α_4、α_5 分别表示上述五个能力环节在整个评价体系中的权重，碳能力测度值可以用具体的公式表示为

$$b_i = f(A_i, B_i, C_i, D_i, E_i) = \alpha_1 A_i + \alpha_2 B_i + \alpha_3 C_i + \alpha_4 D_i + \alpha_5 E_i \qquad (3-1)$$

使用层次分析法确定权重 α_1、α_2、α_3、α_4、α_5，通过五个领域内专家进行群体决策，分别对上述五个变量进行两两比较，形成判断矩阵，进一步运用 Yaahp 软件计算的最终权重结果如表 3-1 所示。α_1、α_2、α_3、α_4、α_5 的值分别为 0.3031、0.0794、0.2604、0.2724、0.0847。$b_i = f(A_i, B_i, C_i, D_i, E_i) = 0.3031A_i + 0.0794B_i + 0.2604C_i + 0.2724D_i + 0.0847E_i$。

表 3-1　碳能力判断矩阵

碳能力	碳价值观	碳辨识能力	碳选择能力	碳行动能力	碳影响能力	W_i
碳价值观	1	3.6	1.4	1	3.6	0.3031
碳辨识能力	0.2833	1	0.2833	0.2833	1	0.0794
碳选择能力	0.8	3.6	1	1	3	0.2604
碳行动能力	1	3.6	1	1	3	0.2724
碳影响能力	0.2833	1	0.3333	0.3333	1	0.0847

注：一致性比例 0.0478<0.1，通过一致性检验

个体碳能力成熟度通常分为五个等级：初始级、成长级、规范级、集成级、优化级。结合碳能力的内部进阶结构及综合测度值，对碳能力的成熟度进行综合判断，其判断标准如图 3-3 所示。

本书拟采用利克特 5 分等级测度，因此城市居民的碳能力五维度的测量值及碳能力综合测度值均落在 1 和 5 之间，打分越高表示居民碳能力越强。3 是指"中立"，1、2、4 和 5 分别是指与试者依据自己的心理认知、生活习惯和日常行为"非常不符合"、"比较不符合"、"比较符合"和"非常符合"。碳能力各维度测量值小于 3 时均为劣性值，当测量值为 1 时，可以认为个体几乎没有该项能力，其值大于 3 则认为拥有该项能力，且分值越高，能力越强。假设 A_i、B_i、C_i、D_i、E_i 分

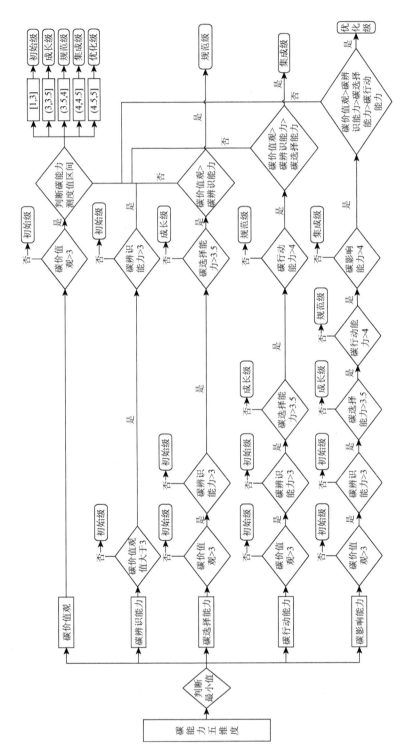

图 3-3　碳能力成熟度测度流程

别表示碳价值观、碳辨识能力、碳选择能力、碳行动能力和碳影响能力五个能力环节的测量值，b_i 为碳能力水平，a_i 为碳能力成熟度。由前文分析可知，碳能力的产生遵循结构进阶的内在发展过程，碳能力的提升遵循成熟度不断进阶的外部过程。为保证能力环节和成熟度的进阶，判断碳能力的成熟度，首先应判断碳能力五个维度的瓶颈值。瓶颈值可以出现以下五种情况。

（1）如果瓶颈值为碳价值观，那么判断 A_i 的大小。如果 $A_i \in [1,3]$，则证明其并不具有碳价值观，可认为该个体的碳能力成熟度 a_i 为初始级；如果 $A_i \in (3,5]$，那么则依据碳能力综合测量值 b_i 来判断。当 $b_i \in [1,3]$，a_i 为初始级；当 $b_i \in (3,3.5]$，a_i 为成长级；当 $b_i \in (3.5,4]$，a_i 为规范级；当 $b_i \in (4,4.5]$，a_i 为集成级；当 $b_i \in (4.5,5]$，a_i 为优化级。

（2）如果瓶颈值为碳辨识能力，那么首先判断碳辨识能力的上一级别碳价值观的大小。碳价值观是碳能力的门槛水平，因此在对碳能力成熟度进行判断时，首先判断其是否具备碳价值观。如果 $A_i \in [1,3]$，那么认为该个体的 a_i 为初始级；如果 $A_i \in (3,5]$，则进一步判断碳辨识能力的大小。如果 $B_i \in [1,3]$，则证明其已经具备碳价值观但缺乏碳辨识能力，则 a_i 为初始级；如果 $B_i \in (3,5]$，那么依据碳能力综合测量值 b_i 来判断。当 $b_i \in [1,3]$，a_i 为初始级；当 $b_i \in (3,3.5]$，a_i 为成长级；当 $b_i \in (3.5,4]$，a_i 为规范级；当 $b_i \in (4,4.5]$，a_i 为集成级；当 $b_i \in (4.5,5]$，a_i 为优化级。

（3）如果瓶颈值为碳选择能力，那么需要判断碳选择能力的前端能力的大小，即判断碳价值观和碳辨识能力的大小。如果 $A_i \in [1,3]$，那么 a_i 为初始级；如果 $A_i \in (3,5]$，则进一步判断碳辨识能力的大小。如果 $B_i \in [1,3]$，则证明其已经具备碳价值观但缺乏碳辨识能力，则 a_i 依然为初始级；如果 $B_i \in (3,5]$，则进一步判断碳选择能力的大小，如果 $C_i \in [1,3.5]$，那么 a_i 为成长级；如果 $C_i \in (3.5,5]$，那么则比较碳价值观和碳辨识能力的大小。如果 $A_i > B_i$，那么 a_i 为规范级；如果 $A_i < B_i$，则进一步判断碳选择能力值的大小。依据碳能力综合测量值 b_i 来判断。当 $b_i \in [1,3]$，a_i 为初始级；当 $b_i \in (3,3.5]$，a_i 为成长级；当 $b_i \in (3.5,4]$，a_i 为规范级；当 $b_i \in (4,4.5]$，a_i 为集成级；当 $b_i \in (4.5,5]$，a_i 为优化级。

（4）如果瓶颈值为碳行动能力，那么需要判断碳选择能力的前端进阶能力的大小，即判断碳价值观、碳辨识能力和碳选择能力的大小。如果 $A_i \in [1,3]$，那么认为 a_i 为初始级；如果 $A_i \in (3,5]$，则进一步判断碳辨识能力的大小。如果 $B_i \in [1,3]$，那么则证明其已经具备碳价值观但缺乏碳辨识能力，则认为 a_i 为初始级；如果 $B_i \in (3,5]$，则进一步判断碳选择能力的大小。如果 $C_i \in [1,3.5]$，则证明其具备碳价值观和碳辨识能力但缺乏碳选择能力，则认为 a_i 为成长级；如果 $C_i \in (3.5,5]$，则进一步判断碳行动能力的大小，如果 $D_i \in [1,4]$，则证明该个体的碳行动能力处于初级水平，则认为 a_i 为规范级；如果 $D_i \in (4,5]$，则进一步比较碳价值观、碳辨识能力和碳选择能力的大小。如果 $A_i > B_i > C_i$，那么则 a_i 为集成级；如果 A_i、B_i、C_i 的值并非递减，那么依据碳能力综合测量值 b_i 来判断。当 $b_i \in [1,3]$，a_i 为初始级；当 $b_i \in (3,3.5]$，a_i 为成长级；当 $b_i \in (3.5,4]$，a_i 为规范级；当 $b_i \in (4,4.5]$，a_i 为集成级；当 $b_i \in (4.5,5]$，a_i 为优化级。

（5）如果瓶颈值为碳影响能力，那么需要判断碳影响能力的前端进阶能力的大小，即判断碳价值观、碳辨识能力、碳选择能力和碳影响能力的大小。如果 $A_i \in [1,3]$，那么 a_i 为初始级；如果 $A_i \in (3,5]$，则进一步判断碳辨识能力的大小。如果 $B_i \in [1,3]$，那么证明其已经具备碳价值观但缺乏碳辨识能力，则认为 a_i 为初始级；如果 $B_i \in (3,5]$，则进一步判断碳选择能力的大小。如果 $C_i \in [1,3.5]$，那么证明其具备碳价值观和碳辨识能力但缺乏碳选择能力，则认为 a_i 为成长级；如果 $C_i \in (3.5,5]$，则进一步判断碳行动能力的大小，如果 $D_i \in [1,4]$，则证明其同时具备碳价值观、碳辨识能力和碳选择能力，但碳行动能力处于初级阶段，则认为该个体的 a_i 为规范级；如果 $D_i \in (4,5]$，则进一步判断碳影响能力。如果 $E_i \in [1,4]$，那么则证明该个体兼具碳价值观、碳辨识能力、碳选择能力和碳行动能力，但碳影响能力处于初级阶段，其 a_i 为集成级；如果 $E_i \in (4,5]$，则进一步比较碳价值观、碳辨识能力、碳选择能力和碳行动能力的大小。如果 $A_i > B_i > C_i > D_i$，那么认为 a_i 为优化级；如果 A_i、B_i、C_i、D_i 的值并非依次递减，那么碳能力综合测量值 b_i 来判断。当 $b_i \in [1,3]$，a_i 为初始级；当 $b_i \in (3,3.5]$，a_i 为成长级；当 $b_i \in (3.5,4]$，a_i 为规范级；当 $b_i \in (4,4.5]$，a_i 为集成级；当 $b_i \in (4.5,5]$，a_i 为优化级。

第四章 城市居民碳能力驱动机理理论模型构建

第一节 基于质性分析的城市居民碳能力驱动因素选择与界定

一、质性研究设计

质性研究是一种探索性研究[177, 178]，研究者一般利用观察和访谈等开放式的各种办法，敏感地收集与研究对象相关的一切信息，然后利用归纳法分析资料，挖掘社会现象背后的原因和意义，并形成相关理论，质性研究主要用文字来描述现象，在现象分析过程中逐步形成理论假设[179]。

由于城市居民碳能力属于一个全新范畴，其核心要义是城市居民在日常生活中对整个生态资源合理有效的利用和保护性的消耗，以减少温室气体的排放为最终目的，进而应对社会的能源耗竭和环境污染问题。对于城市居民碳能力这一范畴，目前理论界还缺乏成熟的研究，特别是我国理论界的研究还不多见。进一步说，城市居民碳能力这一议题还不完全清晰，需要进行探索性的质性研究。同时，本书旨在对城市居民碳能力的产生机制、演化机理进行深度的描述、叙述和诠释，探索城市居民碳能力演化的主要驱动因素。不仅侧重于考察现已清晰的特定驱动因素与城市居民碳能力之间的数量关系，而且还要探索城市居民碳能力演化的深层次驱动因素及其对碳能力的影响机制。本书先采用探索性的质化研究，然后在此基础上再采用量化研究对质化研究结论进行大样本实证检验。

（一）资料收集方法

质化研究的第一个过程为资料收集。本书对调研样本地区的代表性城市居民进行开放式的深度访谈，以获得相应的第一手资料，即获悉城市居民对于低碳消费的认知及态度，并着重挖掘城市居民低碳行为实施所感受到的能力障碍，以初步探析城市居民碳能力的主要驱动因素及演化路径。

访谈对象是质性研究资料和结论的主要来源，因此访谈对象的选择较为谨慎，访谈对象需要对碳能力、低碳相关概念及行为有一定的认识和理解。基于此，本书代表性城市居民的选择通过理论抽样和分层抽样相结合的方式获得，即选择对低碳消费有一定认识和主见，且具有一定教育知识水平的代表性居民，据此我们将访谈对象限制在本科及以上学历、对低碳有一定认识、思维活跃、信息丰富的20～45周岁的中青年城市居民消费者，同时注重访谈对象的性别、年龄、职业等结构分布合理、符合实际。理论抽样和分层抽样后，对所需调研群体进行一对一的定向访谈。样本量的确定按照理论饱和（theoretical saturation）的原则为准，即抽取样本直至新抽取的样本不再提供新的重要信息为止。

从现有的质性研究文献来看，学者们多使用面对面访谈以获取所需要的信息资料。在本书中，除了采用通常的面对面访谈外，还利用 QQ 聊天平台、WeChat聊天平台进行访谈。这种网络在线访谈具有如下优势：无需访谈者与受访者直接见面，其实施更便捷，不受时空限制；同时受访者不会感到拘束，回答更自由、更真实，不易受到访谈者口头语言和行为语言的影响，而且回答内容往往经过深思熟虑，逻辑性更强。由此，本书采用一对一的面对面访谈、QQ 聊天平台和 WeChat聊天平台在线访谈相结合的方式进行深度访谈。在深度访谈中，本书拟采用问题聚焦访谈法，即访谈者在访谈中通过建立参与性的对话方式，引导访谈对象从自身角度出发，将访谈内容聚焦于访谈主题。深度访谈的时间设定为 1 小时左右，并为访谈对象预留相对充分的思考和表达余地。在正式开展访谈之前，访谈者首先向访谈对象说明访谈的主题和注意事项，并做交流讨论，访谈以开放、互动和保密为原则。根据扎根理论（ground theory）的要求，访谈不设预先假定和范式，但事先设定简单的访谈提纲（表 4-1），以提高访谈的效率。

表 4-1　开放式访谈提纲初步设计

访谈主题	主要内容提纲
	碳能力是指从建立低碳价值理念、掌握低碳辨识技能、能明智做出低碳选择，到采取有效低碳行动并能产生低碳影响力的一种全过程的进阶式能力集合
基本信息	性别、年龄、收入水平、学历、职业、家庭结构、所在城市等
碳能力认知	您对低碳消费有什么看法？为什么（不）需要低碳消费？ 您认为碳能力可以从哪些方面进行衡量，能结合日常生活具体说明吗？ 您本人或者您的家人、朋友、同事中有没有具备碳能力的？他们有没有共同的特质？
驱动因素	您认为影响碳能力的主要因素来自哪几个方面呢？ 您认为要把低碳意识转变为一种实际行为，还需要做哪些努力？ 您或者家人都通过哪些渠道获取低碳相关的知识、技能呢？ 您是否注意过低碳消费和低碳生活方式方面的宣传教育？这些宣传对您来讲有没有效果呢？您觉得什么样的宣传教育才更有效、更能培养人们的碳能力？ 您认为如果人们知道什么是低碳消费，会去做吗？ 您认为您选择低碳产品或服务、实施低碳行为的主要障碍和动力分别是什么呢？您是不是在每次做选择时都会受到这些因素的影响？如果是，能对这些因素的重要性进行排序吗？如果不是，可以结合生活实际具体说明吗？ 您的言行会不会影响到周围人进行低碳消费？如果会，那么您觉得是哪些因素激发了这种影响能力呢？如果不会，又是受制于什么因素呢？另外，您会被周围人的低碳行为所影响吗？
促进碳能力提升的干预政策	在您看来，如何培养人们的碳能力，促进人们从"高碳"向"低碳"的生活方式和消费模式转变？ 您认为政府应该制定哪些措施来持续推动呢？

　　访谈时，围绕上述问题和捕捉出来的概念范畴还会进一步追踪式提问，以尽可能深入地洞悉受访者的内在心理，使访谈内容得以进一步延伸。例如，在问到政府应制定哪些措施促进碳能力提升时，受访者提到监督，访问者继续追问"您觉得政府监督可以促进碳能力的提升，那您能具体说一下政府应如何监督吗？"根据理论饱和原则，本书最终总共选择了35位访谈对象，受访者基本信息如表4-2所示，受访者具体信息参见附录1。

表 4-2　受访者的基本信息统计

属性		人数	比例/%	属性		人数	比例/%
居住地	北京	10	28.57	职业	在校学生（研究生及以上）	6	17.14
	广东	10	28.57		教育科研、专业技术人员	8	22.86
	江苏	15	42.86		企事业单位、管理者	8	22.86
访谈方式	面对面访谈	20	57.14		商业、服务业及其他	13	37.14
	网络访谈	15	42.86	年龄	20～30 岁	13	37.14
性别	男	18	51.43		31～45 岁	12	34.29
	女	17	48.57		45 岁以上	10	28.57

（二）资料分析方法

　　上面提到，城市居民碳能力这一议题目前尚未完全清晰，需要进行探索性的质化研究，因此，本书的资料分析方法主要为扎根理论这一探索性的研究方法。扎根理论于 1967 年提出[180]，目前被认为是"今日社会科学中最有影响力的研究范式，走在质化研究革命的最前沿"[181-183]。扎根理论中的原始分析资料多为文字资料而不是数据资料，本书中为与代表性城市居民的深度访谈记录。扎根理论分析过程中的核心思想是持续比较分析，它体现在一份资料前后内容之间、资料和资料之间，通过这种持续比较分析，发现与研究目标相关的概念和范畴要素，归纳概括其属性，自下而上构建出相应理论。扎根理论分析的具体步骤主要包括开放式编码（open coding）、主轴编码（axial coding）和选择性编码（selective coding），具体流程如图4-1所示。

　　通过上述过程，获取城市居民碳能力的主要因素，其中重点获取城市居民碳能力的驱动因素及其驱动机制，然后在各个概念、范畴要素之间建立联系，最终形成理论框架，即构建城市居民碳能力驱动机理的综合理论模型。主要研究过程如图4-1所示。

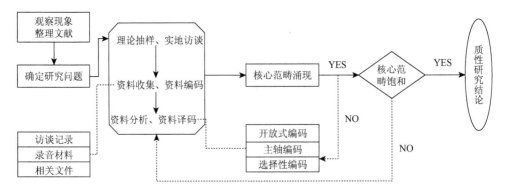

图 4-1　质性研究的路径

二、基于扎根理论的驱动因素筛选

将访谈记录进行整理后，随机选择 2/3 的访谈记录进行扎根编码分析，另外 1/3 的访谈记录进行扎根理论饱和度检验。在扎根编码过程中，为保证研究的信度和效度，严格依据 Strauss 和 Corbin 的扎根编码技术程序进行操作[184]。同时，为了避免编码者个人偏见对编码结果的影响，提高编码的客观性和科学性，本书在编码时采用个人编码和专家咨询相结合的方法。

（一）开放式编码

开放式编码，也就是编码过程中的一级编码，也称为开放式登录或一级登录。在开放式编码时，本书尽量采用被访谈对象的原话，并从中直接命名概念或抽取相关概念，以尽可能消除编码者个人的偏见影响。研究邀请了 5 名相关专业的研究人员，对访谈的资料进行整理，一共收集到 1021 条对"城市居民碳能力"的表达。为深度挖掘城市居民碳能力的影响因素，本书对访谈记录中比较简单的和过于模糊的回答语句予以排除，最终共得到 800 余条原始语句和相应的初始概念。由于初始概念数量庞杂且相互之间存在一定程度上的交叉，本书选择重复频次在 5 次以上的初始概念进行范畴化，同时剔除个别前后矛盾的初始概念。开放式编码在第一次访谈结束后便开始操作，在第一份访谈记录中先整理出一些概念，然后分析这些概念之间的相关性和差异性，进而归纳出一些范畴，然后根据编码过程中发现的问题和整理出的概念范畴，有针对性地开始第二次访谈。按如此规律进行，直至编码者感觉编码的概念和范畴相对比较丰富，相关的概念和范畴在编码过程中不断重复出现，则访谈可不再继续，编码可进入下一级。表 4-3 反映了本书对原始访谈记录的概念化和范畴化的过程，范畴化的结果即为城市居民碳能力的相关影响因素。考虑篇幅限制，本书对每个范畴仅选择有代表性的原始记录语句和初始概念予以罗列，受访者具体的回答信息参见附录 1。

表 4-3 开放式编码过程及结果

原始资料语句（代表性语句）	范畴
R02 一说到低碳啊，不就是节水节电环保吗？但是这样心里一点也不舒服，我更想享受生活，舒服点更重要啊。 R11 绿色出行算低碳吧，但是我做不到，我比较追求舒服。 R23 我觉得舒适和便捷最重要，如果做一些低碳行为很方便的话我会比较愿意。	舒适偏好
R07 我觉得一些热心环保人士或者低收入消费者更容易有碳能力，肯定和个人的人格有关系，是与生俱来的。（人格） R09 现在的环境实在是太差了，每次我看到新闻报道的各种环境问题，我就特别气愤，环境保护真的是迫在眉睫了。（理智性） R15 我觉得有些人会对环境问题特别敏感，一遇到雾霾天就会立马有感觉，另外一些人就会很迟钝。也有些人会特别关注低碳问题，应该属于激进派吧，我觉得愿不愿意低碳也可能和每个人的个性有关。（理智性/责任心） R17 在保护环境方面，我感觉还是凭我的心情吧，有的时候我会特别在意，有的时候又漫不经心，可能有点矛盾吧。（理智性/责任心） R18 我觉得保护环境要从小事做起，比如践踏草坪、不猎杀珍稀的野生动物等，这些事情应该是从小培养的，应该是每个人骨子里该有的，不应该是为了其他利益什么的。（宜人性） R20 我觉得和利他主义很相关。（宜人性） R21 我觉得大自然赋予我们的一切都是美好的，都是有生命的，我们都应该好好珍惜，并且对其心存敬畏。（开放性） R23 我觉得现在环境保护刻不容缓，上至政府下至我们普通百姓，都应该树立保护环境的理念，节约资源，只有这样，才能为后代创造好的环境。（责任心） R08 我觉得有碳能力的人可能会具备一些共同的特质，比如，知识水平要高一些，更有责任感，心思可能会细腻些（有些人觉得怎么做都没有太大差别），都比较追求生活的精致方面，他们可能需要更干净整洁的生活环境；还有可能对一些时尚或者流行的东西不是那么感兴趣，只以理性的标准去衡量需不需要进行消费。也有一些人，人缘很好，特别愿意去影响其他人，会把低碳行为技能及知识与周围的朋友共享，如果共享后，也会得到朋友的响应。（责任心、理智性、宜人性） R25 我是个非常热爱大自然的人，每逢节假日我都会去有山有水的地方，这会使我劳累的心得以放松。（外倾性） R27 我们每个人都是大自然的一份子啊，我们每次参加的户外活动，不都是与大自然融合的过程与体验吗？（外倾性） R29 很多人觉得低碳看起来都有些事多、小气，但我觉得这是个人素质高的体现，能体现个人的品质、气质。（人格） R35 在环境保护上面，我们每个人都是有责任的，这不仅仅是政府，更不仅仅是清洁人员的责任，所以现在我经常坚持做一些环保行为，我也会一直坚持。（责任心）	生态人格
R02 个人的力量不会有多大改变，自己做了也造不成什么大的贡献，那么要碳能力有什么用呢？（价值性体验） R16 能力嘛，有总比没有好，还能掌握点生活小窍门。（认知体验） R10 碳能力肯定得培养啊，因为可以保护环境，为后代造福。（价值体验） R08 我觉得低碳很时尚，很吸引眼球，让人觉得很爽，比如特斯拉，比如骑行，有碳能力岂不是让我很有面子。（情感体验、行动体验）	效用体验感知

原始资料语句（代表性语句）	范畴
R17 个人能够做出啥贡献，有没有碳能力无关紧要。（价值性） R18 我觉得低碳很费钱的，如果能节省生活成本，还是很愿意提高碳能力的。（经济体验） R26 我觉得低碳能实现自我价值，碳能力肯定要有啊。（价值体验） R30 我觉得能参加一些低碳活动还不错，能增长见识。（认知体验、行动体验） R35 如果可以交易碳排放额度，那我肯定要学习如何低碳啊，那碳能力是必需的。（经济性体验）	效用 体验 感知
R05 看单位的要求吧，看它是不是低碳导向的。 R18 可能在不同的情况下会不一样，自己家里方面多少会考虑省钱，在单位的话就不一样，主要是看公司和领导对于这个低碳的看法，公司整体的观念很重要。 R25 如果单位是绿色企业的话会不一样吧，可能价值理念就是偏环保的，不只是经济为先。	组织 碳价 值观
R20 看我们单位有没有要求吧，如果单位有明文规定不能浪费电、纸张要双面打印之类，为了工作我也会低碳，但要是公司没有这样的规定，还是看个人习惯。 R05 看单位的要求吧，看它是不是低碳导向的。	组织 制度 规范
R05 从事低碳工作、低碳研究的话，集体的氛围会好一点，大家也都会更关注低碳。 R20 如果单位里的人都低碳的话，我可能也会考虑低碳。 R15 如果我的上司比较低碳，我可能会受到影响，因为我很崇拜她，我觉得其他同事应该也会被影响吧，有种领袖魅力的感觉。 R20 大家都觉得环境问题很严重啊，浪费可耻的，我可能也会被感染，慢慢改变自己，免得同事说我很浪费啊，总之氛围很重要。	组织 低碳 氛围
R01 很多公务员、明星说是要低碳，其实风气还没这么好，我觉得他们是在做秀。 R05 我周围人没有那么高尚，也不会有人想要我低碳消费，我们老百姓就做好基本工作，没有别的想法。 R15 总的来讲，现在全社会完全没有环保风气。 R20 大家都觉得环境问题很严重啊，浪费可耻的，我可能也会被感染，慢慢改变自己，免得同事说我很浪费啊，总之氛围很重要。 R23 大家都不做，我做有什么意义呢，还是随大流吧。	社会 规范
R01 现在社会就是这样子，我怕别人笑话啊，所以我也要买。总的来讲，现在还没有形成这种节约环保的风气。 R05 和消费习惯、消费文化有关吧，像中国传统以来就喜欢铺张浪费、讲排场，大型婚宴啊。 R08 现在整个社会消费风气变了，没有人以节约为荣，反而觉得你抠门，根本就没有这个低碳的氛围。 R08 大家都在买这买那，我留着钱干嘛呢。 R16 反正中国人就是喜欢模仿，爱跟风，看有钱人消费什么就跟着消费。 R30 全社会都在追求物质、金钱，形成了一种扭曲的、畸形的文化形态，明星动不动就世纪婚礼、千万豪宅，整个风向标都变了。	社会 消费 文化
R01 有时候我认为今天不用打空调，可是我看有些同事特别习惯吹空调，我也不好意思和人家说，免得搞坏同事关系，最后就是跟着一起"浪费"了。 R05 会给别人树立一种美好的形象、高素质啊、有责任感，给别人留下好印象，也可以以身作则教育孩子，也会让人觉得你有品味吧，愿意和你交朋友。 R06 周围人对我影响很大，我很在乎人际关系，如果低碳能让我在朋友面前更有面子，我就愿意选择。 R11 周围人特别爱面子，生活讲排场，我和他们比不能太差啊，不然都融入不了别人的圈子。 R17 有时候是一种时尚感吧，比如，别人懂一些低碳的知识，知道低碳建筑，大家聊起来的时候，我什么都不知道显得很尴尬，怎么说呢，有时候这就是一种谈资。	社交 货币

原始资料语句（代表性语句）	范畴
R25 有时候说到底就是个面子问题，有时候吧，有种不好意思的感觉，说不清楚。 R29 这东西也是和人际圈子有关系的，比如我要请客吃饭，我肯定是去高档饭店、多点菜，体现我对对方的尊重，尽管口味差不多，但这是人际交往的必需啊。	社交货币
R05 有时候选择不开灯、不开空调、不开车，只是为了省钱。 R06 选择低碳出行，最主要是省钱，因为现在烧油还是很贵的。 R07 很多人不选择低碳产品可能是认识程度不够深刻、个人经济能力无法支持，可选择的低碳产品的数量、品质、知名度不够。 R08 很多人不选择低碳产品一是不够经济；二是不够便利；三是习惯问题；四是不够吸引眼球，或者引领未来。每次做选择的时候可能会考虑这些，甚至是无意识的情况下按照原来的行为习惯就做了决定。 R15 新能源汽车啥的暂时接受不了，我想再观望观望，主要考虑到价格。 R15 同样质量的产品，低碳产品价格不一定便宜。 R18 我觉得低碳很费钱的，如果能节省生活成本，还是很愿意提高碳能力的。 R25 说到经济啊，还是看经济条件，一般的家庭还是能省就省了，不过为了省钱的低碳也不是真的低碳啊。	个人经济成本
R01 还有一个因素就是习惯，习惯挺重要的。 R02 之前都习惯了，消费习惯很难改。 R05 我补充一点啊，我觉得和长久以来的传统习惯有关，高碳是习惯了，哪能一下子就改，没办法，得高碳。就算有些人做到了，过一段时间可能又回到原来的状态，习惯成自然了。 R07 人很多消费或生活行为都是有惯性的，很多时候可能没有思考是不是对资源或环境造成了破坏，这就是说很多人的低碳行为能力不高。还有人的行为能力可能不尽相同，有些人意识到行为对环境的破坏性，但是执行力很差，想起来的时候就执行，想不起的时候就算了。 R08 很多人不选择低碳产品一是不够经济；二是不够便利；三是习惯问题；四是不够吸引眼球，或者引领未来。每次做选择的时候可能会考虑这些，甚至是无意识的情况下按照原来的行为习惯就做了决定。 R10 随地乱扔的传统习惯没有改变。 R17 最大的障碍就是人们已经形成的习惯，根本就不愿意改，改起来也很难。	习惯转化成本
R04 除经济成本之外，便利程度是我考虑的主要因素。 R07 主要障碍是低碳生活方式有碍正常工作和学习。 R08 一是不够经济；二是不够便利；三是不够吸引眼球，或者引领未来。每次做选择的时候可能会考虑这些，甚至是无意识的情况下按照原来的习惯就做了。 R10 图省事。 R23 我觉得舒适和便捷最重要，如果做一些低碳行为很方便的话我会比较愿意。 R27 我觉得（低碳）障碍可能是影响了便利性，动力是生活环境的恶化。 R30 消费者购买使用中总有一些不方便，有些人哪怕有一点点不方便他都不会去做，就拿去超市用购物袋吧，我也很难做到，大多是买一次性塑料袋。	行为实施成本
R05 路边没有垃圾回收的装置，垃圾经常都是放在一起直接扔在垃圾桶里，也不知道怎么分类，也不知道环卫工人或是其他工作人员有没有对垃圾进行分类、循环利用。 R08 在一些设施上，需要引领和改变，比如，智能家居方面，人离开房间多久就会结束房间里的一切能源设备，再如，低碳出行需要提供自行车，需要宣传步行出门等。低碳住宅方面，不知道有没有啥配套设施，好方便生活。 R12 很多废电池不知道扔到哪里。（基础设施不足） R15 消费环节也要其他环节的支持和衔接的啊。（配套环节）	基础设施完备性

续表

原始资料语句（代表性语句）	范畴
R18 只知道国家在推广新能源汽车，也不知道买来去哪里充电啊，万一在半路没电，或是坏在高速公路上咋办。（基础设施不完备） R26 如果公交、地铁线路发达，时间段合理的话，我也会选择少开车的。 R29 电动车唯一的缺点就是充电桩的问题。 R30 如果农村的沼气池工程等建设完备并且有所补贴，我肯定会选择的。	基础设施完备性
R07 很多人不选择低碳产品可能是认识程度不够深刻，个人经济能力无法支持，可选择的低碳产品的数量、品质、知名度不够。 R08 很多人不选择低碳产品一是不够经济；二是不够便利；三是习惯问题；四是不够吸引眼球，或者引领未来。每次做选择的时候可能会考虑这些，甚至是无意识的情况下按照原来的行为习惯就做了决定。另外，企业的产品有比较合理的转型和定位，比如企业生产出的同类产品中，有多少是低碳的，它们的价格是不是合适，是不是更能满足引领时尚和未来的这种能力。 R12 同样质量的产品，低碳产品可以选择的种类很少。（可选择的低碳产品少） R15 可以信赖的品牌很少吧，至少我没听说过。（品牌信赖度） R18 产品技术的不成熟也有一定影响。 R23 生活中选购低碳产品，比如，一级和二级能效的空调，碳排放肯定是不同的，当然价格也会不同的，对自己的耗电量和社会碳排放也是不一样的，这时需要产品上有明显的标识。我选择的动力主要是国家有补贴、购买方便、使用体验非常好。 R25 鼓励公司开发低碳的产品。 R28 是不是需要对低碳产品贴标签啊。	产品技术成熟度
R15 我都分不清楚哪些是低碳产品，也不知道去哪里买。 R20 如果不是在任意一家超市买到的话，我很难接受，毕竟生活消费品都是为了方便生活的，跑老远去买，还要坐车，其实一点也不低碳。 R23 我选择的动力主要是国家有补贴、购买很方便、使用体验非常好。	产品易获得性
R05 我接触到的低碳宣传很少，也不知道什么国家政策，最近有所了解也是看了柴静的雾霾视频。 R11 我没有接受到什么低碳的宣传，不就是大路上某个站牌屏幕上偶尔会出现低碳生活嘛，这对我没什么影响啊，我也不怎么关注。 R17 宣传还要针对不同的群体，现在宣传做得太少，就是大广告一张，根本没考虑到宣传的效果如何，也不管宣传的针对性，如果目标群体是老人和孩子，或许宣传效果会更好。 R20 还是得多多宣传，多宣传可以促进人们改变观念。 R23 我没有接受过任何宣传，我觉得任何宣传都没有用。 R27 我只是听说过低碳消费，具体什么意思我并不明白。 R30 我觉得像北上广这样的大城市，可能接触到的理念比较多，政策试点也是在这些地方吧，估计低碳消费的普及度会高一点。小城市或是农村的，估计连低碳是什么也不知道吧。 R31 低碳应该是全民参与，应该加大宣传力度，让人人意识到低碳的重要性，让人人记住一定要低碳生活，变成人们的潜意识行动，无意中就在实施低碳消费。	政策普及程度
R01 如果只是鼓励、表扬什么的，没有（奖励）政策，那很少有人能做到吧。只有对自己有好处了，才能让大家充满积极性吧，反正要么就不低碳了有什么惩罚，低碳了奖励点实质性的东西。 R05 如果国家给些补贴，低碳可能会更好实施。 R08 政府可以多与企业合作，不仅体现在低碳产品的推广上，还应体现在低碳行为的培养上，比如，政府可以与体育锻炼的一些软件进行合作，对经常进行体育锻炼或步行的人予以资金支持，提供小的礼物或者奖励。	经济性政策执行效度

续表

原始资料语句（代表性语句）	范畴
R11 除非我低碳消费一次，政府给我多少钱，我就会有动力。 R17 按照个人碳能力高低减免一些税费是不错的，或是加入个人道德积分、信用积分之类的。 R20 虽然"限塑令"导致塑料袋收费了，但由于经济损失太少，也就两毛钱、五毛钱的，还是有很多人用。 R29 多出台一些低碳方面的利好政策或消息，多多惠民。 R31 奖惩并行，对一些大型的低碳产品所有者，进行奖励。	经济性政策执行效度
R03 如果有法律法规的限制，这个比较有力度，效果将会立竿见影！ R06 精神奖励比物质奖励更重要吧。 R12 拿出来讲，现在的单双日限行就挺有效呀。 R17 按照个人碳能力高低减免一些税费是不错的，或是加入个人道德积分、信用积分之类的。对于企业来讲，可以提升企业的排碳标准。 R30 政府要加强这方面的管理，就是要监督下去。	行政性政策执行效度
R01 政策执行力度不够。 R02 重视还是要落实。 R05 现在关于"执行力"，无从谈起。 R09 感觉低碳就是空谈，没见谁执行啊。	引导性政策执行效度
R01 年龄大一点，有地位有权力的，基本不会选择低碳。 R01 如果我30多岁了，无论做什么工作，选择低碳的可能就降低了一点，毕竟有点收入了，该享受享受生活了，我觉得可能是这样。 R12 还有这个宣传引导，也需要再多增加一些，各种媒体啊、报纸啊、网络啊、QQ啊、WeChat啊，都需要增加，尤其是对这种小学生、中学生、高中生的教育引导，因为以后是他们的世界，而老一辈的观念很难改变。	年龄
R01 我觉得家庭妇女肯定低碳。 R01 我有低碳的意识，我却不做，因为我懒啊，还有因为我是女的啊，夏天让我赶个公交啊，骑个自行车啊，我热啊，我会晒黑啊，我还得花那么多钱保养，你说我值当的吗？ R23 我觉得女性更容易实施低碳。	性别
R07 大多数人文化水平一般，压根不知道啥叫低碳。 R10 社会上有地位的，或是稍微有点文化的可能会比较关注吧。 R17 有时候这事还要看文化水平和素质啊。 R27 学历高了，自然知道的比较多。	学历
R01 年龄大一点，有地位有权力的，基本不会选择低碳。 R01 我觉得低碳要么就是老人要么就是刚上班的、没有工作的。 R26 这也得看你的职业和收入吧。	职业
R04 经济水平决定只能低碳了。 R14 没钱啊，只能低碳了。 R25 说到底啊，还是看经济条件，有钱的话特斯拉我也买起来。 R30 有钱的话肯定享受生活啊，没钱才低碳。	收入水平
R09 看单位吧，比如，国企可能会更加响应国家的号召吧，积极低碳，或者外企也有可能，一些私营企业估计悬。	单位性质

续表

原始资料语句（代表性语句）	范畴
R01 年龄四五十岁，有社会地位的，而且当官啊之类的，基本不会选择低碳，他们不需要啊。	职务层级
R05 买房的比较低碳啊，自己给自己省啊。 R09 没见谁租个房子不低碳。 R19 租房子住的话，很多不愿意投资啥低碳产品，凑合着用。	住宅类型
R04 有小孩有老人，买东西就要很注意，健康就好，低碳就不是主要考虑的了。 R07 建议以家庭为单位统计碳排放量，使用低碳能力电器及其相关产品的度（时间、频率、使用量）等。例如，低碳的空调，每天使用多长时间，排放量等。 R10 家里有孩子，不是想低碳就低碳的。 R13 家里有孩子有老人，很少低碳出行，确实方便，而且买什么东西也希望他们能用着没什么害处。	家庭结构
R05 没有遇到宣传教育，只在新闻中涉及一些，尤其是自己老家。 R10 随地乱扔的现象太多了，特别是在农村。 R18 在农村压根都接触不到这些事情，应该都是大城市的人才会考虑低碳吧。 R25 大城市比小城市污染大多了，我觉得大城市的人更需要进行低碳消费，缓解环境问题。小城市的话，可能缺乏很多基础设施吧，对于回收这方面估计做得会很差吧，这其中可能要排除节省的可能。 R27 经济发展快的城市环境问题多一点，雾霾就特别严重。 R30 我觉得像北上广这样的大城市，可能接触到的理念比较多，政策试点也是在这些地方吧，估计低碳消费的普及度会高一点。小城市或是农村的，估计连低碳是什么也不知道吧。	城市特征

（二）主轴编码

主轴编码，也就是编码过程中的二级编码，也称为关联式登录或轴心登录。主轴编码就是发现和建立各个概念范畴之间的各种联系。主轴编码中，研究者每次只对一个范畴进行深度分析，围绕这个范畴进一步探索相关关系，分析每一个范畴在概念层次上是否存在潜在的相关关系，因此称为"轴心"或"主轴"。每一组范畴之间的相关关系分析之后，还要识别组内范畴的级别，即识别其中的主范畴和子范畴，然后在持续比较分析下，建立主范畴和子范畴之间的关系。主范畴的形成过程（主轴编码过程）如表 4-4 所示。

表 4-4　主轴编码过程及结果

主范畴	对应子范畴	范畴关系的内涵
个人因素	舒适偏好	城市居民的舒适偏好是影响碳能力的个体因素（individual factors，IF）
	生态人格	城市居民的生态人格特质是影响碳能力的个体内在心理因素
效用体验感知	效用体验感知	个体所感知到的实际发生的低碳行为给自己带来的结果会影响低碳行为的发生与否及碳能力的建设与否

续表

主范畴	对应子范畴	范畴关系的内涵
组织因素	组织碳价值观	城市居民所属组织的价值观会影响个体的低碳价值观及低碳行为表现，它属于组织层面的影响因素
	组织制度规范	城市居民所属组织的制度规范会影响个体的低碳价值观及低碳行为表现，它属于组织层面的影响因素
	组织低碳氛围	城市居民所属组织的低碳氛围会影响个体的低碳价值观及低碳行为表现，它属于组织层面的影响因素
社会因素	社会规范	社会规范会影响城市居民的碳能力建设，它属于社会层面的因素
	社会消费文化	攀比、排场等社会消费文化会影响城市居民的碳能力建设，它属于社会层面的因素
	社交货币	社交谈资、面子等是影响碳能力的社会因素
低碳选择成本	个人经济成本	个体经济水平、生活水平及对自身利益的考虑会影响城市居民选择低碳消费的成本
	习惯转化成本	消费习惯、生活习惯等习惯会影响城市居民选择低碳消费的成本
	行为实施成本	行为便利程度、维持成本等会影响城市居民选择低碳消费的成本
技术情境	基础设施完备性	基础设施不健全、回收网点少等因素会影响城市居民选择低碳消费，它属于影响碳能力建设的产品类因素
	产品技术成熟度	产品品种少、技术不成熟等因素会影响城市居民选择低碳消费，它属于影响碳能力建设的产品类因素
	产品易获得性	产品的便捷获取性、可选择性等因素会影响城市居民选择低碳消费，它属于影响碳能力建设的产品类因素
政策情境	政策普及程度	政策的普及程度会影响城市居民碳能力建设的制度情境
	政策执行效度	政策的执行效度会影响城市居民碳能力建设的制度情境
社会人口学变量	人口统计变量	年龄、性别、学历、职业、收入水平
	组织工作变量	单位性质、职务层级
	家庭统计变量	住宅类型、家庭结构
	城市统计变量	城市特征

（三）选择性编码

选择性编码，也就是编码过程中的三级编码，也称为核心式登录或选择式登录。选择性编码是在主轴编码的基础上，进一步挖掘和系统处理范畴与范畴之间的关系。选择性编码是一种系统性分析，是指从主范畴中挖掘出核心范畴，系统建立核心范畴与其他范畴之间的联结关系。核心范畴在持续比较分析过程中，必须被重复证明其对大多数范畴具有统领性，能够清晰描述大多数范畴之间的关系构成，能够将大多数范畴囊括在一个具有涵盖性的理论框架之内。通过深入挖掘，选择性编码后形成的各主范畴之间的典型关系结构，如表4-5所示。

表 4-5　选择性编码结果

核心范畴	典型关系结构	关系结构的内涵
碳能力驱动机理	效用体验感知→碳能力	效用体验感知是能力建设的内驱因素，效用体验感知直接决定个体是否会建设和发展该项能力
	碳能力→效用体验感知	碳能力能够强化效用体验感知，带来积极的能力结果体验
	个体因素→效用体验感知→碳能力	个体的舒适偏好、生态人格特质会决定个体对于某项能力结果的感知，即该项能力能否给到自己认知、情感、行动、经济等各个方面的满足感，进而决定是否建设该能力
	组织因素→效用体验感知→碳能力	个体所属组织的碳价值观、制度规范和低碳氛围会影响个体对于某项能力结果的感知，即该项能力能给到自己认知、情感、行动、经济等各个方面的满足感，进而决定是否建设该项能力
	社会因素→效用体验感知→碳能力	社会规范、社会消费文化、社交货币等社会层面的因素会影响个体对于某项能力结果的感知，即该项能力能给到自己认知、情感、行动、经济等各个方面的满足感，进而决定是否建设该项能力
	低碳选择成本 ↓ 效用体验感知 —— 碳能力	低碳选择成本（low-carbon choice cost，LCC）是碳能力建设和发展的内部情境条件，它影响效用体验感知作用于碳能力路径的关系强度和方向
	技术情境 ↓ 效用体验感知 —— 碳能力	技术情境因素是碳能力建设和发展的外部制约情境因素，技术情境因素作为调节变量影响效用体验感知作用于碳能力路径的关系强度和方向
	政策情境 ↓ 效用体验感知 —— 碳能力	政策情境因素（situational factors on policy，SFP）是碳能力建设和发展的外部制约情境因素，政策情境因素作为调节变量影响效用体验感知和碳能力之间的关系强度和关系方向
	社会人口学变量→碳能力	社会人口学变量（social demography variables，SDV）对碳能力存在显著的直接影响，社会人口学变量直接决定个体的碳能力

（四）饱和度检验

理论饱和度检验是指在不获取额外数据的基础上，进一步发展某一个范畴特征，以作为停止采样的鉴定标准[185]。本书的理论饱和度检验用预留的 1/3 的访谈记录进行。结果显示，模型中的范畴已发展得足够丰富，对于城市居民碳能力的主范畴均没有再发现新的范畴和关系，主范畴内部也没有形成新的构成因子。因此，我们认为本书前述扎根分析在理论上达到饱和。

三、研究变量界定

城市居民碳能力是一种具象的能力，鉴于知识和技能是能力的认知基础，而个体行为是能力的载体，那么，低碳知识/技能是低碳能力的认知基础，而低碳消费行为是碳能力的行为结果，因此在研究碳能力影响因素的时候有必要对低碳知识/技能、低碳消费行为的理论及相关研究进行回顾。可以看出，对于居民碳能力、低碳知识/技能和低碳消费行为方面的研究，国外学者的研究成果相对较多，国内的文献相对较少。总体来看，各个研究由于侧重点不同，选取的研究变量不其一致，因此，需要根据本书的核心要义，对城市居民碳能力的核心驱动因素予以归纳和分析。结合深度访谈和文献研究，本书最终选择了城市居民碳能力驱动因素相关变量，下面将对各个变量进行详细描述。

（一）城市居民碳能力

在第三章中，已经对城市居民碳能力进行了概念界定，是指从城市居民建立低碳价值理念，掌握低碳辨识技能，能明智地做出低碳选择，到采取有效低碳行动并能产生低碳影响力的一种全过程的进阶式能力集合。全过程碳能力进阶式概念结构主要包括五个维度，依次是碳价值观、碳辨识能力、碳选择能力、碳行动能力和碳影响能力。

（二）效用体验感知

从第二章的分析可知，个体行为是能力展现的重要载体，而效用体验感知无异于行为带来的效用感知。回顾相关研究发现，Ajzen 认为行为结果感知对行为存在后续影响，形成一种反馈作用[186]。不少研究也证实了已经发生过的行为对行为结果感知和体验的重要影响[187,188]。本书的深度访谈也反映出了居民对碳能力结果的感知对碳能力建设和发展的影响，因此，本书将效用体验感知作为碳能力的驱动因素来进行分析，并将效用体验感知分为认知、情感、行动、经济和价值性体验五个部分。

（三）个体因素

1. 舒适偏好

根据人际行为模型[189]，习惯对于特定行为的实施具有非常显著的作用，主要表现为习惯越强，行为实施的可能性越大。个体在生活中用能习惯更多地体现在对舒适度的追求上，芈凌云通过对城市居民的舒适偏好因素调查发现，舒适偏好通过行为意愿对居民的低碳化能源消费行为有显著影响[44]。本书在对居民和专家开展的深度访谈中，也发现居民对舒适度的心理偏好影响其碳能力的建设，因此，本书综合相关学者的研究，引入舒适偏好这一因素，分析其对碳能力的影响。

2. 生态人格

从第二章的分析可知，人格特质的差异会影响个体低碳消费行为的实施。普通消费者转变消费方式所带来的生态性意义和环保意义终归是有限的，我们不能过于乐观地以为只要改变了目前的消费方式，生态环境不断恶化的现实就真的能够自动改变[190,191]。居民内在人格对生态环境理念的接纳才能真正促进低碳消费行为的实施。

前文在对居民和专家开展的深度访谈中，也发现居民的人格特质影响其碳能力的建设和发展。特别地，无法忽视的一点是，这种人格特质并不是传统意义上的心理学人格，而是更多倾向于一种生态性特质。换言之，在生态文明视域下，传统人格内涵已经不能全面解释生态情境下的个体行为改变，人格的具体内涵也不断随着工业文明向生态文明的推进而发生协同变迁，基于生态观的个体人格的内涵变迁更值得广大学者们深思。事实上，个体心理人格的完整和谐，除了受制于个体的内在心理机制，在深刻的意义上更依赖于人与自然、生态环境的和谐。

传统人格内涵，即一般心理学意义上的人格，指"个体思维、情感和行为的差异性模式，以及在这些模式下、能够或不能够被观察到的心理机制"[192]。人格在不同情境下是相对稳定的，但在面对生态情境时，这种稳定作用并不是很清晰，它已经不能全面解释生态情境下的个体行为。人格的发展过程应该同外部生态环境关联起来，生态环境应当作为个体人格的有机组成部分之一。面对复杂多变的环境问题，个体的思维方式及价值观亟需生态化改进，人格的生态倾向性演变成为一种必然[193]。"生态人"的概念便是在此背景下被提出，它与"经济人"形成明显的对比，强调生态利益与个人利益的和谐统一。自"生态人"的概念提出以来，学者们尝试从不同的角度对"生态人"到底应该具有哪些特质做出了各具特色的探讨，相关的概念有"理性生态人""德性生态人""社会生态人""生态公民"等[194,195]。学者们指出只有普通公民转变为具有生态权利和承担生态保护责任的现代"生态公民"，才能有效促进低碳消费方式的转变[196]。制度供给和政府行为规范等外在情境因素是促进普通公民向生态公民转化的外部环境基础[197]，其重要性不可忽视，但是公民的环境认知、环境偏好、责任意识等因素及其内在动力机制也是需要重点关注的问题。基于环境心理学视角，个体的环境认知、责任意识和相关行为必然受到其人格的重要影响[198,199]，生态公民的培育和发展也受到个体内在人格的驱动。生态文明视阈下，普通公民向生态公民的转变是否隐含着个体传统人格内涵的生态化转变，引起学者们的广泛关注。与此同时，有关生态人、生态公民等所应具有的特质或素质的论述，实际上都涉及生态化人格的具体内涵。

既然生态人格的概念是在生态文明视域下发展和形成的，那么深究人类文明的演进历程将有助于更深刻地理解个体人格的生态化内涵变迁。时至今日，人类文明历经原始文明、农业文明、工业文明和生态文明四个阶段（图4-2）。

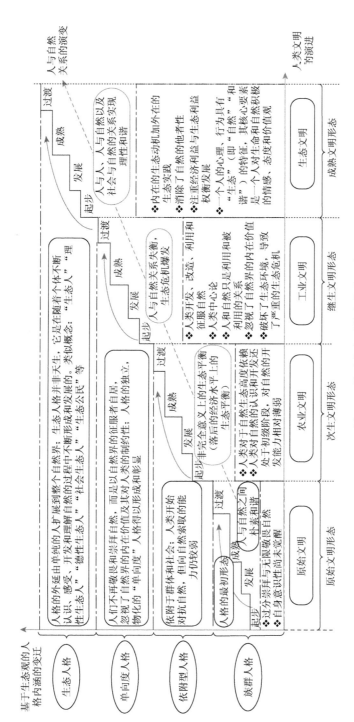

图 4-2　基于生态观的人格内涵变迁

资料来源：根据文献整理

　　显然，人类文明的演进史也是一部人与自然关系的发展史。在文明演进和发展的进程中，人与自然的关系不断变化，随着人类不断开始认识、改造自然，人类也不断积淀和形成不同类型的人格模式，彭立威认为原始文明中的族群人格是人格的最初样态，在这一时期人类只能像动物一样聚集群居，人与自然保持最基本的和谐（即朴素和谐）。随着人类开始认识和改变自然，人类开始有了微弱的自我意识，但仍然表现为人与人之间的强依附性，呈现出一种依附型人格[15]。工业文明时代，人类开发、利用和改造自然的能力空前提高，人类对于自然的征服感滋生出人类中心论的观点。人类已经完全从大自然中解脱出来，人格也已经发展得较为成熟，但是人类中心论导致这种"单向度人格"的产生[200]，即单向地以人类利益为先的人格取向。这种单向性人格忽视了生态对人类发展的制约性，环境的恶化警示我们，无论是人类文明还是个体人格都需要进入一个理性和谐的阶段。基于上述背景，生态文明亟需建设，而生态人格则是生态文明下的人格目标诉求[201]，是人与自然关系失衡下催生的理性人格模式，旨在实现人与人、人与自然、社会与自然之间的理性和谐。

　　已有研究者探索性地提出了生态人格的概念，这与前文中深度访谈的结果不谋而合。结合现有文献研究，关于对生态人格的内涵界定，主流观点整理如下所述：生态人格的形成在于是否能与自然和谐共处。生态人格主张将人、自然和社会看作一个整体，不止关注人与人的关系，更关注人与社会、人与自然的关系[201]；生态人格不仅关注人与自然的关系，更是一种理性的人格[202]。生态人格的实质是一个人的心理、行为具有"生态"（即"自然""和谐"）的特征，其核心要素是一个人对生命和自然积极的情感、态度和价值观；生态人格的本质是一种道德人格，它强调个体社会道德的发展和升华，关注个人对于人与自然的道德关系所持有的特定的态度，也就是说个体的环境道德素养应该内化为个体的良知和行为规范[203]。尽管不同学者对生态人格的理解不尽相同，但是仍有一些被广泛认同的观点。生态人格并非天生，它是在个体不断认识、感受、开发和理解自然的过程中不断形成和发展的。生态人格是随着人类文明的进步而积淀的一种人格模式，它将"生态性"特质注入个体一般人格中，使人格的外延由单纯的人扩展到整个自然界。

　　综上所述，本书认为生态人格是指建立在生态理念基础上，人类社会心态与自然生态相融合的独特而稳定的思维方式和行为风格的总和[204]。需要强调的是，生态人格是由人格的生态化演变所催生的，其本质结构离不开基础的一般人格结构。鉴于五大人格跨时间、跨地域、跨文化的可重复验证性，本书以五大人格模型为雏形，构建生态人格结构模型。它是五大人格特质的生态性内涵延伸，包括生态理智性、生态宜人性、生态开放性、生态外倾性（eco-extraversion，EE）和生态责任心。其中，生态理智性表示个体在生态情境下的情绪反应性，映射个体面对不同生态情境的情感调节过程。个体体验积极情绪的倾向和情绪稳定性表现出一种生态理智性特质，反之，个体体验消极情绪的倾向和情绪不稳定性表现出一种生态神经质特质。生态宜人性表示个体在生态情境下与自然的交互倾向，具有积极特质的群体表现出高亲和性，对生态充满善意和友好，愿意为维护生态环境牺牲自己的利益。生态开放性体现个体的生态认知风格，反应个体在生态情境下的审美、想象力和包容性倾向。生态外倾性表示个体在生态情境下的心理倾向，反应个体与自然生态互动的数量和密度、对生态刺激的需要及获得愉悦的能力，主要通过互动的卷入水平和活力水平来体现。生态责任心表示个体在生态情境下对规则的认同和遵循倾向，评估个体在生态保护目标导向行为上的组织、坚持和动机，同时反映个体的自律程度及推迟自我需求满足的能力。

（四）组织因素

个体总是处于各种各样的组织当中，组织的氛围、价值理念及其指定的制度规范均对个体的行为有种潜移默化的影响。个体在组织中，在接受组织传达的各种价值观时，会不断调节自我行为和态度。随着时间的增长，个体会不断调整自己以适应组织的氛围，并且严格遵守组织的制度规范。如果组织的理念是低碳化的，组织的制度是以低碳为导向的，个体也会不断调整自己的行为以达到低碳的效果。因此，结合深度访谈结果，本书将组织碳价值观、组织制度规范（organizational institutional norm，OIN）和组织低碳氛围作为组织因素（organizational factors，OF）的三个直接衡量因素。

（五）社会因素

1. 社会消费文化

社会消费文化是某个特定时期形成的，据以判断某种行为好坏、对错的标准和信念之和，与当时的政治、经济、文化环境有关。在本书中，社会消费文化指的是消费者生活环境周围对某种消费行为的主流意见和看法。社会消费文化会给个体产生一种无形的压力，影响个体对某项行为的态度，从而影响其行为的实施。因此，我们可以推测，低碳消费文化会影响城市居民对于低碳消费行为的选择和实施，即影响其碳能力的建设和发展。

2. 社会规范

关于社会规范的研究，学者们得出的结论较为一致，即社会规范对促进低碳消费行为的实施和发展，与此同时，如果低碳政策与某一地域的文化氛围等相契合，那么该地区更适合推广该项政策，也会带来更好的政策效果。因此，本书中社会规范主要考察低碳社会规范，包括社会低碳风气、低碳道德规范、低碳舆论状况、低碳行为准则。

3. 社交货币

日常生活中，我们需要实实在在的货币来购买商品。在社交平台上，人与人之间的交往，使用的是虚拟货币，人与人之间互动的社交行为是促进社交货币（social currency，SC）不断积累的过程。社交货币源自社交媒体中经济学（social economy）的概念，它是用来衡量用户分享品牌相关内容的倾向性问题。Berger在研究互联网社交中的"内容分享"时[205]，得出了以下结论："自我分享的特质贯穿于我们的生活中，这些共享我们的思想、观点和经验的意愿成为社交媒体和社交网络能够流行的基础"。人们在与其他人交流时，并不仅仅是想传递某种交流信息，"人们还想传播与自己相关的某些信息"[206]。通俗地说，在潜意识中，人们想通过与他人谈论的信息来完成自我的"标签化"，成为别人眼中理想的自己——一个风趣、聪明、强健、美丽或者富有的自己。这些令人们觉得可以凸显自我独特性的信息，便是"社交货币"。就日常生活而言，我们会与朋友分享各类信息，如人们的微博、朋友圈总会记录各式各样能够表达自己的文字和图片。如果居民能够获得一些可以博得关注、传达自己好恶的信息，而且这些刚好又是低碳的，那么低碳消费的选择和实施强度将会大大增加。结合深度访谈，本书将社交货币作为城市居民碳能力的驱动因素。

（六）政策情境因素

1. 政策普及程度

经过前文访谈可知，政策普及程度主要通过经济性政策普及程度、行政性政策普及程度和引导性政策普及程度来考查，主要考察现有相关低碳政策的普及效果，主要通过居民对于各类低碳引导政策的了解程度来衡量。通过访谈可知，目前居民对于政策的了解程度较低，本书对于居民对低碳政策的了解程度进行了详细描述，将其定义为政策普及效果考查，因此，本书用城市居民被影响程度来衡量低碳政策的执行效果。

2. 政策执行效度

政策的执行是政策研究领域的核心维度。王建明和王俊豪运用扎根理论构建了公众低碳消费模式的影响因素模型，也证实了政策执行这一因素对居民低碳消费行为会产生一定的影响[124]。本书将政策执行效度放到情境因素中来，用以判断颁布的政策、标准等是否被公众所认可、是否得到了落实。本书所涉及的公共政策的执行反映到居民层面，更多的是居民对该政策的了解程度和是否受过政策的影响，因此，本书用城市居民被影响程度来衡量低碳政策的执行效果。

（七）技术情境因素

在访谈中可以发现，大多数的居民认为在进行日常消费时，是不是购买低碳产品取决于该产品的技术成熟度及可获得性，这里涵盖低碳产品的质量和服务、公信力、可获得性等因素。另外，居民能否长期实施低碳消费行为在很大程度上取决于基础设施的配套性和完备性。因此，本书将技术情境因素（technology situational factors，TSF）划分为低碳产品的技术成熟度、产品易获得性和基础设施完备性三个方面。

（八）低碳选择成本

个体在进行行为选择之前，会对个体选择的成本和收益进行评估，当成本达到一定程度，个体就会拒绝这一选择。个体选择低碳的成本不仅仅包括选择和实施低碳消费行为的成本，更涵盖对于传统的消费习惯的转化成本及行为选择的实施成本、维持成本，它们是影响公众实施低碳消费模式的内部情境因素，是使低碳消费动机和愿望得以实现的因素，是低碳消费模式的启动因素（enabling factor）。结合深度访谈的结果，本书将低碳选择成本通过个人经济成本、习惯转化成本和行为实施成本三个方面衡量。

（九）社会人口学变量

居民自身与组织和社会形成不同的社交网络，在不同的情境下具有不同的角色，本书从"个体-组织-社会"全角色视角剖析城市居民的碳能力，因此，在考虑影响碳能力的社会人口学变量时不仅选择个体的人口统计变量、家庭统计变量，更进一步纳入组织统计变量和所在城市统计变量。基于文献研究，本书选取了个体统计特征因素中的年龄、性别、学历、婚姻状况、月收入这5个变量；家庭特征因素中选取了家庭月收入、家庭成员数、住宅类型、住宅面积、房产数、小汽车拥有量这6个变量；组织统计变量选取了组织性质和职务层级这两个变量；城市统计变量中选取了目前所在城市这个变量。

第二节　城市居民碳能力驱动机理理论模型阐释与假设提出

基于前文分析，本书挖掘了城市居民碳能力的核心驱动因素并剖析了其相互作用机制。具体驱动因素分别是：个体因素、组织因素、社会因素、社会人口学变量、效用体验感知、政策情境、低碳选择成本、技术情境。在此基础上，本书构建了城市居民碳能力驱动机理理论模型，具体如图 4-3 所示。

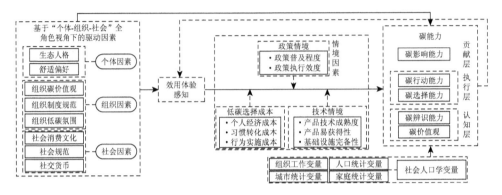

图 4-3　碳能力驱动机理理论模型

一、理论模型影响机制阐释

在探究"城市居民碳能力驱动机理"时，发现了个体因素、组织因素、社会因素、社会人口学变量、效用体验感知、政策情境、低碳选择成本、技术情境等八个主范畴是城市居民碳能力的主要驱动因素，但每个驱动因素对城市居民碳能力的影响机制有较大差异，可总结为以下几点。

（一）个体因素、组织因素和社会因素直接影响碳能力

由第二章文献分析可知，能力的影响因素分为三类，分别是遗传因素、环境因素和非智力因素（情感过程、意志过程、气质和性格）[130]。其中，遗传因素无法改变，应该将影响因素的研究着眼于环境因素和非智力因素。鉴于碳能力是一种具象的能力，因此在研究其影响因素时，需要考虑其作为一般能力的属性特征，适当关注个体一般能力的影响因素。前文深度访谈得到的生态人格、舒适偏好便属于非智力因素，而组织低碳价值观、低碳氛围和制度规范则属于组织因素，社会消费文化、社会规范和社交货币则属于社会因素，它们共同影响城市居民碳能力。

（二）个体因素、组织因素和社会因素通过效用体验感知间接作用于城市居民碳能力

由前文深度访谈可知，个体因素、组织因素和社会因素对碳能力的影响并不

都是直接产生的，而是在一定程度上取决于个体对于该项能力产生的结果感知和体验。也就是说，个体因素、组织因素和社会因素通过效用体验感知间接作用于城市居民碳能力。

（三）城市居民碳能力建设和发展与效用体验感知之间存在明显的缺口

效用体验感知直接作用于城市居民碳能力，是碳能力发展的内因，换言之，效用体验感知是促使碳能力发展的决定因素，也就是说当个体对于某一项能力的结果感知无限趋向于负面时，它认为该项能力对自己并没有任何收益，这项能力也并没有建设和发展的可能。但当个体存在积极的效用体验感知时，碳能力却不一定能必然发生，这两者的关系类似于行为意愿与行为的关系。虽然早期关于环境态度（意愿/意向）和环境行为关系的研究，大多数研究结果表明亲环境态度必然会导致亲环境行为[207]，也有一些研究指出，环境态度（意愿/意向）和环境行为之间并不是完全一致的，环境态度（意愿/意向）和环境行为之间受到其他因素的协同作用。例如，通过研究芬兰三个地区的居民能源使用态度和实际能源使用行为，结果发现二者之间存在缺口，居民的能源使用态度正在趋于低碳或绿色，但由于影响生活舒适度等其他因素，实际行为发生变化的速度很慢[166]。在前文访谈中，我们也获取了一些支撑效用体验感知与能力的产生不一致的相关访谈资料。可见，与"态度-行为"缺口类似，城市居民碳能力建设和发展与效用体验感知之间也存在明显的缺口，这值得进一步深入研究。

（四）低碳选择成本是城市居民碳能力的内部情境因素，并作为内部调节变量对效用体验感知与碳能力存在调节效应

个体在进行行为选择之前，会对个体选择的成本和收益进行评估，当成本达到一定程度，个体就会拒绝这一选择。个体选择低碳的成本不仅仅包括选择和实施低碳消费行为的成本，更涵盖对于传统的消费习惯的转化成本及行为选择的实施成本、维持成本，它们是影响公众实施低碳消费模式的内部情境因素。同时由深度访谈资料可知，很多城市居民不实施低碳行为，主要是因为他们觉得需要花费更多的支出去添置低碳产品，他们怕麻烦、怕不方便，可见，如果特定低碳消费行为的实施困难度很高，给大家的生活带来诸多不适，需要去付出更多的时间和精力，那么他们实施的可能性就会很低，并且产生消极的效用体验感知。因此，低碳选择成本作为内部调节变量对效用体验感知与碳能力存在调节效应。

（五）技术情境和政策情境是城市居民碳能力的外部情境因素，并作为外部调节变量对效用体验感知与碳能力存在调节效应

从现有的相关行为理论来看，个体环境意识购买和消费行为的态度形成到行为发生会受到产品价格、性能和便利性的影响[137]，也就是说个体在进行低碳消费时，更综合考虑到低碳产品的技术成熟度、可获得性、便利性等影响。另外，政策干预力度与效度、基础设施完善程度也在很大程度上影响着个体低碳生活方式的选择[208]。同时由深度访谈资料也可知，现实中很多城市居民做不到低碳出行，就是因为基础设施不健全。可见，基础设施是低碳行为的重要保障，与此同时，政府更应该完善相关的体系政策，加大政策的支持力度。结合深度访谈结果，本书指出产品技术成熟度、产品易获得性和基础设施完备性这些技术情境因素和政策情境因素是城市居民碳能力的外部情境因素，且对效用体验感知与碳能力存在调节作用。

（六）效用体验感知与城市居民碳能力存在双向影响作用

目前相关文献资料中关于效用体验感知对能力的影响分析相对空白，本书对效用体验感知的内涵构成及其对城市居民碳能力影响机制的关系界定主要依据深度访谈的结果。从访谈内容来看，多数居民认为低碳可以节省经济支出、带来心灵满足感、保护环境等。因此，本书界定，低碳消费行为作为碳能力的载体，可以带来相应的效用体验感知，效用体验感知又可反过来影响城市居民碳能力的建设和发展，这种影响作用可以是积极促进的，也可以是反向抑制的，即效用体验感知与城市居民碳能力之间存在双向影响作用。

（七）社会人口学变量对城市居民碳能力有显著的影响

从深度访谈的内容来看，如年龄、性别、收入水平、职业领域、单位、城市等关键词被许多居民多次提到，因此，本书理论模型指出，社会人口学变量（社会人口、家庭、组织和城市统计特征）对城市居民碳能力存在显著影响。

二、研究假设的提出

根据本书构建的理论模型和模型影响机制的阐述，本书提出六组可以解释城市居民碳能力驱动机理的路径关系假设：效用体验感知对城市居民碳能力的关系假设、个体因素对效用体验感知及城市居民碳能力的关系假设、组织因素对效用

体验感知及城市居民碳能力的关系假设、社会因素对效用体验感知及城市居民碳能力的关系假设、内外部情境变量的调节作用假设、社会人口学变量对城市居民碳能力的影响关系假设。

（一）效用体验感知对城市居民碳能力的关系假设

回顾计划行为理论和人际行为理论等经典行为理论可以发现，对行为结果的评价和感知可显著影响个体的环境行为和意愿，国内外许多学者一致认为个体对行为结果的积极感知能够促进其环境行为的实施，而环境行为的实施能够进一步强化其结果体验感知[188, 209]。类似地，个体对于自身低碳消费行为的效用体验感知必然会影响其低碳消费行为的实施。城市居民碳能力必须通过低碳消费行为这一载体才得以展现，从这一角度来讲，个体对于自身低碳消费行为的效用感知无异于对碳能力的效用体验感知。因此，城市居民对碳能力的效用体验感知必然会影响其能力的建设和发展。换言之，效用体验感知是碳能力建设的内驱因素，效用体验感知直接决定个体是否会建设和发展碳能力。结合、通过深度访谈，本书提出如下假设。

H1：效用体验感知对城市居民碳能力存在显著的正向影响。

H1a：效用体验感知对城市居民碳价值观有显著的正向影响。

H1b：效用体验感知对城市居民碳辨识能力有显著的正向影响。

H1c：效用体验感知对城市居民碳选择能力有显著的正向影响。

H1d：效用体验感知对城市居民碳行动能力有显著的正向影响。

H1e：效用体验感知对城市居民碳影响能力有显著的正向影响。

与此同时，城市居民碳能力对其效用体验感知也具有显著的影响。学者们在研究节能行为、绿色出行行为时也证实了类似结论[187, 188, 210]，即已经发生过的行为对行为意愿及结果感知有显著的影响。低碳行为是碳能力的载体，因此碳能力对于其效用体验感知也可能存在显著的影响。在前文的深度访谈中，也有居民多次提到，碳能力可以给自己带来心理满足感，也可以带来价值性体验，这主要是源于拥有碳能力可以为子孙后代的发展贡献自己的力量。结合本书扎根分析结果，提出如下假设。

H1x：城市居民碳能力对效用体验感知存在显著的正向影响。

H1ax：城市居民碳价值观对效用体验感知有显著的正向影响。

H1bx：城市居民碳辨识能力对效用体验感知有显著的正向影响。

H1cx：城市居民碳选择能力对效用体验感知有显著的正向影响。

H1dx：城市居民碳行动能力对效用体验感知有显著的正向影响。

H1ex：城市居民碳影响能力对效用体验感知有显著的正向影响。

（二）个体因素对效用体验感知及城市居民碳能力的关系假设

个人因素包括生态人格和舒适偏好，因此个人因素对效用体验感知及碳能力的关系假设分为以下两个部分。

1. 生态人格对效用体验感知及城市居民碳能力的关系假设

纵观现有研究，并没有学者就生态人格对碳能力的影响机制进行专门研究，相关的研究有关于生态人格与低碳消费行为的影响研究[211]，该研究认为生态人格对城市居民的低碳消费行为有显著的正向影响。与此同时，仍然有学者对于人格特质与环境行为、生态友好型行为等相关研究进行了有益的探索。尽管碳能力与上述环境行为等概念并不等同，但是碳能力不可直接观察到，而低碳消费行为作为碳能力的核心载体，与这些概念互相交叉，且低碳消费行为属于更小的范畴，其本质是一种以低碳为导向的环境行为，因此本书借鉴了环境行为相关研究。在研究环境态度、环境行为等的前因变量时，五大人格特质一直都是被学者们广泛关注的重要影响因素。因此，本书提出如下假设。

H2：生态人格对城市居民碳能力有显著的正向影响。

H2x：生态人格通过效用体验感知间接作用于城市居民碳能力。

尽管人格的重要影响已经被验证，但是实证研究的结果显示，并非五大人格特质的所有维度都能对环境行为产生显著的影响，被广泛认可的仅有生态宜人性、生态责任心和生态开放性[192]。Hirsh 的多次调查研究便是重要的佐证，他通过不同时期对不同样本的调查，多次验证了生态宜人性、生态开放性和生态责任心对于环境行为的积极影响[202, 212]。这似乎表明，生态宜人性、生态开放性和生态责任心对于环境行为相关变量的影响具有可重复验证性。具体来看，生态宜人性得分高的人更关心环境福利，他们之所以更容易发生环境行为是由于他们坚信这些行为是被社会广泛认可的，并且有助于提升社会幸福感[213]。类似地，高生态宜人性的个体对生态充满善意和友好，愿意为维护生态环境牺牲自己的利益，他们坚信低碳消费行为是被社会广泛认可和推崇的，能给自己带来价值性体验，并且有益于社会福利，从而愿意培养自身碳能力，更容易实施低碳消费行为。基于此，本书提出如下假设。

H2a：生态宜人性对城市居民碳能力有显著的正向影响。

H2a$_1$：生态宜人性对城市居民碳价值观有显著的正向影响。

H2a$_2$：生态宜人性对城市居民碳辨识能力有显著的正向影响。

H2a$_3$：生态宜人性对城市居民碳选择能力有显著的正向影响。

H2a$_4$：生态宜人性对城市居民碳行动能力有显著的正向影响。

H2a$_5$：生态宜人性对城市居民碳影响能力有显著的正向影响。

H2ax：生态宜人性通过效用体验感知间接作用于城市居民碳能力。

H2ax$_1$：生态宜人性通过效用体验感知间接作用于城市居民碳价值观。

H2ax$_2$：生态宜人性通过效用体验感知间接作用于城市居民碳辨识能力。

H2ax$_3$：生态宜人性通过效用体验感知间接作用于城市居民碳选择能力。

H2ax$_4$：生态宜人性通过效用体验感知间接作用于城市居民碳行动能力。

H2ax$_5$：生态宜人性通过效用体验感知间接作用于城市居民碳影响能力。

与生态宜人性一样，生态开放性对环境关注度和环境行为的预测作用也已经被广泛验证[27]，生态开放性与个体的审美、求知欲密切相关，而这些都能激发个体对自然和环境保护的兴趣。有研究表明，生态开放性与环境态度/行为具有高度的一致性。例如，频繁实施环境行为的人是那些具有审美情趣、创新精神、兴趣广泛的人[213]。换言之，具有审美情趣、创新精神的城市居民更容易发生低碳消费行为。结合前文研究，生态开放性强的城市居民在面对生态情境时，具备生态审美智慧和审美情趣，更注重生态的内在价值，可以感知到一种价值性、认知性、情感性体验，从而愿意培养自身碳能力，更容易实施低碳消费行为。基于此，本书提出如下假设。

H2b：生态开放性对城市居民碳能力有显著的正向影响。

H2b$_1$：生态开放性对城市居民碳价值观有显著的正向影响。

H2b$_2$：生态开放性对城市居民碳辨识能力有显著的正向影响。

H2b$_3$：生态开放性对城市居民碳选择能力有显著的正向影响。

H2b$_4$：生态开放性对城市居民碳行动能力有显著的正向影响。

H2b$_5$：生态开放性对城市居民碳影响能力有显著的正向影响。

H2bx：生态开放性通过效用体验感知间接作用于城市居民碳能力。

H2bx$_1$：生态开放性通过效用体验感知间接作用于城市居民碳价值观。

H2bx$_2$：生态开放性通过效用体验感知间接作用于城市居民碳辨识能力。

H2bx$_3$：生态开放性通过效用体验感知间接作用于城市居民碳选择能力。

H2bx$_4$：生态开放性通过效用体验感知间接作用于城市居民碳行动能力。

H2bx$_5$：生态开放性通过效用体验感知间接作用于城市居民碳影响能力。

高生态责任心的人更具有未来观，表现出高度的环境投入感[214]。高生态责任心的人通常会更关心他们的行为结果，也会倾向于详细规划自身行为所产生的预期结果，而这种预期结果自然也包括自身行为的生态性产出[215]。另外，对于一个讲规则、负责任、谨慎的城市居民来讲，他们更注重遵循社会规则，并有强烈的欲望去做"正确的事情"，这其中也包括环境行为[149]。这似乎在暗示我们，这类城市居民在实施低碳消费行为这类"正确的事情"上也有较高的倾向。有趣的是，现有研究呈现出两类矛盾的结论，一些研究表明生态责任心与环保主义高度相关[215, 216]，而另一些研究则认为生态责任心与环境相关行为并没有相关性或是说高生态责任心与环境行为并不一致[212, 213]。那么，面对日常能源消费的选择，生态责任心特质对于低碳消费行为的影响是否依然充满不确定性呢？鉴于对上述问题的思考，本书认为，具有积极的生态责任心特质的城市居民更具有生态担当性、高自律，并为了实现生态保护目标不断努力，可以感知到一种行动性体验，从而愿意培养自身碳能力，更容易实施低碳消费行为。基于此，本书提出如下假设。

H2c：生态责任心对城市居民碳能力有显著的正向影响。

H2c$_1$：生态责任心对城市居民碳价值观有显著的正向影响。

H2c$_2$：生态责任心对城市居民碳辨识能力有显著的正向影响。

H2c$_3$：生态责任心对城市居民碳选择能力有显著的正向影响。

H2c$_4$：生态责任心对城市居民碳行动能力有显著的正向影响。

H2c$_5$：生态责任心对城市居民碳影响能力有显著的正向影响。

H2cx：生态责任心通过效用体验感知间接作用于城市居民碳能力。

H2cx$_1$：生态责任心通过效用体验感知间接作用于城市居民碳价值观。

H2cx$_2$：生态责任心通过效用体验感知间接作用于城市居民碳辨识能力。

H2cx$_3$：生态责任心通过效用体验感知间接作用于城市居民碳选择能力。

H2cx$_4$：生态责任心通过效用体验感知间接作用于城市居民碳行动能力。

H2cx$_5$：生态责任心通过效用体验感知间接作用于城市居民碳影响能力。

尽管有部分研究认为生态外倾性与个体对环境的关注度没有明显的联系，但是也有不少学者发现高生态外倾性的个体更容易发生有益于环境的行为，特别是亲环境行为[214, 215, 217]。此外，生态外倾性与自我表现、主观幸福感等高度相关[216, 218]，而这些变量已经被证实与个体环境行为高度相关[219, 220]。据此本书认为，在面对复杂多变的生态环境时，具有积极的生态外倾性特质的城市居民更愿意与生态环境进行互动，倾向于表现出高度的生态融入性，可以感知到一种行动性体验，从而愿意培养自身碳能力，进而可能促使其更愿意实施低碳消费行为。基于此，本书提出如下假设。

H2d：生态外倾性对城市居民碳能力有显著的正向影响。

H2d$_1$：生态外倾性对城市居民碳价值观有显著的正向影响。

H2d$_2$：生态外倾性对城市居民碳辨识能力有显著的正向影响。

H2d$_3$：生态外倾性对城市居民碳选择能力有显著的正向影响。

H2d$_4$：生态外倾性对城市居民碳行动能力有显著的正向影响。

H2d$_5$：生态外倾性对城市居民碳影响能力有显著的正向影响。

H2dx：生态外倾性通过效用体验感知间接作用于城市居民碳能力。

H2dx$_1$：生态外倾性通过效用体验感知间接作用于城市居民碳价值观。

H2dx$_2$：生态外倾性通过效用体验感知间接作用于城市居民碳辨识能力。

H2dx$_3$：生态外倾性通过效用体验感知间接作用于城市居民碳选择能力。

H2dx$_4$：生态外倾性通过效用体验感知间接作用于城市居民碳行动能力。

H2dx$_5$：生态外倾性通过效用体验感知间接作用于城市居民碳影响能力。

Wiseman 和 Bogner 用埃森克人格结构进行相关研究时，发现神经质与环境保护行为正向相关[221]，但是学者们在选取五大人格结构进行分析时却并没有得出统一的结论。一类观点是：神经质与环境相关行为并不相关[148,212]，另一类相反的观点则是：高神经质的人由于更担心环境恶化的负面影响而试图去阻止环境恶化[148,212]。需要引起重视的是，Milfont 和 Sibley 通过两次不同时期的调查也得出了互相矛盾的结论，即神经质与环境行为的关系存在负向相关或是无相关性两种情况[150]。可见，神经质对于环境行为等的影响具有不确定性，以现有研究很难得出统一的结论。本书认为，这可能与高神经质的个体易怒、情绪化、缺乏耐心的特点有一定联系。在面临"低碳"和"高碳"的消费选择时，具有生态理智性的城市居民具有稳定的情绪，并不需要消耗大量的时间、精力及其他资源来处理和应对他们的因环境问题而引发的消极情绪和心理压力，也就倾向于做出理智的消费行为。换言之，低碳带来此类个体更强的价值性感知和情感性感知，基于此，本书提出如下假设。

H2e：生态理智性对城市居民碳能力有显著的正向影响。

H2e$_1$：生态理智性对城市居民碳价值观有显著的正向影响。

H2e$_2$：生态理智性对城市居民碳辨识能力有显著的正向影响。

H2e$_3$：生态理智性对城市居民碳选择能力有显著的正向影响。

H2e$_4$：生态理智性对城市居民碳行动能力有显著的正向影响。

H2e$_5$：生态理智性对城市居民碳影响能力有显著的正向影响。

H2ex：生态理智性通过效用体验感知间接作用于城市居民碳能力。

H2ex$_1$：生态理智性通过效用体验感知间接作用于城市居民碳价值观。

H2ex$_2$：生态理智性通过效用体验感知间接作用于城市居民碳辨识能力。

H2ex$_3$：生态理智性通过效用体验感知间接作用于城市居民碳选择能力。

H2ex$_4$：生态理智性通过效用体验感知间接作用于城市居民碳行动能力。

H2ex$_5$：生态理智性通过效用体验感知间接作用于城市居民碳影响能力。

2. 舒适偏好对效用体验感知及城市居民碳能力的关系假设

从前文的深度访谈可知，谈及碳能力的建设、低碳生活方式的选择等问题时，城市居民认为自身在实施低碳消费行为时一个重要的阻碍因素就是自身对生活舒适度的追求。不少居民提出低碳必须建立在保障生活质量的基础上，如果低碳消费行为需要牺牲或降低生活的舒适度，那么低碳生活则无从谈起，甚至有居民提到低碳必须以保障优质的生活为重要基础和前提。同时，参考已有文献研究，可以发现，居民低碳障碍和引发碳排放增加的能源消费增长的原因都与居民对舒适度的追求相关。例如，在研究交通低碳行为时，有实证研究证实出行者的舒适偏好显著影响其出行交通工具的选择，即低碳出行行为的实施[222]。居民对生活舒适度的需求提升是导致家庭能源使用增加的最主要原因[223]。进一步地，通过对城市居民的舒适偏好因素调查发现，舒适偏好通过行为意愿对居民的节能行为有显著影响[188]。因此，无论是家庭日常低碳消费行为还是居民的低碳出行行为，个体的舒适偏好都是重要的影响因素之一。上述低碳行为均是碳能力的外显形式，可见，个体的舒适偏好也是碳能力的影响因素之一。偏好舒适的个体，如果能感知到碳能力所带来积极的、愉悦的结果体验，则更容易建设自身的碳能力。反之，如果个体感知到低碳会给自己带来生活上的不舒适，他们便难以形成低碳消费的动机，碳能力的自我建设更无从谈起。结合前文深度访谈结果，本书提出如下研究假设。

H3：舒适偏好对城市居民碳能力有显著的负向影响。

H3a：舒适偏好对城市居民碳价值观有显著的负向影响。

H3b：舒适偏好对城市居民碳辨识能力有显著的负向影响。

H3c：舒适偏好对城市居民碳选择能力有显著的负向影响。

H3d：舒适偏好对城市居民碳行动能力有显著的负向影响。

H3e：舒适偏好对城市居民碳影响能力有显著的负向影响。

H3x：舒适偏好通过效用体验感知间接作用于城市居民碳能力。

H3ax：舒适偏好通过效用体验感知间接作用于城市居民碳价值观。

H3bx：舒适偏好通过效用体验感知间接作用于城市居民碳辨识能力。

H3cx：舒适偏好通过效用体验感知间接作用于城市居民碳选择能力。

H3dx：舒适偏好通过效用体验感知间接作用于城市居民碳行动能力。

H3ex：舒适偏好通过效用体验感知间接作用于城市居民碳影响能力。

（三）组织因素对效用体验感知及城市居民碳能力的关系假设

由第二章文献分析可知，能力的影响因素分为三类，分别是遗传因素、环境因素和非智力因素（情感过程、意志过程、气质和性格）[130]。鉴于碳能力是一种具象的能力，因此在研究其影响因素时，需要考虑其作为一般能力的属性特征，适当关注个体一般能力的影响因素。其中，遗传因素无法改变，应该将影响因素的研究着眼于环境和非智力因素中。个体总是会处于不同的组织中，在不同的组织中个体会扮演不同的角色，也会受到来自组织和周围人的影响。结合深度访谈结论，本书重点从组织因素和社会因素两个方面考虑影响碳能力的环境因素。访谈得到的组织低碳价值观、低碳氛围和制度规范则属于组织因素。组织低碳氛围、制度规范等因素的影响也已经被许多学者在研究员工低碳相关行为时考虑并得到印证[224, 225]。不容忽视的是，这种影响并不是直接产生的，更取决于个体对于该项能力产生的结果感知和体验。换言之，积极的、愉悦的、有价值性的体验感知更有助于个体碳能力的培养。

综上所述，本书提出如下研究假设。

H4：组织碳价值观对城市居民碳能力有显著的正向影响。

H4a：组织碳价值观对城市居民碳价值观有显著的正向影响。

H4b：组织碳价值观对城市居民碳辨识能力有显著的正向影响。

H4c：组织碳价值观对城市居民碳选择能力有显著的正向影响。

H4d：组织碳价值观对城市居民碳行动能力有显著的正向影响。

H4e：组织碳价值观对城市居民碳影响能力有显著的正向影响。

H5：组织制度规范对城市居民碳能力有显著的正向影响。

H5a：组织制度规范对城市居民碳价值观有显著的正向影响。

H5b：组织制度规范对城市居民碳辨识能力有显著的正向影响。

H5c：组织制度规范对城市居民碳选择能力有显著的正向影响。

H5d：组织制度规范对城市居民碳行动能力有显著的正向影响。

H5e：组织制度规范对城市居民碳影响能力有显著的正向影响。

H6：组织低碳氛围对城市居民碳能力有显著的正向影响。

H6a：组织低碳氛围对城市居民碳价值观有显著的正向影响。

H6b：组织低碳氛围对城市居民碳辨识能力有显著的正向影响。

H6c：组织低碳氛围对城市居民碳选择能力有显著的正向影响。

H6d：组织低碳氛围对城市居民碳行动能力有显著的正向影响。

H6e：组织低碳氛围对城市居民碳影响能力有显著的正向影响。

H4x：组织碳价值观通过效用体验感知间接作用于城市居民碳能力。

H4ax：组织碳价值观通过效用体验感知间接作用于城市居民碳价值观。

H4bx：组织碳价值观通过效用体验感知间接作用于城市居民碳辨识能力。

H4cx：组织碳价值观通过效用体验感知间接作用于城市居民碳选择能力。

H4dx：组织碳价值观通过效用体验感知间接作用于城市居民碳行动能力。

H4ex：组织碳价值观通过效用体验感知间接作用于城市居民碳影响能力。

H5x：组织制度规范通过效用体验感知间接作用于城市居民碳能力。

H5ax：组织制度规范通过效用体验感知间接作用于城市居民碳价值观。

H5bx：组织制度规范通过效用体验感知间接作用于城市居民碳辨识能力。

H5cx：组织制度规范通过效用体验感知间接作用于城市居民碳选择能力。

H5dx：组织制度规范通过效用体验感知间接作用于城市居民碳行动能力。

H5ex：组织制度规范通过效用体验感知间接作用于城市居民碳影响能力。

H6x：组织低碳氛围通过效用体验感知间接作用于城市居民碳能力。

H6ax：组织低碳氛围通过效用体验感知间接作用于城市居民碳价值观。

H6bx：组织低碳氛围通过效用体验感知间接作用于城市居民碳辨识能力。

H6cx：组织低碳氛围通过效用体验感知间接作用于城市居民碳选择能力。

H6dx：组织低碳氛围通过效用体验感知间接作用于城市居民碳行动能力。

H6ex：组织低碳氛围通过效用体验感知间接作用于城市居民碳影响能力。

（四）社会因素对效用体验感知及城市居民碳能力的关系假设

个体既处在不同的组织中，也存在于广泛的社会群体当中，个体能够感受到社会中的各个因素的影响，个体实施某项行为感知到的社会压力会对个体是否实施该项行为具有重要的影响。结合深度访谈结论，除了组织环境因素，社会环境因素也是影响碳能力的重要环境因素。访谈得到的社会消费文化、社会规范和社交货币则属于社会环境因素，它们共同影响城市居民的碳能力。低碳消费文化、社会规范等因素的影响也已经被许多学者在研究居民和员工低碳相关行为时考虑并得到印证[226, 227]。尤其是在中国这一特殊文化环境中，社会消费文化的作用更为显著[145]。前文文献表明，人们在交流时，不仅想传递某种交流信息，更想传播一些与自己有关的、塑造自己形象的东西"[206]。通俗地说，人们愿意通过人与人之间的交流来建立自己完美的形象，这些信息便是社交货币的表达。如果低碳相关的信息能够给大家带来更多的社交优势，或是低碳行为能够让大家凸显个性等，那么低碳消费的选择和实施强度将会大大增加。因此，社交货币可能会影响到居民碳能力的认知和自我建设。上述三个社会因素可能直接影响个体对于某项能力产生的结果感知和体验，进而影响该项能力的建设和发展。基于此，本书提出如下假设。

H7：社会消费文化对城市居民碳能力有显著的正向影响。

H7a：社会消费文化对城市居民碳价值观有显著的正向影响。

H7b：社会消费文化对城市居民碳辨识能力有显著的正向影响。

H7c：社会消费文化对城市居民碳选择能力有显著的正向影响。

H7d：社会消费文化对城市居民碳行动能力有显著的正向影响。

H7e：社会消费文化对城市居民碳影响能力有显著的正向影响。

H8：社会规范对城市居民碳能力有显著的正向影响。

H8a：社会规范对碳价值观有显著的正向影响。

H8b：社会规范对城市居民碳辨识能力有显著的正向影响。

H8c：社会规范对城市居民碳选择能力有显著的正向影响。

H8d：社会规范对城市居民碳行动能力有显著的正向影响。

H8e：社会规范对城市居民碳影响能力有显著的正向影响。

H9：社交货币对城市居民碳能力有显著的正向影响。

H9a：社交货币对城市居民碳价值观有显著的正向影响。

H9b：社交货币对城市居民碳辨识能力有显著的正向影响。

H9c：社交货币对城市居民碳选择能力有显著的正向影响。

H9d：社交货币对城市居民碳行动能力有显著的正向影响。

H9e：社交货币对城市居民碳影响能力有显著的正向影响。

H7x：社会消费文化通过效用体验感知间接作用于城市居民碳能力。

H7ax：社会消费文化通过效用体验感知间接作用于城市居民碳价值观。

H7bx：社会消费文化通过效用体验感知间接作用于城市居民碳辨识能力。

H7cx：社会消费文化通过效用体验感知间接作用于城市居民碳选择能力。

H7dx：社会消费文化通过效用体验感知间接作用于城市居民碳行动能力。

H7ex：社会消费文化通过效用体验感知间接作用于城市居民碳影响能力。

H8x：社会规范通过效用体验感知间接作用于城市居民碳能力。

H8ax：社会规范通过效用体验感知间接作用于城市居民碳价值观。

H8bx：社会规范通过效用体验感知间接作用于城市居民碳辨识能力。

H8cx：社会规范通过效用体验感知间接作用于城市居民碳选择能力。

H8dx：社会规范通过效用体验感知间接作用于城市居民碳行动能力。

H8ex：社会规范通过效用体验感知间接作用于城市居民碳影响能力。

H9x：社交货币通过效用体验感知间接作用于城市居民碳能力。

H9ax：社交货币通过效用体验感知间接作用于城市居民碳价值观。

H9bx：社交货币通过效用体验感知间接作用于城市居民碳辨识能力。

H9cx：社交货币通过效用体验感知间接作用于城市居民碳选择能力。

H9dx：社交货币通过效用体验感知间接作用于城市居民碳行动能力。

H9ex：社交货币通过效用体验感知间接作用于城市居民碳影响能力。

（五）内外部情境变量的调节作用假设

在低碳行为的相关研究中，情境变量通常是指对个体实施低碳行为有影响的外界变量，本书主要指对碳能力有影响的情境因素。低碳消费行为作为碳能力的直接外部表现，可界定碳能力的情境变量为个体实施低碳消费行为时，对其有影响的外界因素。国内外大多数学者均验证了情境因素对于低碳消费行为的调节作用[123,124]。本书依据相关文献结论及模型建立，从低碳选择成本、技术情境因素和政策情境因素三个方面对情境因素的调节作用进行探讨。

无论是低碳行为的选择和实施，还是低碳产品的投资和使用，都需要消费者投入一定的成本。从经济学的角度来看，个体总是倾向于付出更少的成本，也就是个体不仅关注行为选择和实施的经济成本，而且关注非经济成本，即对于传统习惯的转化成本和行为实施的直接成本。现有研究也从不同角度揭示了经济成本是影响居民低碳消费行为的重要外部情境因素，但其对居民低碳选择的实际影响远比经济学原理中揭示的成本最小化复杂。在行为学研究中，作为情境因素的低碳选择成本如何对碳能力产生作用，将进行后续的研究。本书认为低碳选择成本可能影响居民碳能力建设的动机强度。基于此，所提假设如下。

H10：低碳选择成本对效用体验感知作用于城市居民碳能力的路径关系存在显著调节作用。

H10a：个人经济成本对效用体验感知作用于城市居民碳能力的路径关系存在显著调节作用。

H10ax$_1$：个人经济成本对效用体验感知作用于城市居民碳价值观的路径关系存在显著调节作用。

H10ax$_2$：个人经济成本对效用体验感知作用于城市居民碳辨识能力的路径关系存在显著调节作用。

H10ax$_3$：个人经济成本对效用体验感知作用于城市居民碳选择能力的路径关系存在显著调节作用。

H10ax$_4$：个人经济成本对效用体验感知作用于城市居民碳行动能力的路径关系存在显著调节作用。

H10ax$_5$：个人经济成本对效用体验感知作用于城市居民碳影响能力的路径关系存在显著调节作用。

H10b：习惯转化成本对效用体验感知作用于城市居民碳能力的路径关系存在显著调节作用。

H10bx$_1$：习惯转化成本对效用体验感知作用于城市居民碳价值观的路径关系存在显著调节作用。

H10bx$_2$：习惯转化成本对效用体验感知作用于城市居民碳辨识能力的路径关系存在显著调节作用。

H10bx$_3$：习惯转化成本对效用体验感知作用于城市居民碳选择能力的路径关系存在显著调节作用。

H10bx$_4$：习惯转化成本对效用体验感知作用于城市居民碳行动能力的路径关系存在显著调节作用。

H10bx$_5$：习惯转化成本对效用体验感知作用于城市居民碳影响能力的路径关系存在显著调节作用。

H10c：行为实施成本对效用体验感知作用于城市居民碳能力的路径关系存在显著调节作用。

H10cx$_1$：行为实施成本对效用体验感知作用于城市居民碳价值观的路径关系存在显著调节作用。

H10cx$_2$：行为实施成本对效用体验感知作用于城市居民碳辨识能力的路径关系存在显著调节作用。

H10cx$_3$：行为实施成本对效用体验感知作用于城市居民碳选择能力的路径关系存在显著调节作用。

H10cx$_4$：行为实施成本对效用体验感知作用于城市居民碳行动能力的路径关系存在显著调节作用。

H10cx$_5$：行为实施成本对效用体验感知作用于城市居民碳影响能力的路径关系存在显著调节作用。

在本书的深度访谈中发现，低碳产品的技术是否成熟、性能是否可靠、能不能方便地买到以及是不是已经有完备的基础配套设施等是城市居民十分关注的因素。这就涉及了产品的技术成熟度、产品易获得性和基础设施完备性这三大因素。由于低碳概念还处于发展阶段，低碳产品和技术更是在不断发展、趋于成熟。低碳产品的技术成熟程度会对其购买渠道便利性、使用效果及维护成本造成一定的影响。因此，居民在选购低碳产品时，会重点考虑其试用体验这一因素，进而影响个体对于低碳消费的体验感知。Schwanen 等的相关研究结果也表明，基础设施的完善性和道路交通管理水平也是影响城市低碳行为的重要因素[228]。访谈中也有很多居民提到，"自己很想垃圾分类，但是没有基础设施"，"自己也想低碳出行，只是公交路线不合理、设施不完备"。一项在大连市开展的关于城市居民生活垃圾源头分类行为的调查研究[229]，发现情境因素对行为意愿可否转化为具体的行为起到非常重要的作用，如果设施和服务、项目类型和系统设计等情境因素未满足行为实施条件，即使居民具备了很高的行为意愿，也难以转化为具体的行动。这些顾虑必然难以带来积极的低碳态度和积极的效用体验感知。基于此，所提假设如下。

H11：技术情境对效用体验感知作用于城市居民碳能力的路径关系存在显著调节作用。

H11a：产品技术成熟度对效用体验感知作用于城市居民碳能力的路径关系存在显著调节作用。

H11ax$_1$：产品技术成熟度对效用体验感知作用于城市居民碳价值观的路径关系存在显著调节作用。

H11ax$_2$：产品技术成熟度对效用体验感知作用于城市居民碳辨识能力的路径关系存在显著调节作用。

H11ax$_3$：产品技术成熟度对效用体验感知作用于城市居民碳选择能力的路径关系存在显著调节作用。

H11ax$_4$：产品技术成熟度对效用体验感知作用于城市居民碳行动能力的路径关系存在显著调节作用。

H11ax_5：产品技术成熟度对效用体验感知作用于城市居民碳影响能力的路径关系存在显著调节作用。

H11b：产品易获得性对效用体验感知作用于城市居民碳能力的路径关系存在显著调节作用。

H11bx_1：产品易获得性对效用体验感知作用于城市居民碳价值观的路径关系存在显著调节作用。

H11bx_2：产品易获得性对效用体验感知作用于城市居民碳辨识能力的路径关系存在显著调节作用。

H11bx_3：产品易获得性对效用体验感知作用于城市居民碳选择能力的路径关系存在显著调节作用。

H11bx_4：产品易获得性对效用体验感知作用于城市居民碳行动能力的路径关系存在显著调节作用。

H11bx_5：产品易获得性对效用体验感知作用于城市居民碳影响能力的路径关系存在显著调节作用。

H11c：基础设施完备性对效用体验感知作用于城市居民碳能力的路径关系存在显著调节作用。

H11cx_1：基础设施完备性对效用体验感知作用于城市居民碳价值观的路径关系存在显著调节作用。

H11cx_2：基础设施完备性对效用体验感知作用于城市居民碳辨识能力的路径关系存在显著调节作用。

H11cx_3：基础设施完备性对效用体验感知作用于城市居民碳选择能力的路径关系存在显著调节作用。

H11cx_4：基础设施完备性对效用体验感知作用于城市居民碳行动能力的路径关系存在显著调节作用。

H11cx_5：基础设施完备性对效用体验感知作用于城市居民碳影响能力的路径关系存在显著调节作用。

已有大量研究表明，政策因素显著影响城市居民的低碳出行行为。政策是引导居民行为的重要手段和方法，目前已经在各个国家得到了广泛应用[230]。结合本书扎根分析结果，本书政策情境变量包括政策普及程度和政策执行效度。基于此，提出如下假设。

H12：政策情境对效用体验感知作用于城市居民碳能力的路径关系存在显著调节作用。

H12a：政策普及程度对效用体验感知作用于城市居民碳能力的路径关系存在显著调节作用。

H12ax_1：政策普及程度对效用体验感知作用于城市居民碳价值观的路径关系存在显著调节作用。

　　H12ax$_2$：政策普及程度对效用体验感知作用于城市居民碳辨识能力的路径关系存在显著调节作用。

　　H12ax$_3$：政策普及程度对效用体验感知作用于城市居民碳选择能力的路径关系存在显著调节作用。

　　H12ax$_4$：政策普及程度对效用体验感知作用于城市居民碳行动能力的路径关系存在显著调节作用。

　　H12ax$_5$：政策普及程度对效用体验感知作用于城市居民碳影响能力的路径关系存在显著调节作用。

　　H12b：政策执行效度对效用体验感知作用于城市居民碳能力的路径关系存在显著调节作用。

　　H12bx$_1$：政策执行效度对效用体验感知作用于城市居民碳价值观的路径关系存在显著调节作用。

　　H12bx$_2$：政策执行效度对效用体验感知作用于城市居民碳辨识能力的路径关系存在显著调节作用。

　　H12bx$_3$：政策执行效度对效用体验感知作用于城市居民碳选择能力的路径关系存在显著调节作用。

　　H12bx$_4$：政策执行效度对效用体验感知作用于城市居民碳行动能力的路径关系存在显著调节作用。

　　H12bx$_5$：政策执行效度对效用体验感知作用于城市居民碳影响能力的路径关系存在显著调节作用。

（六）社会人口学变量对城市居民碳能力的影响关系假设

　　如第四章第一节（三、研究变量界定）所述，结合文献和前文质性分析结果，本书选取了个体统计特征因素中的年龄、性别、学历、婚姻状况、月收入这5个变量；家庭特征因素中选取了家庭月收入、家庭成员数、住宅类型、住宅面积、房产数、小汽车拥有量这6个变量；组织统计变量选取了组织性质和职务层级这两个变量；城市统计变量中选取了目前所在城市这个变量。综上所述，本书提出如下假设。

　　H13：城市居民碳能力及各维度在不同个体统计变量上呈现出显著差异。

　　H13a：城市居民碳能力及各维度在性别上呈现出显著差异。

　　H13b：城市居民碳能力及各维度在年龄上呈现出显著差异。

　　H13c：城市居民碳能力及各维度在学历上呈现出显著差异。

　　H13d：城市居民碳能力及各维度在婚姻状况上呈现出显著差异。

　　H13e：城市居民碳能力及各维度在月收入上呈现出显著差异。

H14：城市居民碳能力及各维度在不同家庭统计变量上呈现出显著差异。

H14a：城市居民碳能力及各维度在家庭月收入上呈现出显著差异。

H14b：城市居民碳能力及各维度在家庭成员数上呈现出显著差异。

H14c：城市居民碳能力及各维度在住宅类型上呈现出显著差异。

H14d：城市居民碳能力及各维度在住宅面积上呈现出显著差异。

H14e：城市居民碳能力及各维度在房产数上呈现出显著差异。

H14f：城市居民碳能力及各维度在小汽车拥有量上呈现出显著差异。

H15：城市居民碳能力及各维度在不同组织统计变量上呈现出显著差异。

H15a：城市居民碳能力及各维度在组织性质上呈现出显著差异。

H15b：城市居民碳能力及各维度在职务层级上呈现出显著差异。

H16：城市居民碳能力及各维度在不同城市统计变量上呈现出显著差异。

第五章 城市居民碳能力相关研究量表的开发与数据收集

第一节 研究量表的设计与开发

一、量表开发的步骤、原则与评价方法

（一）量表开发的步骤

问卷量表的开发是问卷调查研究的基础和前提，高质量的问卷量表是高质量研究结果的保证，量表的开发必须具备充分的理论基础和证据支持[231]。本书对于相关量表的开发过程如图5-1所示。

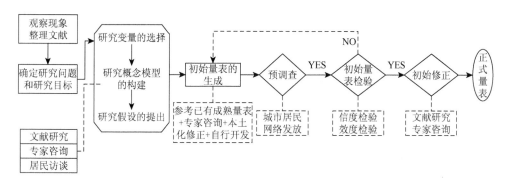

图 5-1　量表开发的具体步骤

（二）量表开发的原则

量表开发以获取有效问卷信息为基本目的，在问卷首页需要对问卷进行简短的说明，给予清晰明确的答卷指导，并说明问卷的学术研究目的，消除答题人的顾虑和担心。就具体题目而言，应该使语言通俗易懂，简单清晰，必要时应用反向题来减少反馈偏差；就问卷结构而言，力求简单明了，对于量表和指标的编排顺序根据研究需要分情况调整；就问卷长度而言，要求至少使问卷长度不影响问卷反馈率；利克特量表是评分加总式量表最常用的一种，在大多数情

况下，5 点量表设计的问卷的可靠性最高，一般人对 5 点以上的设计很难进行清晰的辨别[232-235]。

（三）量表评价方法

1. 量表建构

众多学者认为因子分析是量表结构检验的重要部分，但是对于因子分析方法的选择却没有统一的意见。一般来讲，如果现有量表是基于成熟的研究量表或理论，则选择验证性因子分析。如果是对于新量表的设计或是进行新的探索性的初步研究，则选择探索性因子分析。

KMO 检验和 Bartlelt 球形检验是探索性因子分析的先决性检验。KMO 的值大于 0.5 时可以进行因子分析[130]。在通过量表的因素分析适合性检验后，通过主成分分析法及最大变异法进行初步的公因子提取，Price 认为因子负荷超过 0.71 被认为优秀，0.63 被认为非常好，0.55 被认为好，0.45 被认为尚可，0.32 被认为较差。按照此标准，将载荷小于 0.45 的题目予以剔除[131]。在进行验证性因子分析时，其拟合指标主要包括绝对拟合指标、增量拟合指标等。本书主要选取了表 5-1 所述的八个指标。验证性因子分析模型拟合度的评价指标主要参考吴隆明出版的《结构方程模型》一书[132]，具体指标参见表 5-1。

表 5-1　验证性因子分析评价标准

指数名称		评价标准
绝对拟合指数	χ^2	越小越好
	χ^2/df	小于 3，模型拟合较好；小于 5，模型拟合尚可接受
	GFI	大于 0.80 尚可接受；大于 0.90 为佳；越接近 1 越好
	RMR	其值小于 0.05 表示模型拟合较好；0.05～0.08 表示模型拟合尚可
	RMSEA	其值小于 0.05 表示模型拟合较好；0.05～0.08 表示模型拟合尚可
增量拟合指数	NFI	大于 0.80 尚可接受；大于 0.90 为佳；越接近 1 越好
	TLI	大于 0.80 尚可接受；大于 0.90 为佳；越接近 1 越好
	CFI	大于 0.80 尚可接受；大于 0.90 为佳；越接近 1 越好

2. 信度检验

稳定性和内在一致性检验是量表信度检验中常用的方法。其中，稳定性的测量需要对相同样本的多次重复测量来完成。内在一致性检验在量表信度检验中最为常用，通过计算 Cronbach's α 系数来衡量量表的可靠性。此外，可靠性检验方法还包括折半信度系数、斜交旋转与正交旋转的因子分析比率和 Wert-Linn-Jerebkog 系数法等。就问卷调查方法而言，目前学术界应用广泛的是通过 Cronbach's α 系数的大小来衡量内在一致性，比较认可的是 Kline 的分类观点，当 Cronbach's α 系数大于 0.9 表示是最佳的，0.8 附近是非常好的，0.7 附近居中，0.5 以上是最小可以接受的范围[236]。

3. 效度检验

有效性是指测量指标能够准确测度所要测量变量的程度，虽然量表效度的评价指标众多，但以内容效度、结构效度、收敛和区别效度最为常用。

（1）内容效度指测量内容与测量目标之间的适合性和逻辑相符性，通常采用理论探讨和预先测试来判断内容效度，还可以邀请相关领域的专家和学者来进行判定和检验。

（2）结构效度是衡量量表能够划分为抽象概念或理论维度的程度。结构效度很难直接测量，因子分析是判定结构有效性常用的方法之一。此外，现在研究中也有通过每个题目的 "item-to-total 项目与总体关系系数" 和每个因子的 "α 系数" 来考察各个量表的结构效度（construct validity）[237, 238]，"item-to-total 项目与总体关系系数" 均应大于 0.30；"α 系数" 均应大于 0.6。

（3）收敛和区别效度是衡量量表不同维度间关联性强弱的程度，如果一个量表具有区别效度，那么量表不同维度之间的相关性不能很强。衡量收敛和区别效度常用的是 Gaski 提出的标准，如果每对维度之间的相关系数小于其中任何一个维度的 Cronbach's α 系数，可以认为量表具有较好的区别效度[239]。

二、初始题项的生成与修正

目前针对城市居民碳能力及影响因素调查的成熟量表并不多，本书研究量表中初始题目的生成主要来源于两个方面。一方面，在借鉴有限的城市居民碳能力研究相关成熟量表的基础上，结合本书扎根分析中城市居民访谈内容数据的结果，再根据我国城市居民的低碳消费实际情况，对量表进行本土化修正和改进。在这一方面，本书首先通过研读回顾国内外相关研究文献，获取城市居民碳能力的相关研究变量及相应的概念表述，并整理出相关可用的量表测量语句。然后针对外文文献中涉及的相关描述进行语义和情境上的本土化修正，语义上的本土化修正工作主要通过请教两位英语教师来完成，情境上的本土化修正主要结合本书城市居民访谈的内容数据及我国城市居民的实际低碳消费情况来进行。另一方面，根据研究变量的概念界定，对变量进行操作化定义，结合本书扎根分析中城市居民访谈内容及专家咨询结果，对研究量表进行自行开发设计。

初始题目生成之后，本书先后邀请校内外五名专家和八位普通居民对量表初始题目进行探讨。其中与专家的咨询访谈主要是为探讨确定本书量表中变量的选择、变量的概念化界定和操作化定义及具体指标题项的设计是否合理有效，而与普通居民的咨询访谈主要是为探讨确定本书所选变量是否是城市居民在日常生活中比较看重的，具体指标题项的设计是否符合居民的日常消费行为，以及量表语言的描述是否通俗易懂。完成初始题目的修改后，再次邀请两名专家从理论意义和实践意义两个方面，对量表整体结构效度和内容效度进行评估检验，从而完成本书的城市居民碳能力初始调查量表（表 5-2），具体题项见附录 2。

表 5-2　初始量表构成

研究变量	维度或因素	对应题项	参考量表
社会人口学变量	性别	Q1	Barr（1995）[240]、Chung 和 Poon（2001）[241]、Golob（2003）[242]、Barr（2004）[243]、Aydinalp 等（2004）[244]、芈凌云（2011）[44]、自行开发
	年龄	Q2	
	婚姻状况	Q5	
	学历	Q6	
	月收入	Q7	
	家庭成员数	Q8	
	家庭月收入	Q9	
	住宅类型	Q10	
	住宅面积	Q11	
	小汽车拥有量	Q12	
	职业领域	Q13	
	组织性质	Q14	
	职务层级	Q15	
	籍贯	Q3	
	所在城市	Q4	
城市居民碳能力	碳辨识能力	Q16-1～Q16-8，Q17-28～Q17-30	Whitmarsh 等（2011）[30]、Knussen 等（2004）[245]、岳婷等（2014）[246]、自行开发
	碳价值观	Q17-1～Q17-4	Whitmarsh 等（2009）[29]、Whitmarsh 等（2011）[30]、Wei 等（2016）[174]、自行开发
	碳选择能力	Q17-5～Q17-10	
	碳行动能力	Q17-11～Q17-24	
	碳影响能力	Q17-25～Q17-27	

续表

研究变量	维度或因素		对应题项	参考量表
个人因素	舒适偏好		Q18-1~Q18-3	岳婷（2014）[246]、自行开发
	生态人格	生态理智性	Q20-1~Q20-4	John 等（1991）[247]、Rammstedt 和 John（2007）[248]、Fossati 等（2011）[249]、Wei 等（2016）[204]、魏佳等（2017）[211]、自行开发
		生态宜人性	Q20-5~Q20-8	
		生态开放性	Q20-9~Q20-12	
		生态外倾性	Q20-13~Q20-16	
		生态责任性	Q20-17~Q20-20	
组织因素	组织碳价值观		Q18-4~Q18-6	O'Reilly 等（1991）[250]、欧阳斐（2012）[251]、董进才（2012）[252]、邱皓政（2002）[253]、自行开发
	组织制度规范		Q18-7~Q18-9	
	组织低碳氛围		Q18-10~Q18-12	
社会因素	社会消费文化		Q18-13~Q18-15	Chen 等（2014）[145]
	社交货币		Q18-16~Q18-18	姜彩芬（2009）[254]、王建明（2013）[179]、自行开发
	社会规范		Q18-19~Q18-21	Stern（1999）[133]、Palmer 等（1999）[255]、王建明（2013）[179]、自行开发
效用体验感知	效用体验感知		Q18-22~Q18-26	自行开发
低碳选择成本	个人经济成本		Q19-1~Q19-3	王建明（2011）[124]、自行开发
	习惯转化成本		Q19-4、Q19-5	
	行为实施成本		Q19-6、Q19-7	
政策情境因素	政策普及程度		Q19-8~Q19-10	芈凌云（2011）[44]、岳婷（2014）[246]、自行开发
	政策执行效度		Q19-11~Q19-13	
技术情境因素	产品技术成熟度		Q19-14~Q19-17	
	产品易获得性		Q19-18、Q19-19	
	基础设施完备性		Q19-20~Q19-23	

本书量表中指标题项的具体设置如下所述。

（一）社会人口学变量题目设计

本书调研所用问卷的第一部分是针对城市居民个人基本信息的调查，包括个体人口统计特征、家庭统计特征、组织统计特征和城市统计特征四个方面。这部分题项的设计参考了《中国统计年鉴》中相关资料的类别划分方式，以及国内外学者在相关研究中对社会人口统计特征的调研划分方式，同时结合本书的研究目标，设计出具体的调查题项。具体来看，本书考虑了个体统计特征因素中的年龄、性别、学历、婚姻状况、月收入这 5 个变量；家庭特征因素中选取了家庭月收入、家庭成员数、住宅类型、住宅面积、房产数、小汽车拥有量这 6 个变量；组织统计变量选取了组织性质和职务层级这两个变量；城市统计变量中选取了目前所在城市这个变量。

（二）城市居民碳能力题目设计

对于碳能力的研究目前仍处于初级阶段，比较有代表性的是 Whitmarsh 等对英国公众碳能力的调查研究[29, 30]及 Wei 等对我国江苏省城市居民碳能力的现状调查[174]。考虑到我国和西方居民的日常生活条件和习惯存在很大的差异，因而这部分做了较多调整。例如，在美国和欧洲很多国家在公众参与方面的行为有较大差异，因此相关题目均根据我国国情进行改编。而对于国外研究中很少提及的在公共场所不随地乱扔垃圾、使用一次性筷子等被提出，这也是考虑到国内居民生活的实际情况编制的。同时，本书在文献研究和专家访谈的基础上，深入结合我国国情，确定了初步的调查问卷。该量表共有 38 个题项，以自陈的方式体现，如"购买家电设施时，我总是选择节能型产品，哪怕会增加我的支出成本"。其中，碳价值观、碳选择能力、碳行动能力和碳影响能力这四个维度共 30 道题，采用利克特 5 分等级测度，1～5 代表"非常不符合～非常符合"，被试者依据自己的生活习惯和日常行为进行评估。碳辨识能力总共有 11 题，是在借鉴相关研究量表的基础上进行设计的[30, 245, 246]。其中，8 个题目通过"知道-不知道"2 分等级测度（1 = "不知道"，5 = "知道"），测试被测者对于低碳知识的辨识能力，如"在同样照明度下，节能灯比白炽灯节电，且使用寿命较长""洗衣机内洗涤的衣物过少和过多都会增加耗电量"等。另外 3 个题目测城市居民对于低碳相关概念的认知程度，分别为"我非常了解'碳足迹'的概念内涵和实施意义"、"我非常了解'碳标签'的概念内涵和实施意义"和"我非常了解'碳中和（碳补偿）'的概念内涵和实施意义"，通过利克特 5 分等级测度，1～5 代表"非常不符合～非常符合"，得分越高，表示对这些低碳概念越了解。

（三）个人因素、组织因素和社会因素题目设计

对于生态人格的研究目前仍处于探索阶段，本书借鉴大五人格量表[247-249]，在其测量指标中纳入生态情境，从生态理智性、生态宜人性、生态开放性、生态外倾性和生态责任心五个方面设计题项。基于 Wei 等对生态人格的探索性研究[204]，结合访谈内容，对生态人格量表进行开发。通过对具体的题目进行归纳

整理，共收集到 203 条关于"生态人格"的表达，研究邀请了 5 位管理学专业博士研究生对这些词条进行编号，赋予其标签；经过讨论，将有较大歧义或表达不清的 98 个条目予以删除；对剩下的 105 个词条进行归类，把语义相同或极其相似的词条归为一类，经过初步归类，还剩下 55 个词条。随后对条目进行概念层次的合并以形成概念维度的类别，邀请另外 5 名研究人员（教授 1 位，副教授 1 位，讲师 2 位，研究生 1 位）采取背对背的方式对条目进行独立归类，再由研究小组对归纳的成果进行综合讨论与总结，经过反复提炼和归类，得到 5 个一阶类别的 34 条条目。

为了检验上述归类结果的适当性，采用反向归类法对归类结果进行复核校验。邀请 3 名未参与之前归类工作的研究生承担此项工作。在开始前，首先对这 3 名评判者进行简单培训，让其知晓 5 个类别及其含义，然后根据评判者的理解和判断，将这 34 个条目放入合适的类别中。对 3 组反向归类结果进行比较发现：①完全一致，即 3 位评判者都将该条目归类到预想的类别中，共有 13 题，比例为 38.24%；②两人一致，即 3 位评判者中有两人将该条目归类到预想的类别中，共有 7 题，比例为 20.59%；③两人不一致，即 3 位评判者中只有一位将该条目分配到预想的类别中，共有 9 题，比例为 26.47%；④完全不一致，即 3 位评判者无人将该条目分配到预想的类别中，共有 5 题，比例为 14.70%。为了确保每个题目设置的科学性与合理性，仅将三人完全一致和两人一致情况中的 20 题予以保留，删除两人不一致和完全不一致的 14 个题项。为了进一步确保问卷的质量，邀请了之前未参与研究的 2 位教授、2 位副教授围绕这些题目的准确性、量表可行性、表述可读性进行进一步的讨论和确定。确定后的生态人格量表包含 20 个题项。舒适偏好的测量主要是参考了国内学者芈凌云[44]和岳婷[246]的量表并进行了一定的改进，共包含 3 个题项。

组织价值观的测量量表也相对比较成熟，但具体到低碳方面的组织碳价值观测量量表还相对较少，本书在借鉴相关学者相关研究的基础上[250-252]，本土化修正和再设计了 3 个题项："我们单位积极承担社会责任，努力为大众提供'绿色、低碳'的产品和服务""我们单位关注低碳减排，将环保利益最大化作为企业的价值观"和"我们单位积极致力于低碳环保，鼓励员工低碳减排"。组织制度规范属于自主开发量表，共 3 个题项，判断居民所属的组织是否具有低碳化的制度设计，如"我们单位有意识地建设低碳导向的管理制度""我们单位不断改进工作制度及流程，以便达到更加低碳环保的效果"等。组织低碳氛围量表是在借鉴邱皓政组织氛围量表[253]的基础上设计的。同时，参考欧阳斐[251]的低碳企业文化量表，设计了组织低碳氛围量表 3 个题项，分别是"我们单位经常举办低碳环保类公益活动，并鼓励员工积极参加""我们领导在工作中十分关注低碳环保，鼓励并赞赏低碳行为"和"我的同事们都具有环保意识，将低碳环保作为自身行为准则"。

社会消费文化参考了 Chen 等在研究社会消费文化与低碳消费行为时使用的测量量表[145]，共 3 个题项。社交货币是在参考姜彩芬[254]、王建明[179]研究的基础上，进一步结合深度访谈记录进行自主开发量表，共 3 个题项。社会规范量表主要借鉴了 Stern 的价值-规范-信念理论[133]、Palmer 等[255]、芈凌云[44]和王建明[179]的研究，再结合概念自行设计，共包括 3 个题项，分别是"我总能感受到强大的低碳环保氛围"、"参加低碳宣传活动是件十分光荣的事"和"乱丢垃圾的行为会受到周围人的谴责和排斥"。

上述量表采用利克特 5 分等级测度，1～5 代表"非常不符合～非常符合"，被试者依据自己的生活习惯和日常行为进行评估。

（四）能力结果体验的题目设计

能力结果体验的题目是根据访谈自行开发，共包含 5 道题，涉及五个方面，分别是：认知性体验、情感性体验、行动性体验、经济性体验和价值性体验。题目分别是："'低碳'能让我掌握更多的知识和生活技巧"、"'低碳'能给我带来非常强烈的精神愉悦感"、"'低碳'能给我带来非常优越的行动体验"、"'低碳'能给我带来非常大的经济节省"和"'低碳'能给社会带来非常重要的环保意义"。所有题目均采用利克特 5 分等级测度，1～5 代表"非常不符合～非常符合"，被试者依据自己的内心真实体验进行自我评估。

（五）情境因素的题目设计

低碳选择成本中，个人经济成本、习惯转化成本、行为实施成本共 7 个题目，主要参考王建明[124]的研究，并结合深度访谈记录来进行再设计。技术情境因素中，产品技术成熟度题目参考了芈凌云[44]开发的低碳产品成熟度量表，产品易获得性属于开发量表，题目为"我可以便利地购买到各类低碳产品"。基础设施完备性题目属于自主开发量表，包含 4 个题目。政策情境因素中，政策普及程度和政策执行效度参考了岳婷[246]的量表，最终量表包含 4 个题目。题目均采用自陈方式，如"我在政府宣传中了解到了很多低碳政策""政策对居民低碳行为的引导很有成效"等。采用利克特 5 分等级测度，1～5 代表"非常不符合～非常符合"，被试者依据自己的内心真实感受进行判断。得分越高，表示题目所描述的情况和实际情况越符合。

三、预调研与初始量表检验

设计完初始量表之后，首先进行预试调研用以检验问卷的信度和效度，进而通过一定修正形成正式问卷。学者吴明隆[256]和杜强[257]均提出，量表预试对象数量应为量表中最大分量表所包含题目数目的 3～5 倍，且样本越多，越有利于量表检验。本书初始量表中最大分量表为城市居民碳能力分量表，该量表包含 38 个题目，因此，有效的预试量表样本应不少于 114 份。在进行问卷发放前，为保证样本的科学性和代表性，本书通过分层抽样确定调研对象，依据分层抽样结果对所需调研群体进行定向发放，使调查对象的性别、年龄、职业等结构分布合理、符合实际。初始量表的发放借助于专业的问卷调查网站——问卷星，通过转发问卷链接、扫描问卷二维码等方式利用微博、WeChat、QQ 等网络通信平台进行问卷网址链接的扩散。在问卷转发前，事先联络调查者，详细说明调研目的和注意事项，以保障问卷的回收率和有效率。预调研的实施为期一个月，于 2016 年 9 月 25 日至 2016 年 10 月 31 日共收回问卷 562 份，其中 83 份问卷因连续 8 题以上选择同一值而被剔除，最终有效问卷为 479 份，占回收问卷总数的 85.23%。本书预调研有效问卷 479 份，是最大分量表所含题目数的 12 倍，样本量符合科学研究的基本要求。

本书初始量表中有关变量的测量采用了负向指标题目，为保证量表的一致性，在数据检验前需对此部分负向指标题目进行正向转换。本书的初始量表检验主要是采用 SPSS22.0 统计软件对数据进行可靠性和有效性检验，即信度和效度检验。本书初始量表的信度检验主要考虑碳能力、个体因素、组织因素、社会因素、效用体验感知、低碳选择成本、政策情境因素和技术情境因素 8 个部分。

（一）信度检验

本书量表的设计主要采用通过多个问题测量同一变量，因此需要检验量表的内部一致性，适合采用一致性的信度检验。时间和调查对象的一般性，决定了本书无法对样本进行重复测试，因此只对数据的一致性进行信度检验。本书信度检验的具体方法为利克特量表中最常用的 Cronbach's α 系数法。正式量表信度检验时，Cronbach's α 系数处于 0.7 以上为最好，但预试量表信度检验时，Cronbach's α 系数处于 0.5 以上即表明量表可接受（表 5-3）[258, 259]。

表 5-3　预测问卷中分量表的信度检验指标

变量	碳能力	个体因素	组织因素	社会因素	效用体验感知	低碳选择成本	政策情境因素	技术情境因素
N	38	23	9	9	5	7	6	10
Cronbach's α	0.886	0.833	0.961	0.720	0.898	0.749	0.891	0.820

（二）效度检验

本书量表在设计时主要是基于国内外研究量表并根据我国实际进行修订和开发，同时咨询了相关的专家，且在数据预调研之后进行检验和进一步修订，由此可以认为本书相关量表的内容效度较好。

对于预测问卷结构效度的检验，本书首先通过每个指标题目的"item-to-total"项目与总体相关系数以及每个因子的"α系数"来考察各个分量表的结构效度。"item-to-total"系数应该满足大于0.3，每个因子的"α系数"应满足大于0.6。根据这个标准，首先对量表中不合适的指标题目进行修改和删除（表5-4）。

表5-4　预测问卷中各变量的效度检验指标

因素	题项数	均值	Cronbach's α	每个题项的"item-to-total"系数
碳价值观	4	3.520	0.749	0.374～0.683
碳辨识能力	11	3.339	0.735	0.198～0.484
碳选择能力	6	3.123	0.821	0.455～0.722
碳行动能力	14	3.301	0.856	0.260～0.602
碳影响能力	3	2.841	0.846	0.650～0.744
舒适偏好	3	3.180	0.844	0.622～0.748
生态人格	20	3.258	0.848	0.098～0.682
组织碳价值观	3	3.153	0.932	0.849～0.868
组织制度规范	3	3.137	0.929	0.837～0.878
组织低碳氛围	3	3.098	0.915	0.814～0.818
社会消费文化	3	3.293	0.647	0.329～0.550
社交货币	3	2.711	0.810	0.576～0.716
社会规范	3	3.393	0.502	0.172～0.503
效用体验感知	5	3.603	0.899	0.640～0.821
个人经济成本	3	3.317	0.550	0.307～0.434
习惯转化成本	2	3.214	0.564	0.393～0.393
行为实施成本	2	2.760	0.905	0.827～0.827
政策普及程度	3	2.650	0.836	0.631～0.751
政策执行效度	3	2.740	0.877	0.718～0.810
产品技术成熟度	4	3.470	0.788	0.425～0.724
产品易获得性	2	2.856	0.812	0.685～0.685
基础设施完备性	4	2.985	0.617	0.044～0.655

通过初步分析，我们发现一些指标的"项目与总体相关系数"小于 0.3，且该因子的"α 系数"小于 0.6，不符合效度要求，这些题项分别是：碳辨识能力的 2 个题项（CIC1 和 CIC3）、碳行动能力的 1 个题项（CAC6）、生态人格量表的 2 个题项（EO4 和 EC4），社会规范量表的 1 个题项（SN1），基础设施完备性 1 个题项（CPI1）。社会规范和基础设施量表均属于单维度量表，碳辨识能力与碳行动能力均属于碳能力的维度，碳能力量表和生态人格量表均是多维度量表，因此在剔除上述题目后进行探索性因子分析。

1. 碳能力变量的探索性因子分析

在对碳能力进行探索性因子分析时，考虑到碳辨识能力为 2 级极值记分制（1 = "不知道"，5 = "知道"），因此不予在因子分子中分析。探索性因子分析的实施主要借助统计软件 SPSS22.0，在探索性因子分析实施之前，需对量表进行适用性检验，即检验各量表是否适合进行探索性因子分析。这一检验的主要形式为 KMO（Kaiser-Meyer-Olkin）值以及 Bartlett 球形检验，结果如表 5-5 所示。

表 5-5　碳能力量表的 KMO 和 Bartlett 的检验

取样足够度的 KMO 度量		0.893
Bartlett 的球形度检验	近似卡方	4929.721
	df	276
	Sig.	0.000

由表 5-5 可知，KMO 值大于 0.7，Bartlett 球形检验卡方值较大，而且统计显著（Sig. = 0.000＜0.05），即表明初始量表适合进行因子分析。

主要采用主成分分析法对碳能力量表进行主成分提取，其中提取标准为特征值大于 1，旋转方式为方差最大化正交旋转。累计删除 3 个题项（CAC4、CAC3 和 CAC5）后，变量的总方差解释率和因子负荷矩阵如表 5-6 和表 5-7 所示。结果显示，提取 4 个公因子之后，累计方差解释率为 56.907%，符合前文中的理论设计模型。

表 5-6　碳能力初始题项因子解释的总方差

成分	初始特征值			提取平方和载入			旋转平方和载入		
	合计	方差解释率/%	累积解释率/%	合计	方差解释率/%	累积解释率/%	合计	方差解释率/%	累积解释率/%
1	7.298	30.406	30.406	7.298	30.406	30.406	4.951	20.630	20.630
2	2.393	9.971	40.377	2.393	9.971	40.377	3.260	13.582	34.212
3	2.192	9.134	49.511	2.192	9.134	49.511	3.012	12.548	46.760
4	1.775	7.397	56.907	1.775	7.397	56.907	2.435	10.147	56.907

表 5-7　碳能力初始题项的正交旋转成分矩阵

	成分			
	1	2	3	4
CINC1	0.822	0.052	0.110	−0.007
CINC3	0.816	−0.032	0.070	−0.017
CINC2	0.759	0.174	0.043	0.097
CAC8	0.083	0.781	0.102	−0.024
CAC14	0.191	0.716	0.217	−0.022
CAC11	0.299	0.712	0.113	0.118
CAC12	0.246	0.710	0.221	−0.021
CAC7	0.013	0.676	0.028	−0.145
CAC13	0.251	0.628	0.137	0.176
CAC1	0.171	0.613	0.147	0.089
CAC2	0.131	0.600	0.197	0.143
CAC9	0.360	0.586	0.136	−0.012
CAC10	0.343	0.543	0.194	0.030
CCC3	0.309	−0.018	0.794	0.031
CCC2	0.263	0.144	0.767	−0.018
CCC1	−0.037	0.182	0.720	−0.108
CCC4	0.241	0.219	0.645	0.108
CCC6	0.322	0.047	0.644	0.055
CCC5	0.320	0.206	0.624	0.079
CV2	−0.079	0.089	0.083	0.867
CV4	−0.024	0.097	0.130	0.784
CV1	0.037	0.051	−0.044	0.774
CV3	0.248	−0.207	−0.168	0.574

碳行动能力的 1 个题项（CAC6）进行删除后，其余题项均较好地分布在 4 个潜在因子上，且在各自因子上的载荷值均大于 0.5，而在其他因子上的载荷值均小于 0.5，具体如表 5-7 所示。因此可确定，因变量量表（碳能力测量量表）具有较好的收敛效度。

2. 生态人格变量的探索性因子分析

由表 5-8 所示，KMO 值为 0.906，大于 0.7，Bartlett 球形检验卡方值较大，且具有显著的统计学意义（Sig. = 0.000＜0.05），即表明生态人格初始量表适合进行因子分析，接下来对生态人格量表进行探索性因子分析。

表 5-8   生态人格量表的 KMO 和 Bartlett 的检验

取样足够度的 KMO 度量		0.906
Bartlett 的球形度检验	近似卡方	4687.386
	df	136
	Sig.	0.000

累计删除 1 个题项（EA1）后，变量的总方差解释率和因子负荷矩阵分别如表 5-9 和表 5-10 所示。由表 5-9 中数据可知，自变量量表共提取了 5 个公因子，即生态理智性、生态宜人性、生态开放性、生态外倾性和生态责任心 5 个变量。提取的 5 个公因子的总方差解释率为 73.720%，解释率较高。

表 5-9   生态人格初始题项的正交旋转成分矩阵

成分	初始特征值			提取平方和载入			旋转平方和载入		
	合计	方差解释率/%	累积解释率/%	合计	方差解释率/%	累积解释率/%	合计	方差解释率/%	累积解释率/%
1	6.826	40.151	40.151	6.826	40.151	40.151	4.506	26.506	26.506
2	2.943	17.314	57.465	2.943	17.314	57.465	2.423	14.253	40.759
3	1.061	6.239	63.704	1.061	6.239	63.704	2.213	13.015	53.774
4	0.959	5.638	69.342	0.959	5.638	69.342	2.152	12.661	66.435
5	0.744	4.378	73.720	0.744	4.378	73.720	1.238	7.285	73.720

表 5-10   生态人格初始题项的正交旋转成分矩阵

	成分				
	1	2	3	4	5
EE2	0.820	0.206	0.027	0.279	0.040
EE4	0.803	−0.275	0.000	0.122	0.051
EE3	0.780	0.154	−0.026	0.267	0.023
EE1	0.778	0.278	−0.028	0.246	−0.013
EN2	0.176	0.841	0.107	0.166	0.128
EN3	0.137	0.811	0.240	0.173	0.011
EN1	0.238	0.794	0.056	0.168	−0.011
EN4	0.097	0.730	0.274	−0.174	−0.120
EO3	0.059	−0.265	0.729	0.196	0.228
EO2	0.093	−0.284	0.712	0.133	0.355
EO1	0.155	−0.056	0.689	0.093	0.352
EC2	0.357	0.194	−0.039	0.786	0.087
EC1	0.205	0.253	0.159	0.765	0.124
EC3	0.498	0.159	−0.089	0.693	0.040
EA3	0.317	0.044	−0.033	0.119	0.850
EA4	−0.167	0.156	−0.045	0.092	0.811
EA2	0.142	−0.334	0.390	0.202	0.610

　　表 5-10 中因子载荷结果显示，自变量的 17 个题项较好地分布在 5 个潜在因子上，且在各自因子上的载荷值均大于 0.5，而在其他因子上的载荷值均小于 0.5，因此可确定，修正后的生态人格量表具有较好的结构效度。

四、初始量表修订与正式量表生成

　　基于前文信度和效度检验的结果，本书对研究量表进行了修正并征询了被调查者的意见，同时邀请了领域内专家（5 位能源行为研究领域教授、6 位博士研究生）对问卷进行了深度讨论和内容剖析，保证修订后的量表的内容效度。现将量表修正意见汇总为以下几点。

　　（1）根据效度和信度分析的结果，部分题项不满足"项目与总体相关系数"小于 0.3，且该因子的"α 系数"小于 0.6 的条件，因此予以剔除。剔除的题项分别是：碳辨识能力量表的 2 个题项（CIC1 和 CIC3）、碳行动能力量表的 1 个题项（CAC6）、生态人格量表的 2 个题项（EO4 和 EC4）、社会规范量表的 1 个题项（SN1）和基础设施完备性量表的 1 个题项（CPI1）。同时，根据探索性因子分析时，碳行动能力的测量题项 CAC4、CAC3 和 CAC5 及生态人格的测量题项 EA1 不符合探索性因子分析结果，因此予以剔除。此外，对于其他效度或者信度指标较差的题项，也根据文献和专家意见进行了再次修改。

　　（2）将上述修改与课题组专家进行研讨，发现虽然个别题项的统计指标可能不符合要求，但是考虑到该题项的理论意义，对其进行修改之后仍然保留在正式量表中研究发现。例如，基础设施量表中，题项 CPI1（我可以在周围便利地找到垃圾回收设施），这一题项的"项目-总体系数"较低，但考虑到目前垃圾分类对于缓解环境问题具有重要意义，为了了解目前垃圾回收设施的现状，仍然对其保留在问卷中。同时，社会规范变量在删除指标题项后只剩下 2 个题项，为了保证每个维度上的指标题项合乎变量的测量要求，因此在该维度增加 1 个题项。

　　（3）被调查者的反馈是修正研究量表的重要参考意见。根据被调查者的反馈结果，生态人格量表中的反向测量题项（如 EA1、EO4 和 EC4）容易给调查者造成混淆，因此对其表述进行修改，改为正向描述。同时对其他变量的指标题项进行适当的修改（如 CAC4 和 CAC5），以保证问卷的每一个指标题项均能通俗易懂，易于理解。

　　上述量表的修改情况如表 5-11 所示。经过调整和修改之后，得到正式问卷。修改后的正式量表共 103 个题项，具体题项见附录 2。

表 5-11 量表修正过程

变量	原有题项	删除题项	增加题项	现有题项	对应题项号
碳价值观	4	0	0	4	Q17-1～Q17-4
碳辨识能力	11	2	0	9	Q16-1～Q16-6, Q17-26～Q17-28
碳选择能力	6	0	0	6	Q17-5～Q17-10
碳行动能力	14	4	2	12	Q17-11～Q17-22
碳影响能力	3	0	0	3	Q17-23～Q17-25
舒适偏好	3	0	0	3	Q18-1～Q18-3
生态人格	20	3	3	20	Q20-1～Q20-20
组织碳价值观	3	0	0	3	Q18-4～Q18-6
组织制度规范	3	0	0	3	Q18-7～Q18-9
组织低碳氛围	3	0	0	3	Q18-10～Q18-12
社会消费文化	3	0	0	3	Q18-13～Q18-15
社交货币	3	0	0	3	Q18-16～Q18-18
社会规范	3	1	1	3	Q18-19～Q18-21
效用体验感知	5	0	0	5	Q18-22～Q18-26
个人经济成本	3	1	1	3	Q19-1～Q19-3
习惯转化成本	2	0	0	2	Q19-4、Q19-5
行为实施成本	2	0	0	2	Q19-6、Q19-7
政策普及程度	3	0	0	3	Q19-8～Q19-10
政策执行效度	3	0	0	3	Q19-11～Q19-13
产品技术成熟度	4	0	0	4	Q19-14～Q19-17
产品易获得性	2	0	0	2	Q19-18、Q19-19
基础设施完备性	4	1	1	4	Q19-20～Q19-23

第二节 正式调研与样本情况

一、数据收集过程

作为对城市居民碳能力水平的初步调查，本书对我国东部地区城市居民进行了一次大规模问卷调查，正式调研城市涵盖东部地区的北京、天津、河北、山东、江苏、上海、浙江、福建、广东、海南等 10 个省份。与预试调研类似，在进行问卷发放之前，通过分层抽样确定调研对象[260]，使其涵盖不同地域、不同性别、不同教育水平、不同收入水平、不同婚姻状况、不同职业性质的城市居民，以保障样本的多样性、科学性和代表性。根据分层抽样结果对所需调研群体进行定向发放，使调查对象的性别、年龄、职业等结构分布合理、符合实际。调研样本的总量确定主要是根据国家统计局第六次人口普查数据[261]，该数据表明，东部地区的总人口数为 457 188 418 人（约 4.6 亿），本书按照 0.0005%的比例来确定总体样本量。

本书通过网络问卷和纸质问卷相结合的方式收集数据。其中，网络问卷借助我国专业的问卷调查网站——问卷星，通过转发问卷链接、扫描问卷二维码等方式利用微博、WeChat、QQ 等网络通信平台进行问卷网址链接的扩散。在正式问卷转发之前，事先联络调查者，详细说明调研主题、调研目的和注意事项，以保障问卷的回收率和有效率。纸质性问卷是对网络问卷的进一步补充，以弥补网络问卷样本特征的不足。问卷发放和回收过程中，除了本人之外，委托了在东部地区工作生活的亲戚、朋友、同学等作为联络员，将问卷按照调研所需进行定向发放，由被调查者以自我报告式（self-report）的方式独立完成。特别地，为了保证问卷数据的有效性，对部分年龄偏大的调研对象，主要采取一对一结构化访谈的方式，由访谈者根据调研对象的描述进行问卷填写。正式调研从 2016 年 11 月 11 日至 2017 年 2 月 10 日，为期 3 个月，共发放纸质问卷 2300 份，最终收回纸质问卷 1834 份，网络问卷 609 份。按照无漏选、无连续 8 题以上选择同一评价值的筛选原则[262]，最终回收有效问卷 2056 份，有效回收率为 84.16%，如表 5-12 所示。问卷数据具体城市分布如表 5-13 所示。

表 5-12　问卷发放及回收情况统计

问卷形式	发放问卷数	回收问卷数	有效问卷数	有效回收率/%
纸质问卷	2300	1834	1577	85.99
网络问卷	609	609	479	78.65
总计	2909	2443	2056	84.16

表 5-13　问卷数据城市分布情况

省份	有效问卷数	所占比例/%	省份	有效问卷数	所占比例/%
江苏	377	18.34	福建	102	4.96
上海	195	9.48	山东	224	10.89
浙江	212	10.31	广东	199	9.68
北京	201	9.78	海南	130	6.32
天津	203	9.87	合计	2056	100.0
河北	213	10.36			

二、样本特征分析

本书对回收的有效问卷进行样本特征分析，主要考虑人口统计学特征、家庭人口统计学特征、组织统计特征三个方面，具体如表 5-14 所示。

表 5-14　社会人口学统计特征的描述性统计（$N = 2056$）

变量		频数	频率/%	变量		频数	频率/%
性别	男	1040	50.58	房产类型	自购房	1265	61.53
	女	1016	49.42		租房	791	38.47
年龄/岁	≤18	81	3.94	学历	初中及以下	51	2.48
	19～25	1018	49.51		高中或中专	184	8.95
	26～30	321	15.61		大专	240	11.67
	31～40	557	27.09		大学本科	1167	56.76
	41～50	56	2.72		硕士	376	18.29
	≥51	23	1.12		博士或博士后	38	1.85
月收入/元	<2000	692	33.66	家庭月收入/元	<2000	220	10.70
	2000～4000	484	23.54		2000～4000	581	28.26
	4001～6000	546	26.56		4001～6000	700	34.05
	6001～8000	177	8.61		6001～8000	304	14.79
	8001～10000	88	4.28		8001～10000	109	5.30
	10001～30000	57	2.77		10001～30000	116	5.64
	30001～100000	9	0.44		30001～100000	18	0.88
	>100000	3	0.15		>100000	8	0.39
婚姻状况	未婚	1380	67.12	家庭成员数	1 或 2	182	8.85
	已婚	623	30.30		3	554	26.95
	离异	35	1.70		4	673	32.73
	其他	18	0.88		≥5	647	31.47
住宅面积/m²	≤40	225	10.94	单位的组织性质	政府部门	109	5.30
	41～80	459	22.32		事业单位	232	11.28
	81～120	877	42.66		国有企业	375	18.24
	121～150	323	15.71		民营企业	289	14.06
	151～200	113	5.50		港澳台独资	267	12.99
	201～300	45	2.19		外商独资	19	0.92
	>300	14	0.68		其他	765	37.21

续表

变量		频数	频率/%	变量		频数	频率/%
	普通员工	740	35.99		0	1044	50.78
	基层管理	254	12.35	小汽车数拥	1	846	41.15
职务层级	中层管理	276	13.42	有量	2	119	5.79
	高层管理	35	1.70		≥3	47	2.29
	其他	751	36.53	合计		2056	100

第三节　正式量表的检验

一、正态性检验

在进行正式的数据分析之前，先对调研数据进行正态性检验。Mardia 提出在多维度情形下，量表数据的正态性检验可采用偏度与峰度系数法来实现[263]，之后，Mardia 和 Kline 进一步提出了检验标准，即如果偏度与峰度的系数绝对值小于 2，那么数据符合正态性检验，数据近似于正态分布[264,265]。本书运用 SPSS22.0 统计分析软件对所有相关量表进行正态性检验，具体分析结果如表 5-15 所示，所有变量的测量题项的偏度和峰度系数绝对值均小于 2，符合正态性检验标准，量表数据近似正态分布。

表 5-15　正式量表的正态性检验结果

题项	偏度		峰度		题项	偏度		峰度	
	统计量	标准误差	统计量	标准误差		统计量	标准误差	统计量	标准误差
CIC2	−0.173	0.054	−1.872	0.108	CCC4	−0.288	0.054	−0.509	0.108
CIC4	0.909	0.054	−1.115	0.108	CCC5	0.014	0.054	−0.372	0.108
CIC5	1.128	0.054	−0.635	0.108	CCC6	−0.009	0.054	−0.543	0.108
CIC6	0.342	0.054	−1.638	0.108	CAC1	−0.254	0.054	−0.535	0.108
CIC7	0.165	0.054	−1.895	0.108	CAC2	−0.352	0.054	−0.302	0.108
CIC8	0.315	0.054	−1.821	0.108	CAC3	−0.090	0.054	−0.516	0.108
CV1	1.329	0.054	1.242	0.108	CAC4	−0.455	0.054	−0.451	0.108
CV2	−0.690	0.054	−0.226	0.108	CAC5	0.076	0.054	−0.501	0.108
CV3	0.182	0.054	−0.727	0.108	CAC7	−0.532	0.054	−0.237	0.108
CV4	−0.658	0.054	−0.364	0.108	CAC8	−0.419	0.054	−0.231	0.108
CCC1	−0.227	0.054	−0.380	0.108	CAC9	0.162	0.054	1.397	0.108
CCC2	−0.100	0.054	−0.330	0.108	CAC10	0.014	0.054	−0.279	0.108
CCC3	0.021	0.054	−0.466	0.108	CAC11	−0.390	0.054	−0.167	0.108

续表

题项	偏度		峰度		题项	偏度		峰度	
	统计量	标准误差	统计量	标准误差		统计量	标准误差	统计量	标准误差
CAC12	0.083	0.054	−0.371	0.108	UEP2	−0.192	0.054	−0.192	0.108
CAC13	0.139	0.054	−0.479	0.108	UEP3	−0.265	0.054	−0.070	0.108
CAC14	0.364	0.054	−0.419	0.108	UEP4	−0.229	0.054	−0.140	0.108
CINC1	0.280	0.054	0.057	0.108	UEP5	−0.676	0.054	−0.104	0.108
CINC2	0.081	0.054	−0.097	0.108	PEC1	0.213	0.054	−0.233	0.108
CINC3	1.551	0.054	1.978	0.108	PEC2	−0.605	0.054	0.506	0.108
CIC9	0.181	0.054	−0.413	0.108	PEC3	−0.100	0.054	0.066	0.108
CIC10	0.438	0.054	1.152	0.108	HCC1	−0.616	0.054	0.377	0.108
CIC11	0.265	0.054	−0.412	0.108	HCC2	0.089	0.054	−0.069	0.108
OLV1	−0.027	0.054	0.495	0.108	BIC1	0.133	0.054	−0.095	0.108
OLV2	0.016	0.054	0.477	0.108	BIC2	0.162	0.054	−0.151	0.108
OLV3	−0.082	0.054	0.454	0.108	PEP1	0.219	0.054	−0.191	0.108
OIN1	0.086	0.054	0.566	0.108	PEP2	0.208	0.054	−0.293	0.108
OIN2	0.139	0.054	0.695	0.108	PEP3	0.167	0.054	−0.268	0.108
OIN3	0.132	0.054	0.907	0.108	EVP1	0.137	0.054	−0.315	0.108
OLC1	0.040	0.054	0.500	0.108	EVP2	0.163	0.054	−0.207	0.108
OLC2	0.019	0.054	0.448	0.108	EVP3	0.090	0.054	−0.287	0.108
OLC3	0.182	0.054	0.665	0.108	TM1	−0.348	0.054	−0.067	0.108
EA1	0.108	0.054	−0.880	0.108	TM2	−0.511	0.054	0.155	0.108
EA2	−0.446	0.054	−0.557	0.108	TM3	−0.539	0.054	0.095	0.108
EA3	−0.531	0.054	−0.570	0.108	TM4	−0.225	0.054	0.266	0.108
EA4	−0.297	0.054	−0.843	0.108	FA1	0.127	0.054	−0.094	0.108
EO1	−0.551	0.054	−0.340	0.108	FA2	0.541	0.054	0.405	0.108
EO2	−0.642	0.054	−0.311	0.108	CPI1	−0.133	0.054	−0.581	0.108
EO3	−0.737	0.054	−0.257	0.108	CPI2	0.070	0.054	−0.346	0.108
EO4	−0.597	0.054	−0.554	0.108	CPI3	0.032	0.054	−0.432	0.108
PC1	−0.254	0.054	−0.228	0.108	CPI4	0.166	0.054	−0.372	0.108
PC2	−0.263	0.054	−0.166	0.108	EN1	0.011	0.054	−0.452	0.108
PC3	0.218	0.054	1.510	0.108	EN2	0.047	0.054	−0.490	0.108
SCC1	−0.028	0.054	−0.500	0.108	EN3	−0.009	0.054	−0.299	0.108
SCC2	0.445	0.054	−0.087	0.108	EN4	−0.206	0.054	−0.410	0.108
SCC3	0.483	0.054	0.111	0.108	EE1	−0.379	0.054	−0.087	0.108
SC1	0.116	0.054	0.041	0.108	EE2	−0.523	0.054	−0.034	0.108
SC2	0.137	0.054	0.009	0.108	EE3	−0.556	0.054	−0.078	0.108
SC3	0.170	0.054	−0.368	0.108	EE4	−0.477	0.054	−0.354	0.108
SN1	0.191	0.054	−0.116	0.108	EC1	−0.074	0.054	0.030	0.108
SN2	−0.468	0.054	0.107	0.108	EC2	−0.317	0.054	−0.210	0.108
SN3	−0.727	0.054	0.413	0.108	EC3	−0.511	0.054	0.073	0.108
UEP1	−0.461	0.054	0.137	0.108	EC4	−0.587	0.054	−0.489	0.108

二、正式量表的信度和效度检验

通过预试分析，初步确认了碳能力及各驱动因素量表的构成，下文将对正式量表的信度和效度分别进行检验。

（一）正式量表的信度分析

表 5-16 给出了正式量表的信度检验结果，由此可知，正式量表各分量表的 Cronbach's α 系数均在 0.6 以上，且绝大部分都在 0.8 以上，在可以接受的范围之内，因此量表具有较好的可靠性。

表 5-16　正式量表的信度检验指标

变量	碳能力	个体因素	组织因素	社会因素	效用体验感知	低碳选择成本	政策情境因素	技术情境因素
N	34	23	9	9	5	7	6	10
Cronbach's α	0.804	0.851	0.886	0.870	0.864	0.654	0.868	0.720

（二）正式量表的效度分析

正式量表的效度检验同样考虑内容效度和构建效度两个方面。内容效度方面，本书量表在设计时主要是基于国内外研究量表并根据我国实际进行修订和开发，同时咨询了相关的专家，且在数据预调研之后进行检验和进一步修订，由此可以认为本书相关量表的内容效度较好。另外，本书主要采用每个题项的"item-to-total 项目与总体关系系数"每个因子的"Cronbach's α 系数"、探索性因子分析、单维性检验、验证性因子分析来考察各个量表的建构效度。

（三）项目-总体相关系数检验

与预试检验一样，研究通过"item-to-total 项目与总体关系系数"和每个因子的"Cronbach's α 系数"来考察各个量表的结构效度。正式量表各分量表的 Cronbach's α 系数均在 0.6 以上，且绝大部分都在 0.7 以上。由表 5-17 可知，量表不仅具有较好的内部一致性、可靠性和稳定性，而且具有较高的结构效度。

表 5-17　正式问卷中各变量的效度检验指标

因素	题项数	均值	Cronbach's α 系数	每个题项的 item-to-total 系数
碳价值观	4	3.525	0.764	0.392~0.564
碳辨识能力	9	2.663	0.701	0.314~0.407
碳选择能力	6	3.202	0.711	0.309~0.598
碳行动能力	12	3.192	0.769	0.304~0.475
碳影响能力	3	2.818	0.756	0.390~0.531
舒适偏好	3	3.214	0.786	0.569~0.685
生态人格	20	3.491	0.871	0.356~0.688
组织碳价值观	3	3.099	0.798	0.583~0.709
组织制度规范	3	3.128	0.829	0.668~0.711
组织低碳氛围	3	3.087	0.809	0.639~0.698
社会消费文化	3	2.717	0.817	0.388~0.527
社交货币	3	2.771	0.738	0.513~0.610
社会规范	3	3.388	0.822	0.314~0.482
效用体验感知	5	3.524	0.866	0.587~0.729
个人经济成本	3	3.156	0.656	0.340~0.391
习惯转化成本	2	3.175	0.655	0.384~0.384
行为实施成本	2	2.807	0.840	0.725~0.725
政策普及程度	3	2.661	0.779	0.540~0.639
政策执行效度	3	2.735	0.829	0.647~0.735
产品技术成熟度	4	3.407	0.763	0.439~0.648
产品易获得性	2	2.865	0.691	0.528~0.528
基础设施完备性	4	2.847	0.704	0.441~0.517

（四）探索性因子分析

1. 中介变量的单维性检验

本书对作为中介变量的效用体验感知变量和作为自变量的舒适偏好变量的定义是单维度的，因此通过探索性因子分析验证这两个变量的单维性。如果探索性因子分析的结果显示，数据只聚合成一个因子，那么该变量是单维的，这样也可以同时检验区别效度[262]。

由表 5-18～表 5-20 可知，KMO 值为 0.851，Bartlett 球形检验的值为 84 751.399 5，显著性水平均为 0.000，说明数据适合进行因素分析。采用 Virmax 正交旋转法，仅提取 1 个共同因素，累计贡献率分别为 65.355%，且各因子的符合均大于 0.7，验证了效用体验感知变量的单维性。

表 5-18　中介变量量表的 KMO 和 Bartlett 的检验

取样足够度的 KMO 度量		0.851
Bartlett 的球形度检验	近似卡方	4751.399
	df	10
	Sig.	0.000

表 5-19　中介变量量表解释的总方差

成分	初始特征值			提取平方和载入		
	合计	方差解释率/%	累积解释率/%	合计	方差解释率/%	累积解释率/%
1	3.268	65.355	65.355	3.268	65.355	65.355
2	0.607	12.131	77.486			
3	0.448	8.970	86.456			
4	0.398	7.962	94.418			
5	0.279	5.582	100.000			

表 5-20　中介变量量表的正交旋转成分矩阵

题项	成分
	1
UEP2	0.844
UEP3	0.843
UEP4	0.822
UEP1	0.806
UEP5	0.722

由表 5-21～表 5-23 可知，KMO 值为 0.885，Bartlett 球形检验的值为 4751.399，显著性水平均为 0.000，说明数据适合进行因素分析。采用 Virmax 正交旋转法，仅提取 1 个共同因素，累计贡献率分别为 70.097%，且各因子的符合均大于 0.7，验证了舒适偏好变量的单维性。

表 5-21　舒适偏好量表的 KMO 和 Bartlett 的检验

	取样足够度的 KMO 度量		0.885
Bartlett 的球形度检验	近似卡方	1844.538	4751.399
	df	3	10
	Sig.	0.000	0.000

表 5-22　舒适偏好量表解释的总方差

成分	初始特征值			提取平方和载入		
	合计	方差解释率/%	累积解释率/%	合计	方差解释率/%	累积解释率/%
1	2.103	70.097	70.097	2.103	70.097	70.097
2	0.535	17.848	87.944			
3	0.362	12.056	100.000			

表 5-23　舒适偏好量表的正交旋转成分矩阵

题项	成分
	1
PC2	0.874
PC1	0.837
PC3	0.798

2. 自变量的探索性因子分析

对自变量中的组织因素和社会因素进行探索性因子分析，其中组织因素包括组织碳价值观、组织制度规范和组织低碳氛围三个变量，社会因素包括社会消费文化、社会规范和社交货币。采用主成分分析法，选取方差最大化正交旋转方法，特征值大于 1 为因子的提取标准，对上述变量进行因子分析。

由表 5-24 可知，KMO 值为 0.845，Bartlett 球形检验的显著性水平为 0.000，说明数据适合进行因素分析，因此，下一步对自变量进行探索性因子分析，结果如表 5-25 所示。

表 5-24　自变量量表的 KMO 和 Bartlett 的检验

	取样足够度的 KMO 度量		0.845
Bartlett 的球形度检验	近似卡方	13 911.434	4 751.399
	df	153	10
	Sig.	0.000	0.000

表 5-25 自变量量表解释的总方差

成分	初始特征值			提取平方和载入			旋转平方和载入		
	合计	方差解释率/%	累积解释率/%	合计	方差解释率/%	累积解释率/%	合计	方差解释率/%	累积解释率/%
1	5.368	29.823	29.823	5.368	29.823	29.823	3.746	20.812	20.812
2	2.215	12.304	42.128	2.215	12.304	42.128	2.295	12.750	33.562
3	1.758	9.765	51.892	1.758	9.765	51.892	2.271	12.619	46.181
4	1.340	7.445	59.337	1.340	7.445	59.337	1.653	9.186	55.367
5	1.065	5.918	65.255	1.065	5.918	65.255	1.531	8.508	63.874
6	0.797	4.427	69.683	0.797	4.427	69.683	1.046	5.808	69.683

由表 5-25 可知，总方差贡献率为 69.683%，解释率较高。方差最大化正交旋转的因子负荷结果如表 5-26 所示。

表 5-26 自变量量表的正交旋转成分矩阵

	成分					
	1	2	3	4	5	6
OIN3	0.825	0.144	0.006	−0.005	0.099	−0.058
OIN2	0.738	0.320	0.010	0.054	0.100	−0.096
OIN1	0.652	0.442	0.031	−0.024	0.047	−0.094
OLV2	0.223	0.850	0.040	0.030	0.064	−0.030
OLV1	0.298	0.770	0.086	−0.048	0.099	−0.004
OLV3	0.248	0.744	0.163	−0.083	−0.031	0.074
SC1	0.075	0.097	0.819	−0.240	−0.074	0.090
SC2	0.190	0.033	0.816	−0.010	0.154	−0.037
SC3	0.057	0.152	0.674	0.024	−0.122	−0.321
SCC3	−0.033	−0.062	−0.019	0.842	−0.175	0.035
SCC2	−0.024	−0.013	−0.101	0.822	−0.110	0.177
SCC1	0.055	0.049	−0.180	0.843	0.067	0.277
SN2	0.169	0.033	0.155	−0.092	0.814	0.092
SN3	0.085	0.074	−0.128	−0.237	0.766	−0.027
SN1	0.224	0.078	−0.370	0.196	0.529	0.373
OLC1	0.134	0.118	−0.075	0.094	0.048	0.786
OLC2	0.163	0.164	−0.090	0.055	0.106	0.764
OLC3	0.106	0.202	0.044	0.064	0.046	0.547

由表 5-26 可知，提取的 6 个因子在各因子上的负荷值均大于 0.5，且在其他因子上的载荷值均小于 0.5，这说明因变量量表具有较好的收敛效度，即具有良好的建构效度。

3. 调节变量的探索性因子分析

对调节变量进行探索性因子分析前先检验其适用性，如表 5-27 所示，调节变量量表的 KMO 值为 0.873，大于 0.7，Bartlett 球形检验卡方值较大，且统计显著（Sig. = 0.000＜0.05），表明该量表适合进行因子分析。

表 5-27　调节变量量表的 KMO 和 Bartlett 的检验

			0.873
取样足够度的 KMO 度量			0.873
Bartlett 的球形度检验	近似卡方	24 353.268	4 751.399
	df	378	10
	Sig.	0.000	0.000

本书采用主成分分析法对自变量量表进行主成分提取，其中提取标准为特征值大于 1，旋转方式为方差最大化正交旋转。表 5-28 的分析结果显示，自变量量表提取出 8 个公因子，总方差解释率为 66.571%，解释率较高。

表 5-28　调节变量量表解释的总方差

成分	初始特征值			提取平方和载入			旋转平方和载入		
	合计	方差解释率/%	累积解释率/%	合计	方差解释率/%	累积解释率/%	合计	方差解释率/%	累积解释率/%
1	6.873	24.547	24.547	6.873	24.547	24.547	4.224	15.087	15.087
2	3.527	12.596	37.144	3.527	12.596	37.144	3.469	12.389	27.476
3	2.705	9.662	46.806	2.705	9.662	46.806	2.490	8.894	36.370
4	1.557	5.562	52.368	1.557	5.562	52.368	2.349	8.388	44.759
5	1.196	4.272	56.640	1.196	4.272	56.640	1.825	6.517	51.276
6	1.045	3.732	60.372	1.045	3.732	60.372	1.799	6.424	57.700
7	0.880	3.142	63.514	0.880	3.142	63.514	1.478	5.278	62.977
8	0.856	3.057	66.571	0.856	3.057	66.571	1.006	3.594	66.571

由表 5-29 可知，正式量表中自变量量表的 23 个题项较好地分布在 8 个潜在因子上，符合本书的理论设计和情境变量的维度设计，同时，观察各个题项的因子载荷，发现在该因子上的值均大于 0.5，表明该量表具有较好的收敛效度。

表 5-29　调节变量量表的正交旋转成分矩阵

	成分							
	1	2	3	4	5	6	7	8
CPI2	0.710	−0.204	0.027	0.082	−0.057	0.185	−0.288	0.175
CPI3	0.618	−0.161	0.030	0.215	−0.035	0.249	−0.101	0.212
CPI1	0.617	−0.113	−0.154	0.182	−0.097	0.203	−0.363	0.261
CPI4	0.770	−0.019	0.008	0.139	0.146	0.355	−0.268	0.436
PEP3	−0.280	0.676	0.071	−0.209	0.192	0.000	0.021	−0.174
PEP2	−0.309	0.670	0.172	−0.235	0.123	0.074	0.071	−0.244
PEP1	−0.209	0.625	0.118	0.026	−0.021	0.270	0.097	−0.349
EVP2	−0.227	0.020	0.716	−0.228	0.191	−0.145	0.116	0.157
EVP3	−0.246	−0.021	0.705	−0.203	0.094	−0.168	0.178	0.084
EVP1	−0.298	0.099	0.703	−0.177	0.175	−0.123	−0.099	0.005
BIC2	0.267	0.347	−0.122	0.721	−0.195	0.016	0.061	0.096
BIC1	0.242	0.395	−0.119	0.698	−0.263	−0.008	0.121	0.112
FA1	−0.156	−0.101	0.412	−0.275	0.665	−0.120	0.035	−0.059
FA2	0.401	−0.240	−0.106	−0.306	0.507	−0.461	0.185	−0.033
TM4	0.127	−0.390	0.076	−0.204	0.235	0.547	0.237	−0.244
TM1	0.359	−0.317	−0.373	−0.110	−0.237	0.516	−0.030	0.236
TM2	0.114	0.008	−0.492	−0.227	−0.120	0.514	0.050	0.093
TM3	0.330	0.098	−0.449	−0.144	−0.232	0.503	0.193	0.064
PEC2	0.231	0.543	−0.241	0.135	0.052	0.008	0.563	0.016
PEC3	0.349	0.356	0.194	0.281	0.211	−0.217	0.514	−0.043
PEC1	0.308	0.370	0.020	0.324	−0.138	−0.071	0.509	0.127
HCC1	0.248	0.052	0.007	0.141	0.094	0.264	−0.013	0.625
HCC2	0.365	0.445	−0.235	0.112	−0.089	0.042	0.000	0.535

（五）验证性因子分析

　　本书采用了验证性因子分析（confirmatory factor analysis）对碳能力和生态人格量表两个量表进行效度检验。验证性因子分析是检验量表效度的方法之一，通过对已建立起来的潜在结构的检验，考察其与原始数据的拟合程度，从而验证这种结构的正确性。在验证性因子分析中，如果每个题项对其所潜在变量的参数估计值都具有统计意义，则量表符合收敛有效性。根据预试调研的结果及本书的理论设计，验证碳能力和生态人格的结构。本书主要借助软件 Amos17.0 来实现验证性因子分析。

本书首先验证城市居民碳能力的五维结构，在对碳能力进行验证性因子分析之后，经过模型调整之后，输出的拟合优度指数如表 5-30 所示。

表5-30　碳能力正式量表验证性因子分析

指数名称	绝对拟合指数					增量拟合指数		
	CMIN	CMIN/DF	GFI	RMR	RMSEA	NFI	TLI	CFI
数值	2897.141	6.905	0.897	0.045	0.034	0.900	0.904	0.923

由表 5-30 可知，大部分指标均满足理想值要求（指标参考值参见表 5-1），但卡方值受到样本容量大小的影响，不能很好地判断模型的拟合程度，因此，该模型的拟合优度可接受。

在对变量生态人格进行验证性因子分析之后，输出的拟合优度指数如表 5-31 所示，从表中数据可知，大部分指标均满足理想值要求（指标参考值参见表 5-1），但卡方值受到样本容量大小的影响，不能很好地判断模型的拟合程度，因此可认为，该模型的拟合优度可接受。

表5-31　生态人格正式量表验证性因子分析

指数名称	绝对拟合指数					增量拟合指数		
	CMIN	CMIN/DF	GFI	RMR	RMSEA	NFI	TLI	CFI
数值	2679.625	16.748	0.909	0.034	0.043	0.926	0.903	0.934

（六）区别效度

区别效度（discriminant validity）使用因子间的相关系数与可靠性系数（α系数）稀疏的比值。按照 Gaski（1986）提出的标准，如果每对因子之间的相关系数小于其中任何一个因子的 Cronbach's α 系数，那么可以认为量表具有较好的区别效度[239]。由数据分析可知，因子之间的相关系数（表 6-41～表 6-43）均小于各自的 Cronbach's α 系数（表 5-17），表明量表很好地满足了区别效度的要求。

第六章 城市居民碳能力的成熟度测度及驱动机理分析

第一节 城市居民碳能力的成熟度测度及差异性特征

一、碳能力的成熟度测度结果

鉴于本书采用利克特 5 分等级测度，得分越高，表示个体碳能力越强。3 是指"中立"，1 和 2 分别是指与试者依据自己的生活习惯和日常行为"非常不符合"和"比较不符合"，因此，本书将均值低于 3 分的值定义为劣性值。结合第三章的分析，运用 Matlab（2008a）对碳能力的成熟度进行判断（代码见附录 3）。碳能力各维度的均值、劣性值检出率及成熟度分别如表 6-1 所示。

表 6-1 碳能力的均值及劣性值检出率

变量	均值	标准差	劣性值（均值<3）	
			频数	检出率/%
碳价值观	3.53	0.819 29	363	17.66
碳辨识能力	2.92	0.854 86	1021	49.66
碳选择能力	3.24	0.748 13	594	28.89
碳行动能力	3.19	0.552 97	647	31.47
碳影响能力	2.82	0.771 41	998	48.54
碳能力（总体）	3.25	0.447 65	518	25.19
碳能力成熟度			初始级	

纵观碳能力的各个维度，碳价值观的均值（MD = 3.53）最高，其次是碳选择能力和碳行动能力，均值分别为 3.24 和 3.19。碳价值观的均值远高于其他能力环节，这向我们传递了一种充满希望的积极信息，即居民低碳价值观上的认同为环保实践活动的展开提供了内在可能性。然而，不容忽视的是，城市居民

虽具有碳价值观，但仍然将气候变化和低碳发展看作是一个时间上、空间上、社会关系上远离自己的议题。有研究发现，城市居民的"心理距离"是影响其采取低碳措施的关键因素之一[266]。只有缩短居民的"心理距离"，将气候变化转化成一个更真实的、本地的、相关的、急需解决的挑战，从而搭建起气候变化与个人生活的关联，才能号召公众行动起来，采取节能减排的措施。特别地，碳辨识能力和碳影响能力的均值分别为 2.92、2.82，均低于 3 分，且明显低于其他能力环节。从均值的变化趋势来看，城市居民碳价值观到碳影响能力呈现明显的"多层缺口"现象。这并不符合理论预期中的一致性观点，高水平的碳价值观并不一定伴随高水平的碳选择能力和高水平的碳行动能力。此外，碳辨识能力和碳影响能力的劣性值比例分别为 49.66%、48.54%，均接近 50%。可见，碳辨识能力和碳影响能力是阻碍碳能力提升的主要能力环节，应该引起政策制定者的重点关注。

由表 6-2 可知，城市居民的碳能力成熟度等级由初始级到优化级呈现"金字塔型"，呈现逐层递减的趋势，高达 71.7% 的居民碳能力属于初始级水平，仅有16.3% 的居民处于成长级，而处于规范级、集成级和优化级的居民远远小于 10%，分别为 7.8%、2.9% 和 1.3%。总体来看，碳能力的成熟度处于初始级，这很大程度上取决于碳辨识能力的劣性值偏高，因此提高碳辨识能力是促进碳能力成熟度提升的当务之急。

表 6-2　碳能力成熟度的频率分布

	成熟度	频数	频率/%	
	初始级	1474	71.7	
	成长级	335	16.3	
碳能力（总体成熟度：初始级）	规范级	161	7.8	
	集成级	60	2.9	
	优化级	26	1.3	

（一）碳价值观

碳价值观的测量题项共有 4 项，分别为 Q17-1 "我几乎不会关注气候变化问题，也从不主动了解碳排放信息"、Q17-2 "我觉得我只要顾好自己的生活就行了，低碳减排是政府的责任，与我无关"、Q17-3 "我认为大多数人都与我一样，缺乏长期坚持低碳减排行为的动力"、Q17-4"我觉得维护低碳减排与我的关系并不大"。由于碳价值观的测量题项为负向题项，在进行统计分析之前，本书已对问卷的原始数据进行了相应的正向转换。反转后题项 Q17-1～Q17-4 分别对应 CV1"我总是主动关注气候变化问题和碳排放信息"，CV2"低碳减排不仅是政府的责任，也是我的责任"，CV3"我拥有长期坚持低碳减排行为的动力"，CV4"我觉得维护低碳减排与我息息相关"。

由表 6-3 可知，碳价值观的整体均值较高，为 3.53，从各个题项来看，CV3 的均值（MD = 2.86）远低于其他三项，且低于 3 分。结合图 6-1 可以发现，40.33%的居民在该题项中选择 1（非常不符合）和 2（比较不符合），即劣性值比例高达 40.33%，即 40.33%的城市居民比较缺乏长期坚持低碳减排的动力。与此同时，CV2 的劣性值比例最低（10.36%），可见，城市居民已经基本明确了低碳减排的责任主体，即低碳减排不仅是政府的责任，也是每一个居民的责任。

表 6-3   碳价值观各题项的得分统计分析表

变量	均值	标准差	题项	N	均值	标准差
			CV1	2 055	3.52	1.373 5
碳价值观	3.53	0.819 29	CV2	2 056	3.89	1.043 0
			CV3	2 056	2.86	1.133 7
			CV4	2 056	3.82	1.102 0

注：CV1 题项存在 1 个缺失值，因此 N = 2055

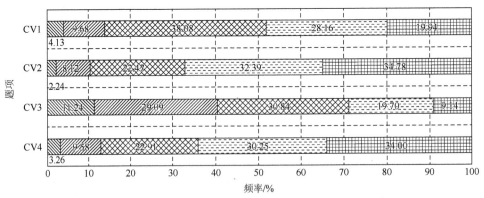

图 6-1   碳价值观指标题项频率分布

（二）碳辨识能力

本书针对碳辨识能力的测量使用了 6 个具体题项：CIC2"棉质、亚麻和丝绸的衣服，不仅环保而且耐穿"、CIC4"洗衣机开强档比开弱档更省电，还能延长机器寿命"、CIC5"肉类在生产、加工及处理过程中排放的温室气体远高于其他食品"、CIC6"电风扇转速越快越耗电，大多时候中低档风速足以满足生活需要"、CIC7"报纸、图书、办公用纸等可以回收，但是纸巾由于水溶性太强而不可回收"、CIC8"洗衣机内洗涤的衣物过少和过多都会增加耗电量"。调研样本对碳辨识能力的描述性统计结果如图 6-2 所示。

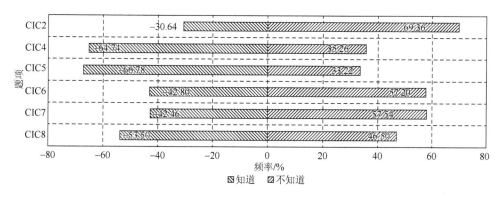

图 6-2　碳辨识能力指标题项频率分布

由图 6-2 可知，城市居民对不同生活领域中的低碳知识的掌握程度有明显差异。一方面，对棉质、亚麻、丝绸类的衣服更加环保耐穿、电风扇转速选择、纸质的可回收性等的知识方面，具备碳辨识能力的群体占比高达总样本的 50% 以上。特别地，高达 69.36% 的城市居民知道"棉质、亚麻和丝绸的衣服，不仅环保而且耐穿"，远高于对其他低碳知识的辨识度，这可能与棉质等衣服的低成本和高普及率相关，也从另一角度反映出低碳知识和低碳产品普及的重要性。另一方面，在洗衣机等设施的低碳使用方面，洗衣机衣物量的选择方面，以及肉类等产品的加工引发的碳排放知识方面，无碳辨识能力的城市居民占比超过总样本的 50%。

由图 6-3 可知，对"碳足迹"、"碳标签"和"碳中和（碳补偿）"的了解程度来看，城市居民呈现明显的集中趋势。其中，仅有 5%~6% 的城市居民非常了解上述三项概念，13%~15% 的城市居民则表示比较了解，接近 40% 的城市居民集中于"一般了解"，而 14%~16% 的城市居民表示完全没听过上述概念。

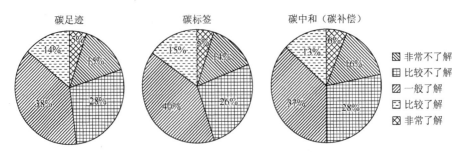

图 6-3　低碳相关概念辨识度频率分析

综上所述，尽管城市居民对于低碳知识已经具有一定的辨识度，但是与日常生活息息相关的低碳知识中（如电冰箱、空调等家电设施的使用等），仍然有相当一部分居民并不了解，特别是对于低碳定义及相关概念理解程度偏低。可见，就目前情况来看，低碳知识的普及程度还远远不够，大力科普具体性的与居民生活息息相关的知识比简单的号召居民低碳更具实际意义。

（三）碳选择能力

本书针对碳选择能力的测量使用了 6 个具体题项：CCC1 "购买家电设施时，我总是选择节能型产品，哪怕会增加我的支出成本"、CCC2 "同样性能的产品，我总是选择有'碳标签'的低碳产品，哪怕它的价格更高"、CCC3 "如果绿电（风能等发的电）有较好的稳定度，就算它的价格再高，我也会选择"、CCC4 "在购买住宅时，我优先考虑住宅是否有低碳节能设计（如集中供暖、自然采光等）"、CCC5 "购买汽车时，只要基础设施（如充电桩）能够完善，我一定会选择新能源汽车（电力、混合动力汽车），哪怕它的价格高于同等性能的其他汽车"、CCC6 "无论购买什么东西，哪怕是一件衣服，我都会考虑它是不是低碳产品"。碳选择能力及各个题项的均值如表 6-4 所示。

表 6-4　碳选择能力各题项的得分统计分析表

变量	均值	标准差	题项	N	均值	标准差
碳选择能力	3.20	0.667 08	CCC1	2056	3.35	1.039 6
			CCC2	2055	3.23	1.015 9
			CCC3	2056	3.14	1.043 2
			CCC4	2056	3.39	1.084 4
			CCC5	2056	3.11	1.020 6
			CCC6	2056	2.99	1.071 8

注：CCC2 题项存在 1 个缺失值，因此 $N = 2055$。

由表 6-4 可知，碳选择能力的总体得分均值为 3.20，这表明被调查者的碳选择能力处于一般水平。进一步对具体题项分析发现，涉及具体的低碳选择时，如家电设施、含碳标签的产品、绿电、住宅、汽车等，被调查者的均值均大于 3，但对于抽象性的低碳选择问题，如"无论购买什么东西，哪怕是一件衣服，我都会考虑它是不是低碳产品"，居民则出现摇摆态度。

由图 6-4 可知，在各个选项中，近 32.68%~41.59%的城市居民在进行选择时并没有明确的倾向，特别是对于新能源汽车和贴有碳标签的产品，不确定型居民占比均超过 40%。仅有 9.97%的城市居民在购买汽车时，总是优先选择新能源汽车，11.24%的会首要选择绿电，尽管其价格更高。然而，近 50%的城市居民倾向于对住宅及家电进行低碳节能投资，如选择低碳节能设计的住宅（47.57%）和节能型家电设施（44.12%）。在面对有碳标签和无碳标签的同类产品时，37.55%的城市居民倾向于选择具有碳标签的产品，21.16%的城市居民表示不会刻意购买具有碳标签的产品。总体来看，尽管城市居民对于低碳整体上持积极的支持态度，但涉及经济等其他具体利益时则态度有所改变，在对低碳产品的选择上呈现摇摆不定的态度，特别是对于新能源汽车、绿电和贴有碳标签的产品等的选择仍然存在很大顾虑。

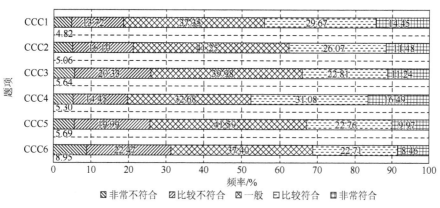

图 6-4　碳选择能力指标题项频率分布

（四）碳行动能力

本书针对碳行动能力的测量使用了 12 个具体题项，其中 CAC1、CAC2、CAC4、CAC5、CAC7 和 CAC8 测量日常选择行为，CAC9~CAC11 测量处理废弃行为，CAC12~CAC14 测量公众参与行为，具体来看，CAC1 "家用电器不使用的时候，我一定会切断电源"、CAC2 "在冰箱中存取食物时，我总是尽量减少冰箱的开关门次数"、CAC4"条件允许的情况下，我总是选择公交、地铁、骑车或步行方式出行"、CAC5"出门购物，我总是自己带环保袋，从不使用免费或者收费的塑料袋"、CAC7"我总是在积累适量的衣物之后才使用洗衣机"、CAC8"我总是关掉不用的电脑程序，减少硬盘工作量，这样既省电又维护我的电脑"、CAC9"我总是尽量利用废旧物品，比如将废旧报纸铺垫在衣橱用以吸潮、除异味"、CAC10"我总是将生活垃圾按可回收性进行分类处理"、CAC11"只要可能，我总是尽量循环使用（或重复利用）产品，直至其完全废弃"、CAC12"我积极参与签名或寻求他人一起签名以支持低碳政策或法规"、CAC13"我积极参加与低碳主题相关的活动（如'地球一小时'）"、CAC14"如果对某一环境问题有意见，我一定会写信给政府或机构相关部门表达看法"。碳行动能力及各个题项的均值如表6-5所示。

表6-5　碳行动能力各题项的得分统计分析表

变量	均值	标准差	题项	N	均值	标准差
			CAC1	2 056	3.34	1.076 2
			CAC2	2 056	3.46	1.025 9
			CAC4	2 056	3.55	1.099 1
			CAC5	2 056	3.01	1.047 0
			CAC7	2 056	3.58	1.046 7
碳行动能力	3.19	0.552 97	CAC8	2 056	3.52	1.036 7
			CAC9	2 056	3.22	1.003 7
			CAC10	2 056	3.02	0.960 9
			CAC11	2 056	3.32	0.991 3
			CAC12	2 056	2.94	1.050 4
			CAC13	2 056	2.79	1.086 6
			CAC14	2 056	2.54	1.084 9

从均值分析可知，城市居民碳行动能力总体处于一般水平（$M = 3.19$，$SD = 0.552\,97$），其中日常使用行为能力的均值高于处理废弃行为，且各个题项的均值均高于3分，而公众参与行为的三个题项的均值最低，分别为2.94、2.79和2.54。就目前来看，城市居民只是作为低碳政策的被动对象，他们对低碳内涵的把握十分有限，也很难形成积极的低碳态度。数据分析结果显示，城市居民在题项"我积极参与签名或寻求他人一起签名以支持低碳政策或法规""我积极参加与低碳主题相关的活动（如'地球一小时'）""如果对某一环境问题有意见，我一定会写信给政府或机构相关部门表达看法"的均值普遍偏低（低于3分）。究其原因，这与

中国独特的中庸之道的文化氛围有关，也与中国屡屡发生的"围观""漠视"等现象有关。这与 Whitmarsh 等[30]对英国公众碳能力调查的结论相一致，该调查研究发现，英国公众对于碳排放的致因和后果的认知程度较弱，对于低碳活动的参与度也较低，而且低碳主题的活动不仅收效甚微，更是极少进一步衍生出更为积极有效的环保活动，这与英国公众广泛存在的政治冷漠和不信任有一定关联[30]。可见，城市居民在处理废弃和公众参与方面的行为需要重点强化和引导。

为了进一步了解城市居民的碳行动能力，本书对各个题项的具体得分情况进行统计，结果如图 6-5 所示。仅有 26.51%的居民选择"我积极参与签名或寻求他人一起签名以支持低碳政策或法规"、23.20%的居民选择"我积极参加与低碳主题相关的活动（如'地球一小时'）"、17.22%的居民选择"如果对某一环境问题有意见，我一定会写信给政府或机构相关部门表达看法"。总体来看，被调研样本的公众参与行为较少，缺乏相关的公众参与意识。特别地，仅有 6.13%的城市居民总是可以做到将生活垃圾按可回收性进行分类处理，至于居民是不愿意分类还是不懂得如何分类是需要进一步挖掘的主要问题。此外，关于积极参与环境政策制定、检举破坏环境的人/单位仍然是中国居民面临的一大挑战。

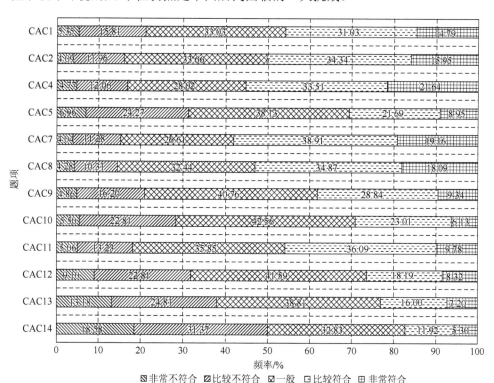

图 6-5　碳行动能力指标题项频率分布

（五）碳影响能力

碳影响能力的测量题项共有 3 项，分别为 CINC1 "周围人采取低碳环保行为往往是因为我是这样做的"、CINC2 "我能强烈影响我的亲人和朋友，使他们采取对环境有益的低碳消费方式"、CINC3 "我总是能说服其他人采取低碳消费行为"。碳影响能力及各个题项的均值如表 6-6 所示。

表 6-6　碳影响能力各题项的得分统计分析表

变量	均值	标准差	题项	N	均值	标准差
碳影响能力	2.82	0.771 41	CINC1	2 055	2.70	0.945 8
			CINC2	2 056	2.90	0.931 4
			CINC3	2 055	2.86	1.134 6

注：CINC1 和 CINC3 题项分别存在 1 个缺失值，因此 $N = 2055$

由表 6-6 可知，碳影响能力的均值偏低，仅为 2.82。具体来看，被调查者在影响、说服其周围的亲人和朋友采取低碳消费方式、实施低碳消费行为时，其影响能力均一般。为了进一步了解城市居民的碳影响能力，本书对各个题项的具体得分情况进行统计，结果如图 6-6 所示。

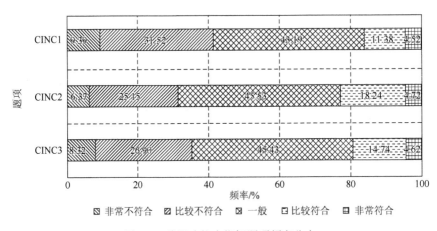

图 6-6　碳影响能力指标题项频率分布

由图 6-6 可知，仅有 15.90% 的居民认为周围人采取低碳环保行为是受自己的低碳行为所影响，22.96% 的居民认为其能强烈影响自己的亲人和朋友，使他们采取对环境有益的低碳消费方式，19.36% 的居民能说服其他人采取低碳消费行为。尽管具备碳影响能力的居民较少，但其影响作用也不容忽视。

二、碳能力的差异性特征

本节主要采用方差分析（analysis of variance，ANOVA）和均值分析来探讨居民的社会人口学特征在城市居民碳能力上的差异。主要用到的方法是独立样本 t 检验（independent sample t-test）和单因素方差分析（one-way ANOVA）两种方法。

（一）性别

通过将城市居民的碳能力各维度作为检验变量，性别作为分组变量，就男性和女性总体在碳能力各维度上是否存在差异进行了独立样本 t 检验，检验结果见表 6-7。根据 t 检验的检验标准，如果 F 检验显著，则假设方差不相等，如果 F 检验不显著，则假设方差相等。检验结果表明，员工碳能力整体在性别上无显著差异，但碳选择能力和碳行动能力在性别上存在显著性差异。

表 6-7　不同性别间城市居民碳能力的 t 检验结果

性别		方差方程的 Levene 检验		均值方程的 T 检验				
		F	Sig.	t	df	Sig.	均值差值	标准误差值
碳价值观	假设方差相等	0.484	0.487	−1.486	2 047	0.138	−0.079	0.053
	假设方差不相等			−1.487	1 796.509	0.137	−0.079	0.053
碳辨识能力	假设方差相等	1.433	0.232	0.436	2 053	0.663	0.030	0.069
	假设方差不相等			0.437	1 897.058	0.662	0.030	0.069
碳选择能力	假设方差相等	0.887	0.347	−2.603	2 051	0.009	−0.126	0.048
	假设方差不相等			−2.600	1 721.522	0.009	−0.126 6	0.048
碳行动能力	假设方差相等	3.289	0.070	−2.845	2 053	0.005	−0.079 0	0.027
	假设方差不相等			−2.835	1 749.721	0.005	−0.079 0	0.027
碳影响能力	假设方差相等	0.546	0.460	−0.903	2 054	0.367	−0.038 5	0.042
	假设方差不相等			−0.902	1 816.011	0.367	−0.038 5	0.042
碳能力	假设方差相等	1.943	0.164	−1.066	2 052	0.287	−0.021 57	0.020 24
	假设方差不相等			−1.066	1 776.673	0.286	−0.021 57	0.020 23

独立样本 t 检验结果（表 6-7）表明，碳选择能力和碳行动能力在性别上均呈现出显著差异，即性别因素对于碳选择能力和碳行动能力均影响显著，而碳价值观、碳辨识能力、碳影响能力和碳能力整体在性别上并不呈现出显著差异。进一步组间

均值比较分析（表6-8）可以看出，相较于男性，女性在碳选择能力（3.26＞3.23）和碳行动能力（3.21＞3.17）上的均值更高。综上所述，H13a部分成立。

表6-8　性别因素下碳能力组间均值比较

性别	均值						成熟度
	碳价值观	碳辨识能力	碳选择能力	碳行动能力	碳影响能力	碳能力	
男	3.51	2.93	3.23	3.17	2.81	3.24	初始级
女	3.54	2.91	3.26	3.21	2.83	3.27	初始级

（二）年龄

通过将城市居民的碳能力各维度作为检验变量，年龄作为分组变量，就不同年龄段城市居民在碳能力各维度上是否存在差异进行了单因素方差分析，分析结果见表6-9。

表6-9　年龄单因素方差分析结果

		平方和	df	均方	F	显著性
碳价值观×年龄	组间	18.669	6	3.112		
	组内	1360.065	2048	0.664	4.685	0.000
	总计	1378.734	2054			
碳辨识能力×年龄	组间	13.783	6	2.297		
	组内	1485.782	2046	0.726	3.163	0.004
	总计	1499.565	2052			
碳选择能力×年龄	组间	7.343	6	1.224		
	组内	1142.290	2048	0.558	2.194	0.041
	总计	1149.633	2054			
碳行动能力×年龄	组间	4.137	6	0.689		
	组内	624.240	2049	0.305	2.263	0.035
	总计	628.377	2055			
碳影响能力×年龄	组间	4.200	6	0.700		
	组内	1217.498	2047	0.595	1.177	0.316
	总计	1221.698	2053			
碳能力×年龄	组间	2.527	5	0.505		
	组内	407.866	2043	0.200	2.531	0.027
	总计	410.393	2048			

由表 6-9 可知，碳价值观、碳辨识能力、碳选择能力、碳行动能力和碳能力总体均在年龄因素上呈现显著性差异，而碳影响能力在年龄上并未呈现出显著性差异。换言之，年龄对碳价值观、碳辨识能力、碳选择能力、碳行动能力和碳能力总体均影响显著，而对碳影响能力则无显著性影响，H13b 部分成立。进一步组间均值比较分析（表 6-10）可以看出，就碳能力整体而言，老年群体（51 岁及以上）的碳能力相对较高。对于 18 岁以上的城市居民，其价值观随着年龄的增长而呈现均值递增的趋势。51 岁及以上的城市居民在碳辨识能力上高于其他年龄段的城市居民，但在碳选择能力和碳行动能力方面，却低于其他年龄段的城市居民。年轻和年老居民的碳成熟度属于成长级，其余年龄段居民属于初始级。

表 6-10　不同年龄阶段的碳能力组间均值比较

年龄/岁	均值						
	碳价值观	碳辨识能力	碳选择能力	碳行动能力	碳影响能力	碳能力	成熟度
≤18	3.55	3.16	3.17	3.28	2.78	3.28	成长级
19~25	3.49	2.88	3.26	3.19	2.83	3.24	初始级
26~30	3.51	2.93	3.13	3.13	2.81	3.20	初始级
31~40	3.56	2.97	3.29	3.22	2.80	3.29	初始级
41~50	3.67	2.66	3.30	3.13	2.67	3.26	初始级
≥51	4.28	3.21	3.04	3.11	3.14	3.46	成长级

（三）学历

通过将城市居民的碳能力各维度作为检验变量，学历作为分组变量，就不同学历城市居民在碳能力各维度上是否存在差异进行了单因素方差分析，分析结果见表 6-11。

表 6-11　学历单因素方差分析结果

		平方和	df	均方	F	显著性
碳价值观×学历	组间	29.860	5	5.972		
	组内	1348.874	2049	0.658	9.072	0.000
	总计	1378.734	2054			
碳辨识能力×学历	组间	22.775	5	4.555		
	组内	1476.790	2047	0.721	6.314	0.000
	总计	1499.565	2052			

续表

		平方和	df	均方	F	显著性
碳选择能力×学历	组间	6.670	5	1.334		
	组内	1142.963	2049	0.558	2.391	0.036
	总计	1149.633	2054			
碳行动能力×学历	组间	2.032	5	0.406		
	组内	626.345	2050	0.306	1.330	0.248
	总计	628.377	2055			
碳影响能力×学历	组间	4.539	5	0.908		
	组内	1217.160	2048	0.594	1.527	0.178
	总计	1221.699	2053			
碳能力×学历	组间	2.801	5	0.560		
	组内	407.592	2043	0.200	2.807	0.016
	总计	410.393	2048			

由表 6-11 可知，碳价值观、碳辨识能力、碳选择能力和碳能力均在学历因素上呈现显著性差异，而碳行动能力和碳影响能力则在学历上并未呈现出显著性差异。换言之，学历对碳价值观、碳辨识能力、碳选择能力和碳能力均影响显著，而对碳行动能力和碳影响能力则无显著性影响。进一步组间均值比较分析（表 6-12）可以看出，碳选择能力的均值变化趋势呈现明显的集中趋势，即随着学历的提升，其均值不断递增。特别地，初中及以下学历的城市居民，他们的碳辨识能力和碳选择能力均最低，且均值低于 3 分，分别为 2.72 和 2.96。大专及以下学历的城市居民，他们的碳辨识能力普遍偏低，均值均低于 3 分，且其碳能力成熟度水平为初始级。在处于初始级的群体中，学历为博士/博士后的居民碳能力总体测度值最低。可见，教育对于提升居民碳能力具有重要意义，这一现象也从另一方面警示我们，与生活密切相关的低碳知识教育更是迫在眉睫。综上所述，H13c 部分成立。

表 6-12　不同学历阶段的碳能力组间均值比较

学历	均值						成熟度
	碳价值观	碳辨识能力	碳选择能力	碳行动能力	碳影响能力	碳能力	
初中及以下	3.20	2.72	2.96	3.20	2.90	3.14	初始级
高中/中专	3.45	2.99	3.13	3.22	2.91	3.25	初始级
大专	3.46	2.94	3.18	3.12	2.81	3.20	初始级
大学本科	3.49	3.01	3.19	3.21	2.83	3.26	成长级
硕士	3.76	3.05	3.26	3.18	2.75	3.30	成长级
博士/博士后	3.44	3.09	3.28	3.12	2.69	3.13	成长级

（四）婚姻状况

通过将城市居民的碳能力各维度作为检验变量，婚姻状况作为分组变量，就不同婚姻状况城市居民在碳能力各维度上是否存在差异进行了单因素方差分析，分析结果见表 6-13。

表 6-13　婚姻状况单因素方差分析结果

		平方和	df	均方	F	显著性
碳价值观×婚姻状况	组间	6.223	3	2.074		
	组内	1372.511	2051	0.669	3.100	0.026
	总计	1378.734	2054			
碳辨识能力×婚姻状况	组间	2.433	3	0.811		
	组内	1497.132	2049	0.731	1.110	0.344
	总计	1499.565	2052			
碳选择能力×婚姻状况	组间	0.724	3	0.241		
	组内	1148.908	2051	0.560	0.431	0.731
	总计	1149.632	2054			
碳行动能力×婚姻状况	组间	6.114	3	2.038		
	组内	622.262	2052	0.303	6.721	0.000
	总计	628.376	2055			
碳影响能力×婚姻状况	组间	10.674	3	3.558		
	组内	1211.025	2050	0.591	6.023	0.000
	总计	1221.699	2053			
碳能力×婚姻状况	组间	1.760	3	0.587		
	组内	427.987	2045	0.209	2.803	0.039
	总计	429.747	2048			

由表 6-13 可知，碳价值观、碳行动能力、碳影响能力和碳能力均在婚姻状况因素上呈现显著性差异，而碳辨识能力和碳选择能力则在婚姻状况上并未呈现出显著性差异。换言之，婚姻状况对碳价值观、碳行动能力、碳影响能力和碳能力均影响显著，而对碳辨识能力和碳选择能力则无显著性影响。进一步组间均值比较分析（表 6-14）可以看出，就碳价值观而言，已婚的城市居民在均值（3.59）上高于其他居民，离异的居民在碳价值观上的均值最低，仅为 3.22。与此不同的是，未婚的居民在碳行动能力、碳影响能力和碳能力整体上的均值高于其他居民。

值得注意的是，离异居民的碳能力整体水平较低，仅为 3.10。综上所述，H13d 部分成立。

表 6-14　不同婚姻状况阶段的碳能力组间均值比较

婚姻状况	均值						成熟度
	碳价值观	碳辨识能力	碳选择能力	碳行动能力	碳影响能力	碳能力	
未婚	3.51	2.93	3.24	3.23	2.87	3.26	初始级
已婚	3.59	2.92	3.25	3.12	2.72	3.24	初始级
离异	3.22	2.75	3.15	3.11	2.75	3.10	初始级
其他	3.44	2.67	3.10	3.14	2.67	3.15	初始级

（五）月收入

通过将城市居民的碳能力各维度作为检验变量，月收入作为分组变量，就不同月收入城市居民在碳能力各维度上是否存在差异进行了单因素方差分析，分析结果见表 6-15。

表 6-15　月收入单因素方差分析结果

		平方和	df	均方	F	显著性
碳价值观×月收入	组间	4.306	7	0.615	0.916	0.493
	组内	1374.428	2047	0.671		
	总计	1378.734	2054			
碳辨识能力×月收入	组间	7.504	7	1.072	1.469	0.174
	组内	1492.061	2045	0.730		
	总计	1499.565	2052			
碳选择能力×月收入	组间	7.570	7	1.081	1.938	0.060
	组内	1142.063	2047	0.558		
	总计	1149.633	2054			
碳行动能力×月收入	组间	5.763	7	0.823	2.708	0.009
	组内	622.613	2048	0.304		
	总计	628.376	2055			
碳影响能力×月收入	组间	12.705	7	1.815	3.071	0.003
	组内	1208.994	2046	0.591		
	总计	1221.699	2053			

		平方和	df	均方	F	显著性
碳能力×月收入	组间	1.699	7	0.243		
	组内	408.693	2041	0.200	1.212	0.292
	总计	410.392	2048			

由表6-15可知,碳行动能力和碳影响能力均在月收入因素上呈现显著性差异,而碳价值观、碳辨识能力、碳选择能力和碳能力则在月收入上并未呈现出显著性差异。换言之,月收入对碳行动能力和碳影响能力均影响显著,而对碳价值观、碳辨识能力、碳选择能力和碳能力则无显著性影响。

进一步组间均值比较分析(表6-16)可以看出,月收入低于2000元的低收入群体和月收入高于100 000的高收入群体的碳行动能力和碳影响能力均高于其他收入群体。特别地,收入在30 001～100 000的群体在碳行动能力和碳影响能力的均值均相对最低,分别为2.85和2.52,远低于其他收入群体。综上所述,H13e部分成立。

表6-16 不同月收入阶段的碳能力组间均值比较

月收入/元	均值						成熟度
	碳价值观	碳辨识能力	碳选择能力	碳行动能力	碳影响能力	碳能力	
<2 000	3.52	2.95	3.27	3.25	2.90	3.28	初始级
2 000～4 000	3.48	2.98	3.22	3.20	2.86	3.24	初始级
4 001～6 000	3.52	2.84	3.20	3.16	2.75	3.22	初始级
6 001～8 000	3.60	2.89	3.20	3.13	2.71	3.24	初始级
8 001～10 000	3.61	3.01	3.37	3.07	2.70	3.28	成长级
10 001～30 000	3.64	2.86	3.50	3.14	2.73	3.33	初始级
30 001～100 000	3.61	3.09	3.27	2.85	2.52	3.18	成长级
>100 000	3.00	2.81	3.60	3.39	2.89	3.24	初始级

(六)家庭月收入

通过将城市居民的碳能力各维度作为检验变量,家庭月收入作为分组变量,就不同家庭月收入城市居民在碳能力各维度上是否存在差异进行了单因素方差分析,分析结果见表6-17。

表 6-17　家庭月收入单因素方差分析结果

		平方和	df	均方	F	显著性
碳价值观×家庭月收入	组间	8.369	7	1.196		
	组内	1370.365	2047	0.669	1.786	0.086
	总计	1378.734	2054			
碳辨识能力×家庭月收入	组间	9.340	7	1.334		
	组内	1490.225	2045	0.729	1.831	0.077
	总计	1499.565	2052			
碳选择能力×家庭月收入	组间	6.977	7	0.997		
	组内	1142.656	2047	0.558	1.785	0.086
	总计	1149.633	2054			
碳行动能力×家庭月收入	组间	2.675	7	0.382		
	组内	625.702	2048	0.306	1.251	0.271
	总计	628.377	2055			
碳影响能力×家庭月收入	组间	8.521	7	1.217		
	组内	1213.178	2046	0.593	2.053	0.045
	总计	1221.699	2053			
碳能力×家庭月收入	组间	3.496	7	0.499		
	组内	406.896	2041	0.199	2.505	0.015
	总计	410.392	2048			

由表6-17可知,碳影响能力和碳能力均在家庭月收入因素上呈现显著性差异,而碳价值观、碳辨识能力、碳选择能力和碳行动能力则在家庭月收入上并未呈现出显著性差异。换言之,家庭月收入对碳影响能力和碳能力均影响显著,而对碳价值观、碳辨识能力、碳选择能力和碳行动能力则无显著性影响。

进一步组间均值比较分析（表 6-18）可以看出,家庭月收入在 30 000～100 000 元的居民在碳影响能力上的均值高于其他收入群体,均值分别为 3.15。家庭月收入在 8001～10 000 元的居民在碳影响能力和碳能力均低于其他收入群体,均值分别为 2.64 和 3.15。综上所述,H14a 部分成立。

表 6-18　不同家庭月收入阶段的碳能力组间均值比较

家庭月收入/元	均值						
	碳价值观	碳辨识能力	碳选择能力	碳行动能力	碳影响能力	碳能力	成熟度
<2 000	3.51	3.03	3.16	3.19	2.91	3.24	成长级
2 000～4 000	3.48	2.93	3.19	3.18	2.80	3.22	初始级
4 001～6 000	3.58	2.87	3.30	3.23	2.83	3.29	初始级
6 001～8 000	3.51	2.93	3.28	3.18	2.84	3.26	初始级

家庭月收入/元	均值						
	碳价值观	碳辨识能力	碳选择能力	碳行动能力	碳影响能力	碳能力	成熟度
8 001～10 000	3.40	2.83	3.16	3.12	2.64	3.15	初始级
10 001～30 000	3.55	2.97	3.28	3.12	2.75	3.25	初始级
30 001～100 000	3.76	3.37	3.37	3.17	3.15	3.41	成长级
>100 000	4.06	3.14	3.15	3.44	2.71	3.47	成长级

（七）家庭成员数

通过将城市居民的碳能力各维度作为检验变量，家庭成员数作为分组变量，就不同家庭成员数城市居民在碳能力各维度上是否存在差异进行了单因素方差分析，分析结果见表 6-19。

表 6-19　家庭成员数单因素方差分析结果

		平方和	df	均方	F	显著性
碳价值观×家庭成员数	组间	3.482	3	1.161		
	组内	1375.252	2051	0.671	1.731	0.159
	总计	1378.734	2054			
碳辨识能力×家庭成员数	组间	9.406	3	3.135		
	组内	1490.159	2049	0.727	4.311	0.005
	总计	1499.565	2052			
碳选择能力×家庭成员数	组间	1.260	3	0.420		
	组内	1148.372	2051	0.560	0.750	0.522
	总计	1149.632	2054			
碳行动能力×家庭成员数	组间	1.484	3	0.495		
	组内	626.893	2052	0.306	1.619	0.183
	总计	628.377	2055			
碳影响能力×家庭成员数	组间	6.088	3	2.029		
	组内	1215.611	2050	0.593	3.422	0.017
	总计	1221.699	2053			
碳能力×家庭成员数	组间	0.132	3	0.044		
	组内	410.261	2045	0.201	0.219	0.883
	总计	410.392	2048			

由表6-19可知，碳辨识能力和碳影响能力均在家庭成员数上呈现显著性差异，而碳价值观、碳选择能力、碳行动能力和碳能力则在家庭成员数上并未呈现出显著性差异。换言之，家庭成员数对碳辨识能力和碳影响能力均影响显著，而对碳价值观、碳选择能力、碳行动能力和碳能力则无显著性影响。

进一步组间均值比较分析（表6-20）可以看出，家庭成员数为3人的居民在碳辨识能力上的均值最高，为3.01；而家庭成员数在1或2人的居民则在碳辨识能力上的均值最低，为2.78。家庭成员数大于或等于5人的居民，其碳影响能力均值最高，为2.96；而家庭成员数在1或2人的居民则在碳影响能力上的均值最低，仅为2.78。综上所述，H14b部分成立。

表6-20　不同家庭成员数的碳能力组间均值比较

家庭成员数/人	均值						成熟度
	碳价值观	碳辨识能力	碳选择能力	碳行动能力	碳影响能力	碳能力	
1或2	3.43	2.78	3.27	3.24	2.78	3.25	初始级
3	3.50	3.01	3.24	3.22	2.85	3.26	成长级
4	3.52	2.93	3.27	3.19	2.79	3.26	初始级
≥5	3.57	2.88	3.21	3.16	2.96	3.24	初始级

（八）住宅类型

通过将城市居民的碳能力各维度作为检验变量，住宅类型作为分组变量，就不同住宅类型城市居民在碳能力各维度上是否存在差异进行了独立样本 t 检验，分析结果见表6-21。

表6-21　不同住宅类型间城市居民碳能力的 t 检验结果

住宅类型		方差方程的 Levene 检验		均值方程的 t 检验				
		F	Sig.	t	df	Sig.	均值差值	标准误差值
碳价值观	假设方差相等	3.417	0.065	2.861	2 047	0.004	0.059 39	0.020 76
	假设方差不相等			2.927	1 796.509	0.003	0.059 39	0.020 29

续表

住宅类型		方差方程的 Levene 检验		均值方程的 t 检验				
		F	Sig.	t	df	Sig.	均值差值	标准误差值
碳辨识能力	假设方差相等	10.779	0.001	−3.573	2 053	0.000	−0.132 34	0.037 04
	假设方差不相等			−3.728	1 897.058	0.000	−0.132 34	0.035 50
碳选择能力	假设方差相等	0.420	0.517	4.237	2 051	0.000	0.163 63	0.038 62
	假设方差不相等			4.273	1 721.522	0.000	0.163 63	0.038 29
碳行动能力	假设方差相等	2.773	0.096	2.516	2 053	0.012	0.085 26	0.033 88
	假设方差不相等			2.551	1 749.721	0.011	0.085 26	0.033 42
碳影响能力	假设方差相等	8.629	0.003	3.230	2 054	0.001	0.080 78	0.025 01
	假设方差不相等			3.315	1 816.011	0.001	0.080 78	0.024 37
碳能力	假设方差相等	2.671	0.102	1.227	2 047	0.220	0.024 94	0.020 32
	假设方差不相等			1.255	1 793.765	0.210	0.024 94	0.019 87

由表 6-21 可知,碳价值观、碳辨识能力、碳选择能力、碳行动能力和碳影响能力整体均在住宅类型上呈现显著性差异,换言之,住宅类型对碳价值观、碳辨识能力、碳选择能力、碳行动能力和碳影响能力均影响显著,但对碳能力整体并没有显著影响。进一步组间均值比较分析(表 6-22)可以看出,自购房的城市居民在碳价值观上的均值低于租房的群体(3.47<3.61)。除碳价值观之外,其他各维度均呈现相反的结论,即自购房的城市居民在碳辨识能力(2.98>2.82)、碳选择能力(3.28>3.19)、碳行动能力(3.22>3.14)、碳影响能力(2.86>2.76)整体上的均值均高于租房的居民。综上所述,H14c 部分成立。

表6-22 不同住宅类型的碳能力组间均值比较

住宅类型	均值						
	碳价值观	碳辨识能力	碳选择能力	碳行动能力	碳影响能力	碳能力	成熟度
自购房	3.47	2.98	3.28	3.22	2.86	3.26	初始级
租房	3.61	2.82	3.19	3.14	2.76	3.24	初始级

（九）房产数

通过将城市居民的碳能力各维度作为检验变量,房产数作为分组变量,对不同房产数城市居民在碳能力各维度上是否存在差异进行了单因素方差分析，分析结果见表 6-23。

表 6-23　房产数单因素方差分析结果

		平方和	df	均方	F	显著性
碳价值观×房产数	组间	11.796	5	2.359	3.536	0.003
	组内	1366.938	2049	0.667		
	总计	1378.734	2054			
碳辨识能力×房产数	组间	21.259	5	4.252	5.887	0.000
	组内	1478.306	2047	0.722		
	总计	1499.565	2052			
碳选择能力×房产数	组间	6.468	5	1.294	2.319	0.041
	组内	1143.164	2049	0.558		
	总计	1149.632	2054			
碳行动能力×房产数	组间	4.082	5	0.816	2.681	0.020
	组内	624.295	2050	0.305		
	总计	628.377	2055			
碳影响能力×房产数	组间	8.314	5	1.663	2.806	0.016
	组内	1213.385	2048	0.592		
	总计	1221.699	2053			
碳能力×房产数	组间	1.314	5	0.263	1.312	0.256
	组内	409.078	2043	0.200		
	总计	410.392	2048			

由表 6-23 可知，碳价值观、碳辨识能力、碳选择能力、碳行动能力和碳影响能力均在房产数上呈现显著性差异，换言之，房产数对碳价值观、碳辨识能力、碳选择能力、碳行动能力和碳影响能力均影响显著。

进一步组间均值比较分析（表 6-24）可以看出，没有任何房产的居民在碳价值观上的均值最高，均值高达 3.61，房产数在 5 套及以上的居民的碳价值观均值最低，为 3.06。拥有 2 套房产的居民在碳辨识能力上均值最高，为 3.15，房产数在 5 套及以上的居民的碳辨识能力均值最低，仅为 2.71。拥有 4 套房产的居民在碳选择能力上均值最高，为 3.48，房产数在 5 套及以上的居民的碳选择能力均值最低，为 3.18。拥有 4 套房产的居民在碳行动能力（3.30）和碳影响能力（3.14）上均值最高，没有任何房产的居民的碳行动能力（3.14）和碳影响能力（2.75）的均值均最低。综上所述，H14e 部分成立。

表 6-24　不同房产数的碳能力组间均值比较

房产数/套	均值						
	碳价值观	碳辨识能力	碳选择能力	碳行动能力	碳影响能力	碳能力	成熟度
0	3.61	2.82	3.19	3.14	2.75	3.24	初始级
1	3.49	2.95	3.26	3.21	2.84	3.26	初始级
2	3.47	3.15	3.35	3.28	2.91	3.31	成长级
3	3.29	3.14	3.39	3.20	2.91	3.25	成长级
4	3.47	3.05	3.48	3.30	3.14	3.36	成长级
≥5	3.06	2.71	3.18	3.18	2.92	3.08	初始级

（十）住宅面积

通过将城市居民的碳能力各维度作为检验变量，住宅面积作为分组变量，对不同住宅面积城市居民在碳能力各维度上是否存在差异进行了单因素方差分析，分析结果见表 6-25。

表 6-25　住宅面积单因素方差分析结果

		平方和	df	均方	F	显著性
碳价值观×住宅面积	组间	1.905	6	0.318		
	组内	1376.829	2048	0.672	0.472	0.829
	总计	1378.734	2054			
碳辨识能力×住宅面积	组间	3.870	6	0.645		
	组内	1495.695	2046	0.731	0.882	0.507
	总计	1499.565	2052			
碳选择能力×住宅面积	组间	9.721	6	1.620		
	组内	1139.912	2048	0.557	2.911	0.008
	总计	1149.633	2054			
碳行动能力×住宅面积	组间	0.757	6	0.126		
	组内	627.619	2049	0.306	0.412	0.871
	总计	628.376	2055			
碳影响能力×住宅面积	组间	3.758	6	0.626		
	组内	1217.941	2047	0.595	1.053	0.389
	总计	1221.699	2053			
碳能力×住宅面积	组间	0.479	6	0.080		
	组内	409.913	2042	0.201	0.398	0.881
	总计	410.392	2048			

由表 6-25 可知，碳选择能力在住宅面积上呈现显著性差异，而碳价值观、碳辨识能力、碳选择能力、碳行动能力、碳影响能力和碳能力则在住宅面积上并未呈现出显著性差异。换言之，住宅面积对碳选择能力影响显著，而对碳价值观、碳辨识能力、碳选择能力、碳行动能力、碳影响能力和碳能力则无显著性影响。进一步组间均值比较分析（表 6-26）可以看出，住宅面积大于 300 m² 的居民在碳选择能力上的均值最高（3.43），其次是住宅面积为 121～150 m² 的居民（3.38），住宅面积小于等于 40 m² 的居民的碳选择能力最低（3.19）。综上所述，H14d 部分成立。

表 6-26　不同住宅面积的碳能力组间均值比较

住宅面积/m²	均值						
	碳价值观	碳辨识能力	碳选择能力	碳行动能力	碳影响能力	碳能力	成熟度
≤40	3.50	2.93	3.19	3.20	2.88	3.24	初始级
41～80	3.51	2.85	3.20	3.20	2.85	3.23	初始级
81～120	3.55	2.93	3.22	3.20	2.79	3.26	初始级
121～150	3.50	2.99	3.38	3.19	2.78	3.28	初始级
151～200	3.50	2.91	3.31	3.17	2.84	3.26	初始级
201～300	3.48	2.90	3.30	3.15	2.94	3.25	初始级
>300	3.71	2.86	3.43	2.98	2.62	3.28	初始级

（十一）小汽车拥有量

通过将城市居民的碳能力各维度作为检验变量，小汽车拥有量作为分组变量，对不同小汽车拥有量城市居民在碳能力各维度上是否存在差异进行了单因素方差分析，分析结果见表 6-27。

表 6-27　小汽车拥有量单因素方差分析结果

		平方和	df	均方	F	显著性
碳价值观×小汽车拥有量	组间	0.678	3	0.226		
	组内	1378.056	2051	0.672	0.336	0.799
	总计	1378.734	2054			
碳辨识能力×小汽车拥有量	组间	4.430	3	1.477		
	组内	1495.135	2049	0.730	2.024	0.109
	总计	1499.565	2052			

续表

		平方和	df	均方	F	显著性
碳选择能力×小汽车拥有量	组间	1.745	3	0.582		
	组内	1147.888	2051	0.560	1.039	0.374
	总计	1149.633	2054			
碳行动能力×小汽车拥有量	组间	0.270	3	0.090		
	组内	628.107	2052	0.306	0.294	0.830
	总计	628.377	2055			
碳影响能力×小汽车拥有量	组间	0.561	3	0.187		
	组内	1221.138	2050	0.596	0.314	0.815
	总计	1221.699	2053			
碳能力×小汽车拥有量	组间	0.241	3	0.080		
	组内	410.151	2045	0.201	0.400	0.753
	总计	410.392	2048			

由表 6-27 可知，碳价值观、碳辨识能力、碳选择能力、碳行动能力、碳影响能力和碳能力整体均在小汽车拥有量上无显著性差异。换言之，小汽车拥有量对碳价值观、碳辨识能力、碳选择能力、碳行动能力、碳影响能力和碳能力均无显著影响。进一步组间均值比较分析（表 6-28）可以看出，不同小汽车拥有量的居民在碳能力及其各维度上的均值均无明显差异。综上所述，H14f 不成立。

表 6-28　不同小汽车拥有量的碳能力组间均值比较

小汽车拥有量/辆	均值						
	碳价值观	碳辨识能力	碳选择能力	碳行动能力	碳影响能力	碳能力	成熟度
0	3.52	2.90	3.23	3.20	2.81	3.25	初始级
1	3.53	2.97	3.25	3.18	2.83	3.26	初始级
2	3.59	2.79	3.35	3.17	2.86	3.29	初始级
≥3	3.47	2.87	3.23	3.19	2.74	3.22	初始级

（十二）所在单位的组织性质

通过将城市居民的碳能力各维度作为检验变量，所在单位的组织性质作为分组变量，就不同组织性质城市居民在碳能力各维度上是否存在差异进行了单因素方差分析，分析结果参见表 6-29。

表 6-29　组织性质单因素方差分析结果

		平方和	df	均方	F	显著性
碳价值观×组织性质	组间	15.985	6	2.664		
	组内	1362.749	2048	0.665	4.004	0.001
	总计	1378.734	2054			
碳辨识能力×组织性质	组间	17.285	6	2.881		
	组内	1482.280	2046	0.724	3.976	0.001
	总计	1499.565	2052			
碳选择能力×组织性质	组间	22.586	6	3.764		
	组内	1127.046	2048	0.550	6.840	0.000
	总计	1149.632	2054			
碳行动能力×组织性质	组间	13.945	6	2.324		
	组内	614.432	2049	0.300	7.750	0.000
	总计	628.377	2055			
碳影响能力×组织性质	组间	28.150	6	4.692		
	组内	1193.549	2047	0.583	8.046	0.000
	总计	1221.699	2053			
碳能力×组织性质	组间	7.040	6	1.173		
	组内	403.352	2042	0.198	5.940	0.000
	总计	410.392	2048			

由表 6-29 可知，碳价值观、碳辨识能力、碳选择能力、碳行动能力、碳影响能力和碳能力整体均在组织性质上呈现显著性差异。换言之，组织性质对碳价值观、碳辨识能力、碳选择能力、碳行动能力、碳影响能力和碳能力均影响显著。进一步组间均值比较分析（表 6-30）可以看出，所在单位是事业单位的居民在碳价值观上的均值最高（3.73），所在单位是外商独（合）资的居民的碳价值观均值最低（3.42）。所在单位是外商独（合）资的居民在碳辨识能力上均值最高（3.29），所在单位是国有企业和港澳台独（合）资的居民的碳辨识能力均值最低（2.80 和 2.81）。所在单位是外商独（合）资的居民在碳选择能力上均值最高（3.41），所在单位是港澳台独（合）资的居民的碳选择能力均值最低（3.03）。所在单位是外商独（合）资的居民在碳行动能力（3.30）和碳影响能力（3.35）上均值最高，所在单位是政府部门的居民在碳行动能力（2.99）和碳影响能力（2.60）上均值最低。总体来看，所在单位是外商独（合）资的居民在碳能力整体上均值最高（3.37），所在单位是港澳台独（合）资的居民的碳能力整体上均值最低（3.13）。综上所述，H15a 成立。

表 6-30 不同组织性质的碳能力组间均值比较

组织性质	均值						
	碳价值观	碳辨识能力	碳选择能力	碳行动能力	碳影响能力	碳能力	成熟度
政府部门	3.56	2.95	3.11	2.99	2.60	3.16	初始级
事业单位	3.73	3.02	3.22	3.19	2.78	3.32	成长级
国有企业	3.56	2.80	3.23	3.22	2.82	3.26	初始级
民营企业	3.54	2.93	3.38	3.19	2.71	3.28	初始级
港澳台独（合）资	3.50	2.81	3.03	3.04	2.70	3.13	初始级
外商独（合）资	3.42	3.29	3.41	3.30	3.35	3.37	成长级
其他	3.45	2.98	3.30	3.26	2.93	3.28	初始级

（十三）职务层级

通过将城市居民的碳能力各维度作为检验变量，职务层级作为分组变量，就不同职务层级城市居民在碳能力各维度上是否存在差异进行了单因素方差分析，分析结果见表 6-31。

表 6-31 职务层级单因素方差分析结果

		平方和	df	均方	F	显著性
碳价值观×职务层级	组间	8.459	4	2.115		
	组内	1370.275	2050	0.668	3.164	0.013
	总计	1378.734	2054			
碳辨识能力×职务层级	组间	4.399	4	1.100		
	组内	1495.166	2048	0.730	1.506	0.198
	总计	1499.565	2052			
碳选择能力×职务层级	组间	2.929	4	0.732		
	组内	1146.703	2050	0.559	1.309	0.264
	总计	1149.632	2054			
碳行动能力×职务层级	组间	7.032	4	1.758		
	组内	621.344	2051	0.303	5.803	0.000
	总计	628.376	2055			

续表

		平方和	df	均方	F	显著性
碳影响能力×职务层级	组间	12.714	4	3.179		
	组内	1208.985	2049	0.590	5.387	0.000
	总计	1221.699	2053			
碳能力×职务层级	组间	1.915	4	0.479		
	组内	408.477	2044	0.200	2.396	0.048
	总计	410.392	2048			

由表 6-31 可知，碳价值观、碳行动能力、碳影响能力和碳能力均在职务层级上呈现显著性差异，而碳辨识能力和碳选择能力则在职务层级上并未呈现出显著性差异。换言之，职务层级对碳价值观、碳行动能力、碳影响能力和碳能力均影响显著，而对碳辨识能力和碳选择能力则无显著性影响。进一步组间均值比较分析（表 6-32）可以看出，职务层级处于中层管理人员的居民碳价值观均值最高（3.65），而职务层级处于高层管理人员的居民则最低（3.46）。职务层级处于中层管理人员的碳行动能力均值最高（3.25），而职务层级处于高层管理人员的居民则最低（3.02）。随着职务层级的提高，碳影响能力逐渐增强，职务层级处于高层管理人员的碳影响能力均值最高（2.92），普通员工的碳影响能力均值最低（2.70）。从碳能力整体来看，职务层级处于中层管理人员的居民均值最高（3.30），高层管理人员（3.16）的均值最低。综上所述，H15b 部分成立。

表 6-32 不同职务层级的碳能力组间均值比较

职务层级	均值						
	碳价值观	碳辨识能力	碳选择能力	碳行动能力	碳影响能力	碳能力	成熟度
普通员工	3.55	2.94	3.21	3.15	2.70	3.24	初始级
基层管理人员	3.51	2.87	3.21	3.11	2.75	3.21	初始级
中层管理人员	3.65	2.85	3.27	3.25	2.76	3.30	初始级
高层管理人员	3.46	2.75	3.23	3.02	2.92	3.16	初始级
其他	3.46	2.96	3.29	3.23	2.76	3.27	初始级

（十四）所在城市

通过将城市居民的碳能力各维度作为检验变量，所在城市作为分组变量，对不同城市居民在碳能力各维度上是否存在差异进行了单因素方差分析，分析结果见表 6-33。

表 6-33　所在城市单因素方差分析结果

		平方和	df	均方	F	显著性
碳价值观×所在城市	组间	18.055	9	2.006	3.015	0.001
	组内	1360.679	2045	0.665		
	总计	1378.734	2054			
碳辨识能力×所在城市	组间	21.015	9	2.335	3.226	0.001
	组内	1478.549	2043	0.724		
	总计	1499.564	2052			
碳选择能力×所在城市	组间	22.086	9	2.454	4.451	0.000
	组内	1127.547	2045	0.551		
	总计	1149.633	2054			
碳行动能力×所在城市	组间	9.318	9	1.035	3.422	0.000
	组内	619.058	2046	0.303		
	总计	628.376	2055			
碳影响能力×所在城市	组间	27.080	9	3.009	5.148	0.000
	组内	1194.619	2044	0.584		
	总计	1221.699	2053			
碳能力×所在城市	组间	2.363	9	0.263	1.312	0.225
	组内	408.029	2039	0.200		
	总计	410.392	2048			

由表 6-33 可知，碳价值观、碳辨识能力、碳选择能力、碳行动能力和碳影响能力均在不同城市上呈现显著性差异。换言之，所在城市对碳价值观、碳辨识能力、碳选择能力、碳行动能力和碳影响能力均影响显著。特别地，碳能力整体在所在城市上并没有显著差异。综上所述，H16 部分成立。

进一步组间均值比较分析（表 6-34 和图 6-7）可以看出，天津居民的碳价值观均值最高（3.64），而河北居民则最低（3.36）。广东居民的碳辨识能力均值最高（3.07），而山东居民则最低（2.75）。河北居民的碳选择能力均值最高（3.46），其至高于该地区居民的碳价值观。特别地，河北居民的碳行动能力和碳影响能力均高于其他地区的居民。

表 6-34　不同省份的碳能力组间均值比较

所在省份	均值						
	碳价值观	碳辨识能力	碳选择能力	碳行动能力	碳影响能力	碳能力	成熟度
江苏	3.61	2.88	3.26	3.15	2.78	3.27	初始级
上海	3.55	3.03	3.24	3.19	2.80	3.27	成长级
浙江	3.39	2.90	3.36	3.14	2.88	3.23	初始级
北京	3.57	2.78	3.08	3.09	2.78	3.18	初始级
天津	3.64	2.95	3.26	3.16	2.63	3.27	初始级
河北	3.36	2.97	3.46	3.30	3.10	3.32	初始级
福建	3.59	3.02	3.16	3.13	2.77	3.24	成长级
山东	3.58	2.75	3.23	3.25	2.75	3.26	初始级
广东	3.44	3.07	3.13	3.27	2.86	3.23	成长级
海南	3.48	3.01	3.20	3.26	2.82	3.25	成长级

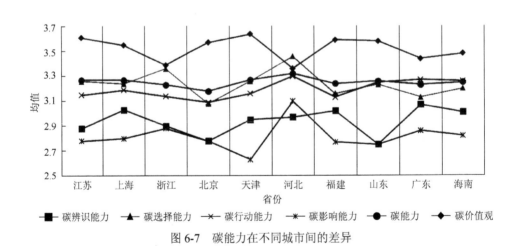

图 6-7　碳能力在不同城市间的差异

第二节　城市居民碳能力各驱动因素的现状分析

一、自变量的描述性分析

本书中自变量共分为 3 类因素：个体因素、组织因素和社会因素，下面将针对各个变量分别进行描述性统计分析。

（一）个体因素的描述性分析

个体因素主要包括舒适偏好和生态人格两个变量，生态人格包括生态理智性、生态宜人性、生态开放性、生态外倾性和生态责任心五个维度，其均值如表 6-35 所示。

表 6-35　个体因素各题项的得分统计分析表

变量	均值	标准差	题项	N	均值	标准差
舒适偏好	3.21	0.803 07	PC1	2 056	3.31	0.958 8
			PC2	2 056	3.28	0.927 0
			PC3	2 056	3.05	0.995 6
生态理智性	3.02	0.699 48	EN1	2 056	2.89	1.005 8
			EN2	2 056	2.94	0.974 0
			EN3	2 056	3.00	0.971 6
			EN4	2 056	3.24	1.007 1
生态宜人性	3.57	0.791 18	EA1	2 056	3.53	1.050 6
			EA2	2 056	3.63	1.076 7
			EA3	2 056	3.70	1.142 2
			EA4	2 056	3.41	1.198 5
生态开放性	3.76	0.884 06	EO1	2 056	3.71	1.054 5
			EO2	2 056	3.82	1.074 4
			EO3	2 056	3.85	1.112 1
			EO4	2 056	3.68	1.190 4
生态外倾性	3.56	0.752 77	EE1	2 056	3.50	0.962 0
			EE2	2 056	3.64	0.983 9
			EE3	2 056	3.59	1.023 1
			EE4	2 056	3.52	1.072 0
生态责任心	3.55	0.672 72	EC1	2 056	3.39	0.946 7
			EC2	2 056	3.50	0.947 3
			EC3	2 056	3.59	0.948 7
			EC4	2 056	3.71	1.122 6

由表 6-35 可知，舒适偏好的均值为 3.21，即被调查样本的舒适偏好处于一般水平。就生态人格而言，生态宜人性、生态开放性、生态外倾性和生态责任心的均值均高于 3 分，偏向于积极特质，而生态理智性的均值仅为 3.02，接近 3 分，处于中立水平，无明显的指向性。本书对各个题项的具体得分情况进行统计，结果如图 6-8 所示。

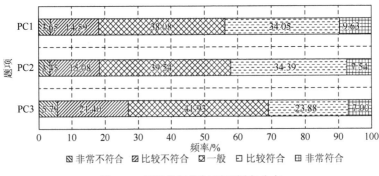

图 6-8　舒适偏好指标题项频率分布

　　舒适偏好通过 3 个题项测量，各题项分别是 PC1 "与低碳相比，我更注重生活的舒适性"、PC2 "虽然低碳很重要，但我更注重生活的舒适性"、PC3 "如果选择低碳会降低我的生活质量，我宁愿不低碳"。由图 6-8 可知，43.68%的被调查者认为生活的舒适比低碳更重要，41.93%的被调查者认为虽然低碳很重要，但他们更注重生活的舒适性，有 30.88%的被调查者认为如果选择低碳会降低自己的生活质量，他们宁愿不低碳。

　　由图 6-9 可知，除生态理智性的四个测量题项（EN1、EN2、EN3、EN4）外，其他四个维度的测量题项中，超过 40%的被调查者倾向于积极的生态人格特质。比较生态宜人性、生态开放性、生态外倾性和生态责任心四个维度上积极、中立和消极特质的占比情况，生态人格倾向于消极特质的群体较少（低于 30%），远低于中立和积极特质的群体。

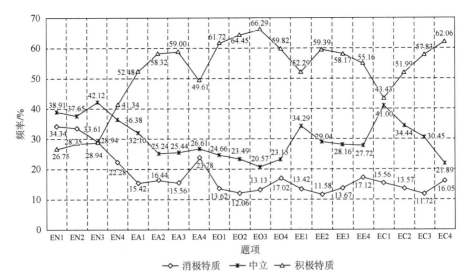

图 6-9　生态人格指标题项频率分布

（二）组织因素的描述性分析

组织因素主要包括组织碳价值观、组织制度规范和组织低碳氛围三个变量，各个变量均由 3 个题项测量。组织碳价值观的测量题项分别为 OLV1 "我们单位积极承担社会责任，努力为大众提供'绿色、低碳'的产品和服务"、OLV2 "我们单位关注低碳减排，将环保利益最大化作为企业的价值观"和 OLV3 "我们单位积极致力于低碳环保，鼓励员工低碳减排"。组织制度规范的测量题项分别为 OIN1 "我们单位有意识地建设低碳导向的管理制度"、OIN2 "我们单位不断改进工作制度及流程，以便达到更加低碳环保的效果"和 OIN3 "我们单位规定要采购符合低碳环保要求的办公设施及用品"。组织低碳氛围的测量题项分别为 OLC1 "我们单位经常举办低碳环保类公益活动，并鼓励员工积极参加"、OLC2 "我们领导在工作中十分关注低碳环保，鼓励并赞赏低碳行为"和 OLC3 "我的同事们都具有环保意识，将低碳环保作为自身行为准则"。组织因素的均值及各个题项的得分统计情况如表 6-36 和图 6-10 所示。

表 6-36　组织因素各题项的得分统计分析表

变量	均值	标准差	题项	N	均值	标准差
组织碳价值观	3.10	0.742 93	OLV1	2 056	3.15	0.860 2
			OLV2	2 056	3.10	0.883 4
			OLV3	2 056	3.04	0.897 7
组织制度规范	3.13	0.721 37	OIN1	2 056	3.16	0.844 2
			OIN2	2 056	3.11	0.845 2
			OIN3	2 056	3.11	0.816 5
组织低碳氛围	3.09	0.746 71	OLC1	2 055	3.05	0.874 3
			OLC2	2 056	3.09	0.905 3
			OLC3	2 056	3.12	0.852 3

注：OLC1 题项存在 1 个缺失值，因此 $N = 2055$

由表 6-36 和图 6-10 可知，组织碳价值观、组织制度规范和组织低碳氛围的均值十分接近，分别为 3.10、3.13 和 3.09。从具体的题项来看，题项 OLV1 "我们单位积极承担社会责任，努力为大众提供'绿色、低碳'的产品和服务"的均值最高，为 3.15，题项 OLV3 "我们单位积极致力于低碳环保，鼓励员工低碳减排"的均值最低，为 3.04。纵观各个题项，可以发现，居民对于各个题项的回答十分接近，有 54.72%～60.51%的居民在评价自己所属组织的低碳属性时没有明确的倾向。

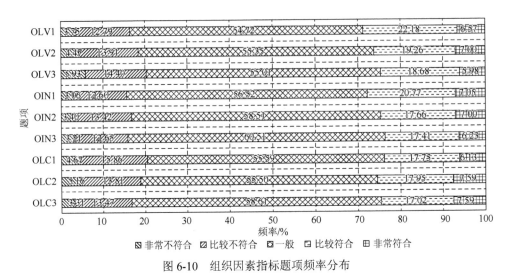

图 6-10　组织因素指标题项频率分布

（三）社会因素的描述性分析

社会因素主要包括社会消费文化、社交货币和社会规范三个变量，各个变量均通过 3 个题项来测量。由于社会消费文化的测量属于对消费文化的负向测量，在进行分析时，将社会消费文化的得分反向计分。社会消费文化的测量题项分别为 SCC1"尽管拥有名牌能彰显品位，但大家更关注它们是不是低碳"、SCC2"据我观察，人们吃饭并不讲究排场"和 SCC3"据我观察，人们并没有过渡消费的现象"。社交货币的测量题项分别为 SC1"我很看重别人的评价，低碳总是让我很有面子"、SC2"低碳非常时尚，让我在朋友圈很有谈资"和 SC3"虽然低碳很重要，但我更在意它会不会让我有面子"。社会规范的测量题项分别为 SN1"我总能感受到强大的低碳环保氛围"、SN2"参加低碳宣传活动是件十分光荣的事"和 SN3"乱丢垃圾的行为会受到周围人的谴责和排斥"。社会因素的均值及各个题项的得分统计情况如表 6-37 和图 6-11 所示。

表 6-37　社会因素各题项的得分统计分析表

变量	均值	标准差	题项	N	均值	标准差
			SCC1	2 056	3.02	1.045 8
社会消费文化	2.72	0.737 86	SCC2	2 056	2.62	0.982 8
			SCC3	2 056	2.52	0.920 6

续表

变量	均值	标准差	题项	N	均值	标准差
社交货币	2.77	0.78920	SC1	2 056	2.83	0.951 6
			SC2	2 055	2.82	0.943 4
			SC3	2 056	2.66	1.025 6
社会规范	3.39	0.69160	SN1	2 056	2.82	0.993 4
			SN2	2 056	3.58	0.946 6
			SN3	2 056	3.76	0.967 3

注：SC2 题项存在 1 个缺失值，因此 $N = 2055$

由表 6-37 可知，社会因素的三个维度中，社会规范的均值最高，为 3.39，而社会消费文化和社交货币的均值均低于 3 分，分别为 2.72 和 2.77。具体到各个题项，可以发现，社会消费文化中仅 SCC1 题项"尽管拥有名牌能彰显品位，但大家更关注它们是不是低碳"的均值高于 3 分。除此之外，社会规范中 SN2 题项"参加低碳宣传活动是件十分光荣的事"和 SN3 题项"乱丢垃圾的行为会受到周围人的谴责和排斥"的均值也高于 3 分，分别为 3.58 和 3.76。

由图 6-11 可知，22.42% 的被调查者完全同意"乱丢垃圾的行为会受到周围人的谴责和排斥"，43.58% 的被调查者比较同意上述观点。在面对社交货币的选项时，39.11%～47.71% 的被调查者呈现中立的态度。48.83% 的被调查者并不认同"据我观察，人们吃饭并不讲究排场"这一观点，同时，53.40% 的被调查者并不认同"据我观察，人们并没有过渡消费的现象"。

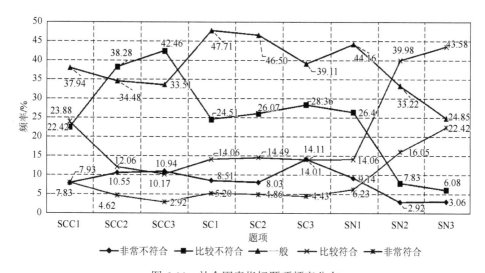

图 6-11　社会因素指标题项频率分布

二、中介变量的描述性分析

本书中的中介变量为效用体验感知，效用体验感知通过 5 个题项测量，各个题项分别是 UEP1 "'低碳'能让我掌握更多的知识和生活技巧"、UEP2 "'低碳'能给我带来非常强烈的精神愉悦感"、UEP3 "'低碳'能给我带来非常优越的行动体验"、UEP4 "'低碳'能给我带来非常大的经济节省"、UEP5 "'低碳'能给社会带来非常重要的环保意义"。效用体验感知的均值及各个题项的得分统计情况如表 6-38 和图 6-12 所示。

表 6-38　中介变量各题项的得分统计分析表

变量	均值	标准差	题项	N	均值	标准差
			UEP1	2 056	3.57	0.929 4
			UEP2	2 056	3.46	0.921 4
效用体验感知	3.52	0.785 04	UEP3	2 056	3.43	0.955 0
			UEP4	2 056	3.40	0.987 0
			UEP5	2 056	3.76	1.078 8

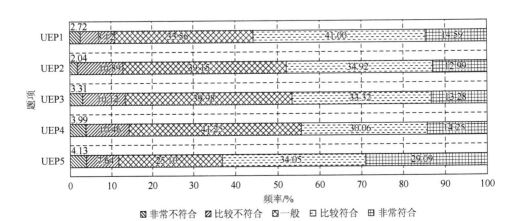

图 6-12　中介变量题项频率分布

由表 6-38 和图 6-12 可知，效用体验感知的均值为 3.52，处于较高的水平，这说明被调查者对碳能力的效用体验感知处于积极的感知水平。具体来看，题项 UEP5 的均值最高，说明城市居民更倾向于认为"低碳"能给社会带来非常重要的环保意义，其次是 UEP1，即"低碳"能让他们掌握更多的知识和生活技巧。

从所有题项的得分频率统计可知，29.09%非常同意"'低碳'能给社会带来非常重要的环保意义"，认可碳能力所带来的价值性感知体验。

三、情境变量的描述性分析

本书中的情境变量共 3 个：低碳选择成本、政策情境因素和技术情境因素。其中，低碳选择成本包括个人经济成本、习惯转化成本和行为实施成本，政策情境因素包括政策普及程度和政策执行效度，技术情境因素包括产品技术成熟度、产品易获得性和基础设施完备性。下面将针对各个变量分别进行描述性统计分析，结果如表 6-39 和图 6-13 所示。

表 6-39　各情境变量的均值

情境变量	二级指标	N	均值	标准差
低碳选择成本		2 056	3.10	0.591 84
	个人经济成本	2 056	3.31	0.657 35
	习惯转化成本	2 056	3.17	0.767 60
	行为实施成本	2 056	2.81	0.903 96
政策情境因素		2 056	2.70	0.757 05
	政策普及程度	2 056	2.66	0.815 78
	政策执行效度	2 056	2.73	0.837 57
技术情境因素		2 056	3.04	0.536 88
	产品技术成熟度	2 056	3.41	0.713 57
	产品易获得性	2 056	2.87	0.823 52
	基础设施完备性	2 056	2.85	0.654 85

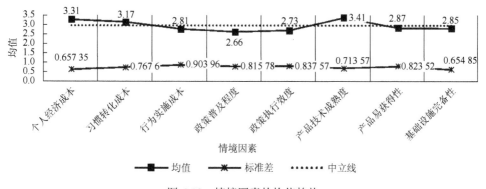

图 6-13　情境因素的均值趋势

　　由表 6-39 和图 6-13 可知，低碳选择成本和技术情境因素的均值均高于 3 分，分别为 3.10 和 3.04，而政策情境因素的均值最低，仅为 2.70。从具体的维度来看，低于 3 分的指标分别为行为实施成本（2.81）、政策普及程度（2.66）、政策执行效度（2.73）、产品易获得性（2.87）和基础设施完备性（2.85）。

　　具体来看，本书对个人经济成本的测量使用了 3 个题项，分别是 PEC1 "多数人认为实施低碳行为并不省钱"、PEC2 "购买低碳产品时，我更看重它的使用和维护成本"、PEC3 "与一般旅行相比，我觉得低碳旅行更加费钱"。对习惯转化成本的测量使用了 3 个题项，分别是 HCC1 "我觉得人们很难改变传统消费习惯"、HCC2 "低碳消费对我来说太难了，我更想坚持原来的生活习惯"。对行为实施成本的测量使用了 2 个题项，分别是 BIC1 "我觉得低碳非常麻烦"、BIC2 "我觉得低碳非常浪费时间"。

　　本书对政策普及程度的测量使用了 3 个题项，分别是 PEP1 "我对低碳相关的各种政策都十分了解"、PEP2 "我觉得低碳政策的宣传十分到位" 和 PEP3 "我在政府宣传中了解到了很多低碳政策"。对政策执行效度的测量使用了 3 个题项，分别是 EVP1 "据我所知，现行的低碳政策都已经得到了很好的贯彻和落实"、EVP2 "政策对居民低碳行为的引导很有成效" 和 EVP3 "政策对企事业单位低碳行为的引导很有成效"。对产品技术成熟度的测量使用了 4 个题项，分别是 TM1 "我是否购买低碳节能产品，完全取决于该产品技术是否成熟"、TM2 "我很在意低碳产品在使用过程中的技术稳定性"、TM3 "只有技术成熟的低碳产品才能给生活带来真正的实惠和好处" 和 TM4 "我觉得低碳产品的使用体验非常好"。对产品易获得性的测量使用了 2 个题项，分别是 FA1 "我可以便利地购买到各类低碳产品"、FA2 "据我所知，大家都可以方便地选购各类低碳产品"。对基础设施完备性的测量使用了 4 个题项，分别是 CPI1 "我可以在周围便利地找到垃圾回收设施"、CPI2 "我周围的很多小区都是基于低碳理念设计和装修的"、CPI3 "据我观察，公共自行车、充电桩等基础设施已经非常完善" 和 CPI4 "身边的设施比较落后，让我想低碳都无能为力"。均值分析分别如表 6-40 和图 6-14～图 6-16 所示。

表 6-40　情境因素各题项的得分统计分析表

变量		题项	N	均值	标准差
低碳选择成本	个人经济成本	PEC1	2 056	3.23	0.927 3
		PEC2	2 056	3.52	0.867 1
		PEC3	2 056	3.18	0.915 4
	习惯转化成本	HCC1	2 056	3.43	0.925 8
		HCC2	2 056	2.92	0.919 4
	行为实施成本	BIC1	2 056	2.84	0.964 0
		BIC2	2 056	2.78	0.982 7

续表

变量		题项	N	均值	标准差
政策情境因素	政策普及程度	PEP1	2 056	2.70	0.974 3
		PEP2	2 056	2.57	0.977 6
		PEP3	2 056	2.71	0.986 2
	政策执行效度	EVP1	2 056	2.64	0.985 2
		EVP2	2 056	2.73	0.959 2
		EVP3	2 056	2.84	0.966 8
技术情境因素	产品技术成熟度	TM1	2 055	3.31	0.935 5
		TM2	2 056	3.45	0.938 7
		TM3	2 056	3.61	0.957 3
		TM4	2 056	3.27	0.896 1
	产品易获得性	FA1	2 056	2.91	0.954 5
		FA2	2 056	2.82	0.929 8
	基础设施完备性	CPI1	2 056	2.98	1.082 0
		CPI2	2 056	2.75	1.007 3
		CPI3	2 056	2.86	1.030 8
		CPI4	2 056	2.81	1.010 0

注：TM1 题项存在 1 个缺失值，因此 $N = 2055$

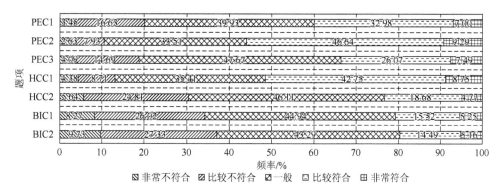

图 6-14　低碳选择成本指标题项频率分布

结合表 6-40 和图 6-14 可知，PEC2 "购买低碳产品时，我更看重它的使用和维护成本"的均值较高，为 3.52，且有 46.64% 的被调查者比较看重低碳产品的使用和维护成本，更有 9.29% 的被调查者非常看重低碳产品的使用和维护成本。有 39.98% 的被调查者认为实施低碳行为并不省钱，有 51.50% 的被调查者认为人们很难改变传统消费习惯。特别地，对于低碳行为的实施成本，超过 40%

的人并没有明确的态度，可见被调查者对于低碳行为的实施成本并没有明确的估计。

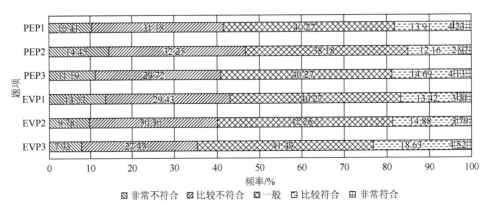

图 6-15　政策情境因素指标题项频率分布

由图 6-15 可知，38.18%～41.49%的被调查者对于政策普及程度和政策执行效度并没有明确的态度。有 13.91%的被调查者表示比较了解低碳相关的各种政策，仅有 4.23%的被调查者非常了解。同时，仅有 2.97%的被调查者觉得低碳政策的宣传十分到位，4.13%的被调查者表示在政府宣传中了解到了很多低碳政策。从政策执行效度来看，有 16.73%的被调查者认为现行的低碳政策都已经得到了较好的贯彻和落实。18.67%的被调查者认可政策对居民低碳行为的引导效果，而 23.15%的被调查者认可政策对企事业单位低碳行为的引导效果，可见，相对于政府对企事业单位低碳行为的引导，政策对居民低碳行为的引导成效稍弱。

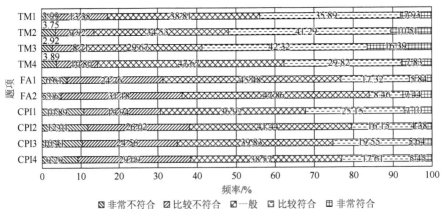

图 6-16　技术情境因素指标题项频率分布

由图 6-16 可知，51.80%的被调查者在意低碳产品在使用过程中的技术稳定性，同时有 58.71%的被调查者认为只有技术成熟的低碳产品才能给生活带来真正的实惠和好处，而认为低碳产品的使用体验非常好的个体仅占 7.83%。对低碳产品的易获得性而言，45.48%～47.86%的被调查者并没有明确的倾向性，仅有23.16%的被调查者表示可以便利地购买到各类低碳产品。20.53%的被调查者认为周围有很多小区是基于低碳理念设计和装修的，这向我们传递了一种积极的信息，低碳建筑和装修正在不断切入居民生活。有 38.38%的被调查者并不认为是由于身边的设施比较落后而导致自身的不低碳行为，关于基础设施与低碳行为的关系需进一步探讨。

第三节　城市居民碳能力与各驱动因素的相关性分析

一、"个体-组织-社会"因素与效用体验感知之间的相关性分析

本书首先对作为自变量的"个体-组织-社会"因素与作为中介变量的效用体验感知进行 Spearman 相关分析，其中自变量包括个体因素、组织因素和社会因素，个体因素包括舒适偏好和生态人格，生态人格通过生态理智性、生态宜人性、生态开放性、生态外倾性和生态责任心五个维度测量。组织因素包括组织碳价值观、组织制度规范和组织低碳氛围。社会因素包括社会消费文化、社交货币和社会规范。具体分析结果如表 6-41 所示。

由表 6-41 可知，"个体-组织-社会"因素均与效用体验感知显著相关，具体而言，舒适偏好、组织碳价值观、组织制度规范、组织低碳氛围、社交货币、社会规范、生态宜人性、生态开放性、生态外倾性和生态责任心与效用体验感知均呈显著正相关，即存在同向变化关系，前述各变量的正向增加会带来积极效用体验感知的显著增加，而社会消费文化和生态理智性与效用体验感知呈显著负相关，即存在反向变化关系，上述两种变量的正向增加会显著降低积极的效用体验感知。

二、"个体-组织-社会"因素与碳能力之间的相关性分析

本节对"个体-组织-社会"因素与城市居民碳能力进行 Spearman 相关性分析，具体分析结果如表 6-42 和表 6-43 所示。

对"个体-组织-社会"因素与城市居民碳能力进行 Spearman 相关性分析，具体分析结果如表 6-42 和表 6-43 所示。在表 6-42 和表 6-43 中，城市居民碳能力包括碳价值观、碳辨识能力、碳选择能力、碳行动能力和碳影响能力。

表 6-41 "个体-组织-社会"因素与效用体验感知的相关性分析结果

	舒适偏好	组织碳价值观	组织制度规范	组织低碳氛围	社会消费文化	社会货币	社会规范	生态理智性	生态宜人性	生态开放性	生态外倾性	生态责任心	效用体验感知
舒适偏好	1												
组织碳价值观	0.025	1											
组织制度规范	0.123**	0.556**	1										
组织低碳氛围	0.170**	0.478**	0.710**	1									
社会消费文化	-0.339**	-0.065*	-0.034	-0.049*	1								
社会货币	0.265**	0.242**	0.214**	0.284**	-0.244**	1							
社会规范	0.178**	0.225**	0.320**	0.338**	-0.237**	0.275**	1						
生态理智性	-0.079*	-0.127**	-0.174**	-0.149**	0.112**	-0.163**	-0.138**	1					
生态宜人性	-0.001	0.000	0.092**	0.107**	-0.050	-0.116**	0.139**	0.123**	1				
生态开放性	-0.010	-0.004	0.075**	0.104**	-0.050	-0.172**	0.139**	0.135**	0.705**	1			
生态外倾性	0.007	0.020	0.092**	0.128**	-0.038	-0.088*	0.169**	0.068**	0.602**	0.697**	1		
生态责任心	0.040	0.026	0.137**	0.164**	-0.078*	-0.075*	0.197**	0.032	0.528**	0.657**	0.644**	1	
效用体验感知	0.081**	0.223**	0.350**	0.370**	-0.181**	0.172**	0.645**	-0.162**	0.227**	0.232**	0.222**	0.245**	1

* 在 0.05 水平（双侧）上显著相关；

** 在 0.01 水平（双侧）上显著相关

表6-42　个体因素与碳能力的相关性分析结果

	舒适偏好	生态理智性	生态宜人性	生态开放性	生态外倾性	生态责任心	碳价值观	碳辨识能力	碳选择能力	碳行动能力	碳影响能力	碳能力
舒适偏好	1											
生态理智性	-0.079**	1										
生态宜人性	-0.001	0.123**	1									
生态开放性	-0.010	0.135**	0.705**	1								
生态外倾性	0.007	0.068**	0.602**	0.697**	1							
生态责任心	0.040	0.032	0.528**	0.657**	0.644**	1						
碳价值观	-0.114**	0.080**	0.197**	0.256**	0.235**	0.242**	1					
碳辨识能力	0.081**	-0.112**	0.021	-0.019	0.052*	0.055*	0.040	1				
碳选择能力	0.055*	-0.139**	0.153**	0.181**	0.216**	0.242**	0.006	0.225**	1			
碳行动能力	0.101**	-0.190**	0.212**	0.217**	0.263**	0.316**	0.083**	0.356**	0.456**	1		
碳影响能力	0.163**	-0.212**	0.053*	0.001	0.118**	0.163**	0.056*	0.351**	0.359**	0.464**	1	
碳能力	0.084**	-0.170**	0.204**	0.197**	0.275**	0.311**	0.375**	0.669**	0.654**	0.716**	0.680**	1

* 在 0.05 水平（双侧）上显著相关；

** 在 0.01 水平（双侧）上显著相关

表6-43 组织因素和社会因素与碳能力的相关分析结果

	组织碳价值观	组织制度规范	组织低碳氛围	社会消费文化	社会货币	社会规范	碳价值观	碳辨识能力	碳选择能力	碳行动能力	碳影响能力	碳能力
组织碳价值观	1											
组织制度规范	0.556**	1										
组织低碳氛围	0.478**	0.710**	1									
社会消费文化	-0.065*	-0.034	-0.049*	1								
社会货币	0.242**	0.214**	0.284**	-0.244**	1							
社会规范	0.225**	0.320**	0.338**	-0.237**	0.275**	1						
碳价值观	0.052*	0.091**	0.040	0.097**	-0.181**	0.015	1					
碳辨识能力	0.138**	0.183**	0.170**	-0.014	0.197**	0.124**	0.040	1				
碳选择能力	0.069**	0.175**	0.206**	-0.071**	0.189**	0.213**	0.006	0.225**	1			
碳行动能力	0.084**	0.208**	0.208**	-0.068**	0.149**	0.260**	0.083**	0.356**	0.456**	1		
碳影响能力	0.127**	0.211**	0.216**	-0.109**	0.294**	0.244**	0.056	0.351**	0.359**	0.464**	1	
碳能力	0.110**	0.271**	0.260**	-0.046	0.196**	0.249**	0.375**	0.669**	0.654**	0.716**	0.680**	1

* 在0.05水平（双侧）上显著相关；

** 在0.01水平（双侧）上显著相关

由表 6-42 和表 6-43 可知，碳价值观与生态人格各维度、组织碳价值观、组织制度规范、组织低碳氛围、社会消费文化和社会规范呈显著的正相关，与舒适偏好和社交货币呈现显著的负相关。碳辨识能力与舒适偏好、生态外倾性、生态责任心、组织因素各变量、社会规范和社交货币呈显著的正相关，而与生态理智性呈显著的负相关。碳选择能力与舒适偏好、生态宜人性、生态开放性、生态外倾性、生态责任心、组织因素各变量、社会规范和社交货币呈显著的正相关，而与生态理智性和社会消费文化呈显著的负相关。碳行动能力与舒适偏好、生态宜人性、生态开放性、生态外倾性、生态责任心、组织因素各变量、社会规范和社交货币呈显著的正相关，而与生态理智性和社会消费文化呈显著的负相关。碳影响能力与舒适偏好、生态宜人性、生态开放性、生态外倾性、生态责任心、组织因素各变量、社会规范和社交货币呈显著的正相关，而与生态理智性和社会消费文化呈显著的负相关。

三、效用体验感知与碳能力之间的相关性分析

本小节对效用体验感知与城市居民碳能力进行 Spearman 相关性分析，其中城市居民碳能力包括碳价值观、碳辨识能力、碳选择能力、碳行动能力和碳影响能力。具体分析结果如表 6-44 所示。

表 6-44 效用体验感知与碳能力的相关性分析结果

	效用体验感知	碳价值观	碳辨识能力	碳选择能力	碳行动能力	碳影响能力	碳能力
效用体验感知	1						
碳价值观	0.089**	1					
碳辨识能力	0.107**	0.040	1				
碳选择能力	0.202**	0.006	0.225**	1			
碳行动能力	0.274**	0.083**	0.356**	0.456**	1		
碳影响能力	0.137**	0.056*	0.351**	0.359**	0.464**	1	
碳能力	0.243**	0.375**	0.669**	0.654**	0.716**	0.680**	1

* 在 0.05 水平（双侧）上显著相关；

** 在 0.01 水平（双侧）上显著相关

由表 6-44 的相关性分析结果可知，效用体验感知与城市居民碳能力各个维度均呈现显著的正相关关系，即效用体验感知的积极效应会显著增加能力的提升率。

具体来看，效用体验感知与碳行动能力的相关度最高，其次是碳选择能力、碳影响能力和碳辨识能力，与碳价值观的相关度最低。

四、碳能力、效用体验感知与情境变量之间的相关性分析

本节对城市居民碳能力及效用体验感知与调节变量进行 Spearman 相关性分析，其中城市居民碳能力（CC）包括碳价值观、碳辨识能力、碳选择能力、碳行动能力和碳影响能力。调节变量包括低碳选择成本、政策情境因素和技术情境因素。低碳选择成本又包括个人经济成本、习惯转化成本和行为实施成本，政策情境因素包括政策普及程度和政策实施效度，技术情境因素包括产品技术成熟度、产品易获得性和基础设施完备性。具体分析结果分别如表 6-45～表 6-47所示。

表 6-45　碳能力、效用体验感知与低碳选择成本的相关性分析结果

	个人经济成本	习惯转化成本	行为实施成本	效用体验感知	碳价值观	碳辨识能力	碳选择能力	碳行动能力	碳影响能力	碳能力
个人经济成本	1									
习惯转化成本	0.436**	1								
行为实施成本	0.203**	0.456**	1							
效用体验感知	0.341**	0.146**	-0.135**	1						
碳价值观	-0.067**	-0.051*	-0.166**	0.089**	1					
碳辨识能力	-0.117**	-0.085**	-0.014	0.107**	0.040	1				
碳选择能力	-0.132**	-0.049*	-0.046*	0.202**	0.006	0.225**	1			
碳行动能力	-0.117**	-0.109**	-0.302**	0.274**	0.083**	0.356**	0.456**	1		
碳影响能力	-0.122**	-0.002	-0.001	0.137**	0.056	0.351**	0.359**	0.464**	1	
碳能力	-0.127**	-0.053*	-0.080**	0.243**	0.375**	0.669**	0.654**	0.716**	0.680**	1

＊ 在 0.05 水平（双侧）上显著相关；

＊＊ 在 0.01 水平（双侧）上显著相关

表 6-46　碳能力、效用体验感知与政策情境因素的相关性分析结果

	政策普及程度	政策实施效度	效用体验感知	碳价值观	碳辨识能力	碳选择能力	碳行动能力	碳影响能力	碳能力
政策普及程度	1								
政策实施效度	0.677**	1							
效用体验感知	0.191**	0.196**	1						
碳价值观	0.048*	0.059**	0.089**	1					
碳辨识能力	0.187**	0.181**	0.107**	0.04	1				
碳选择能力	0.125**	0.129**	0.202**	0.006	0.225**	1			
碳行动能力	0.186**	0.163**	0.274**	0.083**	0.356**	0.456**	1		
碳影响能力	0.212**	0.182**	0.137**	0.056*	0.351**	0.359**	0.464**	1	
碳能力	0.202**	0.182**	0.243**	0.375**	0.669**	0.654**	0.716**	0.680**	1

* 在 0.05 水平（双侧）上显著相关；

** 在 0.01 水平（双侧）上显著相关

表 6-47　碳能力、效用体验感知与技术情境因素的相关性分析结果

	产品技术成熟度	产品易获得性	基础设施完备性	效用体验感知	碳价值观	碳辨识能力	碳选择能力	碳行动能力	碳影响能力	碳能力
产品技术成熟度	1									
产品易获得性	0.252**	1								
基础设施完备性	0.203**	0.456**	1							
效用体验感知	0.425**	0.211**	0.168**	1						
碳价值观	0.046*	−0.054*	−0.012*	0.089**	1					
碳辨识能力	0.061**	0.152**	0.157**	0.107**	0.040	1				
碳选择能力	0.151**	0.168**	0.158**	0.202**	0.006	0.225**	1			
碳行动能力	0.198**	0.150**	0.142**	0.274**	0.083**	0.356**	0.456**	1		
碳影响能力	0.072**	0.205**	0.172**	0.137**	0.056*	0.351**	0.359**	0.464**	1	
碳能力	0.159**	0.193**	0.192**	0.243**	0.375**	0.669**	0.654**	0.716**	0.680**	1

* 在 0.05 水平（双侧）上显著相关；

** 在 0.01 水平（双侧）上显著相关

由表 6-45 可知，碳能力及各个维度均与个人经济成本呈现出显著的负相关关系。除碳影响能力之外，习惯转化成本与碳能力、碳价值观、碳辨识能力、碳选择能力及碳行动能力均呈现显著的负相关关系。行为实施成本与碳能力、碳价值观、碳选择能力、碳行动能力均呈现显著的负相关关系，而与碳辨识和碳影响能力并无显著的相关关系。

由表 6-46 可知，碳价值观、碳辨识能力、碳选择能力、碳行动能力和碳影响能力与政策普及程度和政策执行效度均呈现显著的正相关关系。具体来看，相对于其他维度，碳价值观与政策普及程度和政策执行效度的相关度较弱，这说明普通的政策普及和执行并不能深入快速地触及居民碳价值观的塑造和发展。

由表 6-47 可知，碳辨识能力、碳选择能力、碳行动能力和碳影响能力与产品技术成熟度、产品易获得性和基础设施完备性均呈显著的正相关关系，而碳价值观则仅与产品技术成熟度呈现显著的正相关关系，而与产品易获得性和基础设施完备性呈现显著的负相关关系。

第四节　效用体验感知的中介效应分析及假设检验

在本书理论模型的构建过程中，将效用体验感知设定为中介变量，将"个体-组织-社会"因素作为自变量，将碳能力及各维度（碳价值观、碳辨识能力、碳选择能力、碳行动能力和碳影响能力）设定为因变量，并将三者的路径关系设定为"个体-组织-社会"因素通过效用体验感知作用于碳能力。本书采用结构方程模型来检验效用体验感知的中介效应，主要检验步骤为：分别逐步检验自变量——"个体-组织-社会"因素作用于因变量——碳能力的路径系数是否显著、自变量——"个体-组织-社会"因素作用于中介变量——效用体验感知的路径系数是否显著、中介变量——效用体验感知作用于因变量——碳能力的路径系数是否显著，如果路径系数检验结果为显著则进行下一步，否则终止检验分析，在前述三个步骤的检验结果均为显著的前提下，进一步检验"个体-组织-社会"因素同时作用于效用体验感知和因变量——碳能力的路径系数。中介效应的判定在前述四个步骤完成之后进行，如果中介变量作用于因变量的效应显著，自变量作用于中介变量的效应显著，但自变量作用于因变量的效应变为不显著，则存在完全中介效应；如果中介变量作用于因变量的效应显著，自变量作用于中介变量的效应显著，自变量作用于因变量的效应仍显著，但比前述第三步中的路径系数有所降低，则存在部分中介效应。

Mplus 是一款功能较强的多元统计分析软件，其可以综合数个潜变量分析方法于一个统一的潜变量分析框架内。其不仅能够运行传统的结构方程模型，还可以处理较为复杂的多层数据（multilevel data）、不完整数据（incomplete data）等数据。因此，本书选择 Mplus 作为结构方程模型的分析工具[267]。为提高模型拟合结论的准确性，通常应用多种拟合指数来判断模型的拟合优度[267]，在实际研究中，通常要报告模型的卡方值、比较拟合优度指数（comparative fit index，CFI）、Tucker Lewis 指数（Tucker Lewis index，TLI）、近似误差均方根（root mean square error of approximation，RMSEA）、RMSEA 的 90%置信区间及精确拟合的 p 值、标化残差均方根（standardized root mean square residual，SRMR），当卡方值较小、CFI 和 TLI 越接近 1 越好（大于 0.80 尚可接受，大于 0.90 为佳）、RMSEA 小于 0.08、RMSEA 的 90%置信区间上限小于 0.08、SRMR 小于 0.08 时，则模型拟合较好。

一、"个体-组织-社会"因素作用于碳能力的效应检验

运用 Mplus7.4 软件对自变量（"个体-组织-社会"因素）作用于因变量（城市居民碳能力）的效应进行检验，所用命令语言见附录 4 Mplus Syntax 1。城市居民碳能力包括五个维度（碳价值观、碳辨识能力、碳选择能力、碳行动能力和碳影响能力），因此将自变量作用于各个维度的效应进行分别检验。

（一）"个体-组织-社会"因素作用于价值观的效应检验

"个体-组织-社会"因素作用于价值观的效应检验结果如表 6-48 和表 6-49 所示，模型拟合指数结果（表 6-48）表明，该模型的拟合指数均达到可接受水平。

表 6-48　自变量作用于碳价值观的模型拟合优度指数

模型拟合的卡方检验		RMSEA	
检验值	7344.044	估计值	0.060
df	867	90%置信区间	0.059～0.062
p 值	0.0000	精确拟合值小于等于 0.05 的概率	0.862

注：CFI = 0.817；TLI = 0.894；SRMR = 0.068

表 6-49　自变量作用于碳价值观的路径系数

	效应值	标准误	估计值与标准误的比	双侧检验 p 值
舒适偏好→碳价值观	−0.095	0.029	−3.330	0.001
生态理智性→碳价值观	0.030	0.035	0.847	0.397
生态宜人性→碳价值观	0.081	0.028	2.933	0.003

	效应值	标准误	估计值与标准误的比	双侧检验 p 值
生态开放性→碳价值观	0.575	0.178	3.224	0.001
生态外倾性→碳价值观	0.020	0.126	0.160	0.873
生态责任心→碳价值观	0.106	0.034	3.076	0.002
组织碳价值观→碳价值观	0.170	0.041	4.128	0.000
组织制度规范→碳价值观	0.354	0.098	3.609	0.000
组织低碳氛围→碳价值观	0.288	0.085	3.388	0.001
社会消费文化→碳价值观	0.627	0.131	4.786	0.000
社会规范→碳价值观	0.143	0.041	3.492	0.000
社会货币→碳价值观	0.050	0.067	0.751	0.453

如表 6-49 所示，舒适偏好、生态宜人性、生态开放性、生态责任心、组织碳价值观、组织制度规范、组织低碳氛围、社会消费文化和社会规范的标准化估计值均显著（$p<0.05$），而生态理智性、生态外倾性和社交货币的标准化估计值均不显著。因此，在后续的中介效应检验中，路径系数为不显著的作用路径（生态理智性作用于城市居民碳价值观、生态外倾性作用于城市居民碳价值观、社交货币作用于城市居民碳价值观）将不再考虑。

（二）"个体-组织-社会"因素作用于碳辨识能力的效应检验

"个体-组织-社会"因素作用于碳辨识能力的效应检验结果如表 6-50 和表 6-51 所示，模型拟合指数结果（表 6-50）表明，模型的拟合指数均达到可接受水平。

表 6-50 自变量作用于碳辨识能力的模型拟合优度指数

模型拟合的卡方检验		RMSEA	
检验值	8500.905	估计值	0.057
df	1097	90%置信区间	0.056～0.059
p 值	0.0000	精确拟合值小于等于 0.05 的概率	0.923

注：CFI = 0.807；TLI = 0.784；SRMR = 0.067。

表 6-51 自变量作用于碳辨识能力的路径系数

	效应值	标准误	估计值与标准误的比	双侧检验 p 值
舒适偏好→碳辨识能力	−0.001	0.011	−0.097	0.923

续表

	效应值	标准误	估计值与标准误的比	双侧检验 p 值
生态理智性→碳辨识能力	−0.048	0.016	−2.995	0.003
生态宜人性→碳辨识能力	0.108	0.072	1.494	0.135
生态开放性→碳辨识能力	−0.246	0.082	−3.008	0.003
生态外倾性→碳辨识能力	0.062	0.051	1.216	0.224
生态责任心→碳辨识能力	0.185	0.056	3.327	0.001
组织碳价值观→碳辨识能力	0.004	0.016	0.257	0.797
组织制度规范→碳辨识能力	0.090	0.040	2.266	0.023
组织低碳氛围→碳辨识能力	−0.058	0.034	−1.694	0.090
社会消费文化→碳辨识能力	0.072	0.027	2.677	0.007
社会规范→碳辨识能力	0.086	0.022	3.978	0.000
社会货币→碳辨识能力	0.012	0.027	0.464	0.642

　　如表 6-51 所示，生态理智性、生态开放性、生态责任心、组织制度规范、社会消费文化和社会规范的标准化估计值均显著（$p<0.05$），而舒适偏好、生态宜人性、生态外倾性、组织碳价值观、组织低碳氛围和社交货币的标准化估计值均不显著（$p>0.05$）。因此，在后续的中介效应检验中，路径系数为不显著的作用路径（舒适偏好作用于碳辨识能力、生态宜人性作用于碳辨识能力、生态外倾性作用于碳辨识能力、组织碳价值观作用于碳辨识能力、组织低碳氛围作用于碳辨识能力、社交货币作用于碳辨识能力）将不再考虑。

（三）"个体-组织-社会"因素作用于碳选择能力的效应检验

　　"个体-组织-社会"因素作用于碳选择能力的效应检验结果如表 6-52 和表 6-53 所示，模型拟合指数结果（表 6-52）表明，模型的拟合指数均达到可接受水平。

表 6-52　自变量作用于碳选择能力的模型拟合优度指数

模型拟合的卡方检验		RMSEA	
检验值	7734.268	估计值	0.059
df	956	90%置信区间	0.058~0.060
p 值	0.0000	精确拟合值小于等于 0.05 的概率	0.897

注：CFI = 0.915；TLI = 0.930；SRMR = 0.067

表 6-53　自变量作用于碳选择能力量的路径系数

	效应值	标准误	估计值与标准误的比	双侧检验 p 值
舒适偏好→碳选择能力	−0.067	0.029	−2.338	0.019
生态理智性→碳选择能力	−0.122	0.035	−3.447	0.001
生态宜人性→碳选择能力	0.225	0.168	1.339	0.181
生态开放性→碳选择能力	0.139	0.167	0.829	0.407
生态外倾性→碳选择能力	0.051	0.129	0.396	0.692
生态责任心→碳选择能力	0.327	0.116	2.806	0.005
组织碳价值观→碳选择能力	0.154	0.040	3.813	0.000
组织制度规范→碳选择能力	0.032	0.013	2.476	0.013
组织低碳氛围→碳选择能力	0.068	0.084	0.808	0.419
社会消费文化→碳选择能力	0.019	0.009	−2.022	0.043
社会规范→碳选择能力	0.201	0.042	4.849	0.000
社会货币→碳选择能力	0.144	0.069	2.091	0.037

如表 6-53 所示，舒适偏好、生态理智性、生态责任心、组织碳价值观、组织制度规范、社会消费文化、社会规范和社交货币的标准化估计值均显著（$p<0.05$），而生态宜人性、生态开放性、生态外倾性和组织低碳氛围的标准化估计值均不显著（$p>0.05$）。因此，在后续的中介效应检验中，路径系数为不显著的作用路径（生态宜人性作用于碳选择能力、生态开放性作用于碳选择能力、生态外倾性作用于碳选择能力、组织低碳氛围作用于碳选择能力）将不再考虑。

（四）"个体-组织-社会"因素作用于碳行动能力的效应检验

"个体-组织-社会"因素作用于碳行动能力的效应检验结果如表 6-54 和表 6-55 所示，模型拟合指数结果（表 6-54）表明，模型的各个拟合指数均达到可接受水平。

表 6-54　自变量作用于碳行动能力的模型拟合优度指数

模型拟合的卡方检验		RMSEA	
检验值	10 336.526	估计值	0.060
df	1 247	90%置信区间	0.059～0.061
p 值	0.000 0	精确拟合值小于等于 0.05 的概率	0.965

注：CFI = 0.923；TLI = 0.849；SRMR = 0.072

表 6-55 自变量作用于碳行动能力的路径系数

	效应值	标准误	估计值与标准误的比	双侧检验 p 值
舒适偏好→碳行动能力	−0.129	0.025	−5.241	0.000
生态理智性→碳行动能力	0.160	0.028	5.786	0.000
生态宜人性→碳行动能力	0.092	0.038	2.455	0.014
生态开放性→碳行动能力	0.017	0.006	2.620	0.009
生态外倾性→碳行动能力	0.346	0.071	4.873	0.000
生态责任心→碳行动能力	0.399	0.090	4.416	0.000
组织碳价值观→碳行动能力	0.081	0.030	2.686	0.007
组织制度规范→碳行动能力	0.215	0.042	5.092	0.000
组织低碳氛围→碳行动能力	0.222	0.025	8.705	0.000
社会消费文化→碳行动能力	0.104	0.046	2.249	0.025
社会规范→碳行动能力	0.074	0.031	2.404	0.016
社会货币→碳行动能力	0.222	0.054	4.129	0.000

如表 6-55 所示，舒适偏好、生态理智性、生态宜人性、生态开放性、生态外倾性、生态责任心、组织碳价值观、组织制度规范、组织低碳氛围、社会消费文化、社会规范和社交货币的标准化估计值均显著（$p<0.05$）。总体来看，"个体-组织-社会"因素均对碳行动能力有显著影响。

（五）"个体-组织-社会"因素作用于碳影响能力的效应检验

"个体-组织-社会"因素作用于碳影响能力的效应检验结果如表 6-56 和表 6-57所示，模型拟合指数结果（表 6-57）表明，各拟合指数均达到可接受水平。

表 6-56 自变量作用于碳影响能力的模型拟合优度指数

模型拟合的卡方检验		RMSEA	
检验值	7220.050	估计值	0.062
df	824	90%置信区间	0.060～0.063
p 值	0.0000	精确拟合值小于等于 0.05 的概率	0.998

注：CFI = 0.919；TLI = 0.893；SRMR = 0.068

表 6-57　自变量作用于碳影响能力的路径系数

	效应值	标准误	估计值与标准误的比	双侧检验 p 值
舒适偏好→碳影响能力	0.041	0.028	1.436	0.151
生态理智性→碳影响能力	0.164	0.035	4.646	0.000
生态宜人性→碳影响能力	0.372	0.176	2.108	0.035
生态开放性→碳影响能力	−0.564	0.177	−3.178	0.001
生态外倾性→碳影响能力	0.032	0.127	0.249	0.803
生态责任心→碳影响能力	0.643	0.124	5.194	0.000
组织碳价值观→碳影响能力	0.023	0.039	0.579	0.562
组织制度规范→碳影响能力	0.352	0.094	3.759	0.000
组织低碳氛围→碳影响能力	0.274	0.085	3.235	0.001
社会消费文化→碳影响能力	0.140	0.061	2.314	0.021
社会规范→碳影响能力	0.134	0.041	3.306	0.001
社会货币→碳影响能力	0.151	0.068	2.214	0.027

如表 6-57 所示，生态理智性、生态宜人性、生态开放性、生态责任心、组织制度规范、组织低碳氛围、社会消费文化、社会规范和社交货币的标准化估计值均显著（$p<0.05$）。而舒适偏好、生态外倾性和组织碳价值观的标准化估计值均不显著（$p>0.05$）。因此，在后续的中介效应检验中，路径系数为不显著的作用路径（舒适偏好作用于碳影响能力、生态外倾性作用于碳影响能力、组织碳价值观作用于碳影响能力）将不再考虑。

（六）"个体-组织-社会"因素作用于碳能力总体的效应检验

"个体-组织-社会"因素作用于碳影响能力的效应检验结果如表 6-58 和表 6-59 所示，模型拟合指数结果（表 6-58）表明，拟合指数均达到可接受水平。

表 6-58　自变量作用于碳能力的模型拟合优度指数

模型拟合的卡方检验		RMSEA	
检验值	8931.339	估计值	0.061
df	1049	90%置信区间	0.059~0.062
p 值	0.0000	精确拟合值小于等于0.05的概率	1.000

注：CFI = 0.904；TLI = 0.880；SRMR = 0.072

表 6-59 自变量作用于碳能力的路径系数

	效应值	标准误	估计值与 标准误的比	双侧检验 p 值
舒适偏好→碳能力	−0.036	0.012	−2.916	0.004
生态理智性→碳能力	0.112	0.021	5.392	0.000
生态宜人性→碳能力	0.249	0.104	2.389	0.017
生态开放性→碳能力	−0.360	0.105	−3.432	0.001
生态外倾性→碳能力	0.043	0.071	0.606	0.545
生态责任心→碳能力	0.346	0.071	4.873	0.000
组织碳价值观→碳能力	0.185	0.054	3.454	0.001
组织制度规范→碳能力	0.042	0.022	1.895	0.058
组织低碳氛围→碳能力	0.104	0.047	2.187	0.029
社会消费文化→碳能力	0.106	0.035	3.058	0.002
社会规范→碳能力	0.097	0.024	4.119	0.000
社会货币→碳能力	0.092	0.038	2.455	0.014

如表 6-59 所示，舒适偏好、生态理智性、生态宜人性、生态开放性、生态责任心、组织碳价值观、组织低碳氛围、社会消费文化、社会规范和社交货币的标准化估计值均显著（$p<0.05$）。而生态外倾性和组织制度规范的标准化估计值均不显著（$p>0.05$）。因此，在后续的中介效应检验中，路径系数为不显著的作用路径（生态外倾性作用于碳能力、组织制度规范作用于碳能力）将不再考虑。

二、"个体-组织-社会"因素作用于效用体验感知的效应检验

运用 Mplus7.4 软件对自变量（"个体-组织-社会"因素）作用于中介变量（效用体验感知）的效应进行检验，所用命令语言见附录 4（Mplus Syntax 2）。"个体-组织-社会"因素作用于效用体验感知的效应检验结果如表 6-60 和表 6-61 所示，模型拟合指数结果（表 6-60）表明，模型的拟合指数均达到可接受水平。

表 6-60 自变量作用于中介变量的模型拟合优度指数

模型拟合的卡方检验		RMSEA	
检验值	8304.389	估计值	0.063
df	911	90%置信区间	0.062~0.064
p 值	0.0000	精确拟合值小于等于 0.05 的概率	0.973

注：CFI = 0.918；TLI = 0.923；SRMR = 0.068

表 6-61 自变量作用于中介变量的路径系数

	效应值	标准误	估计值与标准误的比	双侧检验 p 值
舒适偏好→效用体验感知	−0.079	0.027	−2.945	0.003
生态理智性→效用体验感知	−0.099	0.033	−3.027	0.002
生态宜人性→效用体验感知	0.113	0.054	2.082	0.000
生态开放性→效用体验感知	0.118	0.152	0.775	0.001
生态外倾性→效用体验感知	0.185	0.073	2.546	0.000
生态责任心→效用体验感知	0.046	0.019	2.438	0.016
组织碳价值观→效用体验感知	0.060	0.023	2.628	0.103
组织制度规范→效用体验感知	0.082	0.087	0.945	0.344
组织低碳氛围→效用体验感知	0.012	0.006	2.154	0.018
社会消费文化→效用体验感知	0.110	0.039	2.809	0.023
社会规范→效用体验感知	1.603	0.127	12.575	0.000
社会货币→效用体验感知	0.028	0.041	0.687	0.492

如表 6-61 所示，舒适偏好、生态理智性、生态宜人性、生态开放性、生态外倾性、生态责任心、组织低碳氛围、社会消费文化和社会规范的标准化估计值均显著（$p<0.05$）。组织制度规范和社交货币的标准化估计值均不显著（$p>0.05$）。因此，在后续的中介效应检验中，路径系数为不显著的作用路径（组织制度规范和社交货币作用于效用体验感知）将不再考虑。

三、效用体验感知作用于碳能力的效应检验

运用 Mplus7.4 软件对中介变量（效用体验感知）作用于因变量（碳能力）的效应进行检验，所用命令语言见附录 4（Mplus Syntax 3）。

城市居民碳能力包括五个维度（碳价值观、碳辨识能力、碳选择能力、碳行动能力和碳影响能力），因此将中介变量作用于各个维度的效应分别进行检验。换言之，要分别检验效用体验感知作用于碳价值观、效用体验感知作用于碳辨识能力、效用体验感知作用于碳选择能力、效用体验感知作用碳行动能力和效用体验感知作用于碳影响能力的路径是否显著。

效用体验感知作用于城市居民碳能力及其各维度的效应检验结果如表 6-62 和表 6-63 所示，模型拟合指数结果（表 6-62）表明，模型的拟合指数均达到可接受水平。

表 6-62 中介变量作用于因变量的模型拟合优度指数

因变量	模型拟合的卡方检验			RMSEA			CFI	TLI	SRMR
	检验值	df	p 值	估计值	90%置信区间	精确拟合值小于等于0.05的概率			
碳价值观	256.704	26	0.000	0.066	0.059～0.073	0.999	0.963	0.949	0.035
碳辨识能力	1009.456	76	0.000	0.077	0.073～0.082	0.862	0.896	0.906	0.063
碳选择能力	372.310	43	0.000	0.061	0.055～0.067	0.999	0.955	0.943	0.034
碳行动能力	2093.296	118	0.000	0.090	0.087～0.094	0.975	0.902	0.912	0.071
碳影响能力	224.012	19	0.000	0.072	0.064～0.081	0.899	0.967	0.952	0.026
碳能力	1039.846	64	0.000	0.086	0.082～0.091	0.791	0.905	0.894	0.052

表 6-63 中介变量作用于因变量的路径系数

	效应值	标准误	估计值与标准误的比	双侧检验 p 值
效用体验感知→碳价值观	0.156	0.026	6.047	0.000
效用体验感知→碳辨识能力	0.056	0.013	4.227	0.000
效用体验感知→碳选择能力	0.210	0.026	8.109	0.000
效用体验感知→碳行动能力	0.245	0.023	10.891	0.000
效用体验感知→碳影响能力	0.188	0.023	8.181	0.000
效用体验感知→碳能力	0.143	0.016	8.838	0.000

如表 6-63 所示，效用体验感知作用于碳价值观、碳辨识能力、碳选择能力、碳行动能力、碳影响能力和碳能力的标准化估计值均显著（$p = 0.000 < 0.05$），且均为正值，即表现为正向促进的影响作用。

四、"个体-组织-社会"因素、效用体验感知与碳能力的全模型检验

在逐步完成自变量（"个体-组织-社会"因素）作用于因变量（城市居民碳能力）、自变量作用于中介变量（效用体验感知）和中介变量作用于因变量的路径检验之后，对自变量同时作用于中介变量和因变的效应进行检验，即构建包含自变量、中介变量和因变量的结构方程全模型。在前三步的路径检验中，检验结果为不显著的路径在此全模型中将不予考虑。

针对此模型，所用命令语言见附录 4（Mplus Syntax 4）。Mplus7.4 输出的模

型拟合指数及标准化估计值如表 6-64 和表 6-65 所示。由表 6-64 可知，各模型的
拟合指数达到可接受水平。

表 6-64　结构方程全模型的模型拟合优度指数

因变量	模型拟合的卡方检验			RMSEA			CFI	TLI	SRMR
	检验值	df	p 值	估计值	90% 置信区间	精确拟合值小于等于 0.05 的概率			
碳价值观	6358.435	1085	0.000	0.049	0.048～0.050	0.972	0.813	0888	0.066
碳辨识能力	7601.103	1340	0.000	0.048	0.047～0.049	1.000	0.811	0.891	0.065
碳选择能力	6760.159	1184	0.000	0.048	0.047～0.049	0.999	0.819	0.898	0.065
碳行动能力	9032.428	1505	0.000	0.049	0.048～0.050	0.862	0.882	0.860	0.069
碳影响能力	6248.133	1037	0.000	0.049	0.048～0.051	0.761	0.823	0.899	0.066
碳能力	7773.912	1287	0.000	0.050	0.049～0.051	0.719	0.808	0.896	0.069

表 6-65　中介效应的检验结果

作用路径	间接效应		直接效应		中介效应检验结果
	效应值	双侧检验 p 值	效应值	双侧检验 p 值	
舒适偏好→碳价值观	−0.197	0.015	−0.081	0.008	部分中介效应
生态宜人性→碳价值观	0.011	0.017	0.169	0.023	部分中介效应
生态开放性→碳价值观	0.032	0.017	0.311	0.024	部分中介效应
生态责任心→碳价值观	0.461	0.025	0.211	0.039	部分中介效应
组织碳价值观→碳价值观	0.197	0.000	0.075	0.151	完全中介效应
组织低碳氛围→碳价值观	0.100	0.015	−0.030	0.780	完全中介效应
社会消费文化→碳价值观	0.143	0.000	0.119	0.014	部分中介效应
社会规范→碳价值观	0.109	0.000	0.046	0.044	部分中介效应
生态理智性→碳辨识能力	−0.079	0.006	−0.081	0.004	部分中介效应
生态开放性→碳辨识能力	0.110	0.048	0.120	0.047	部分中介效应
生态责任心→碳辨识能力	0.093	0.014	0.036	0.017	部分中介效应
社会消费文化→碳辨识能力	0.030	0.042	0.161	0.002	部分中介效应
社会规范→碳辨识能力	0.108	0.034	0.130	0.001	部分中介效应
舒适偏好→碳选择能力	−0.076	0.008	−0.022	0.899	完全中介效应
生态理智性→碳选择能力	−0.126	0.000	−0.099	0.004	部分中介效应

续表

作用路径	间接效应		直接效应		中介效应检验结果
	效应值	双侧检验 p 值	效应值	双侧检验 p 值	
生态责任心→碳选择能力	0.587	0.000	0.024	0.843	完全中介效应
组织碳价值观→碳选择能力	0.105	0.003	−0.058	0.023	部分中介效应
社会消费文化→碳选择能力	0.084	0.035	0.105	0.017	部分中介效应
社会规范→碳选择能力	0.058	0.016	0.026	0.037	部分中介效应
舒适偏好→碳行动能力	−0.078	0.006	−0.084	0.456	完全中介效应
生态理智性→碳行动能力	0.116	0.000	0.100	0.004	部分中介效应
生态宜人性→碳行动能力	0.013	0.046	0.001	0.047	部分中介效应
生态开放性→碳行动能力	0.147	0.000	0.129	0.045	部分中介效应
生态外倾性→碳行动能力	0.588	0.000	0.176	0.016	部分中介效应
生态责任心→碳行动能力	0.060	0.047	0.036	0.760	完全中介效应
组织碳价值观→碳行动能力	0.078	0.029	0.060	0.203	完全中介效应
组织低碳氛围→碳行动能力	0.018	0.001	0.013	0.888	完全中介效应
社会消费文化→碳行动能力	0.121	0.000	0.105	0.114	完全中介效应
社会规范→碳行动能力	0.073	0.011	0.028	0.594	完全中介效应
生态理智性→碳影响能力	−0.119	0.000	−0.102	0.003	部分中介效应
生态宜人性→碳影响能力	0.061	0.029	0.044	0.035	部分中介效应
生态开放性→碳影响能力	0.170	0.011	0.179	0.013	部分中介效应
生态责任心→碳影响能力	0.583	0.000	0.303	0.980	完全中介效应
组织低碳氛围→碳影响能力	0.044	0.019	0.030	0.747	完全中介效应
社会消费文化→碳影响能力	0.245	0.000	0.100	0.130	完全中介效应
社会规范→碳影响能力	0.119	0.013	0.030	0.568	完全中介效应
舒适偏好→碳能力	−0.077	0.008	0.170	0.145	完全中介效应
生态理智性→碳能力	−0.101	0.003	−0.171	0.180	完全中介效应
生态宜人性→碳能力	0.112	0.001	0.075	0.013	部分中介效应
生态开放性→碳能力	0.173	0.001	0.065	0.028	部分中介效应
生态责任心→碳能力	0.201	0.000	0.106	0.959	完全中介效应
组织碳价值观→碳能力	0.079	0.034	−0.063	0.186	完全中介效应
组织低碳氛围→碳能力	0.103	0.003	0.022	0.814	完全中介效应
社会消费文化→碳能力	0.115	0.001	0.099	0.137	完全中介效应
社会规范→碳能力	0.570	0.000	0.129	0.584	完全中介效应

如表 6-65 所示，中介效应结构方程全模型检验结果如下所述。

（1）组织碳价值观和组织低碳氛围完全通过效用体验感知作用于碳价值观，而舒适偏好、生态宜人性、生态开放性、生态责任心、社会消费文化和社会规范则不完全通过效用体验感知作用于碳价值观，即部分通过效用体验感知作用于碳价值观，部分直接作用于碳价值观。

（2）生态理智性、生态开放性、生态责任心、社会消费文化和社会规范不完全通过效用体验感知作用于碳辨识能力，即部分通过效用体验感知作用于碳辨识能力，部分直接作用于碳辨识能力。

（3）舒适偏好和生态责任心完全通过效用体验感知作用于碳选择能力，而生态理智性、组织碳价值观、社会消费文化和社会规范则不完全通过效用体验感知作用于碳选择能力。

（4）舒适偏好、生态责任心、组织碳价值观、组织低碳氛围、社会消费文化和社会规范完全通过效用体验感知作用于碳行动能力，而生态理智性、生态宜人性、生态开放性和生态外倾性则不完全通过效用体验感知作用于碳行动能力，即部分通过效用体验感知作用于碳行动能力，部分直接作用于碳行动能力。

（5）生态责任心、组织低碳氛围、社会消费文化和社会规范完全通过效用体验感知作用于碳影响能力，而生态理智性、生态宜人性和生态开放性则不完全通过效用体验感知作用于碳影响能力，即部分通过效用体验感知作用于碳影响能力，部分直接作用于碳影响能力。

（6）舒适偏好、生态理智性、生态责任心、组织碳价值观、组织低碳氛围、社会消费文化和社会规范完全通过效用体验感知作用于碳能力，而生态宜人性和生态开放性则不完全通过效用体验感知作用于碳能力，即部分通过效用体验感知作用于碳能力，部分直接作用于碳能力。

五、"个体-组织-社会"因素、效用体验感知与碳能力的关系假设检验

根据上述实证结果，下面分别对前文提出的"个体-组织-社会"因素、效用体验感知与碳能力关系的相关假设进行检验。

（一）效用体验感知与城市居民碳能力的关系假设

H1：效用体验感知对城市居民碳能力存在显著的正向影响。据前文数据分析结果可知，效用体验感知对城市居民碳能力存在显著正向影响，效应值为 0.143（$p < 0.001$），此检验结果与模型中关系假设一致，假设 H1 成立。

H1a：效用体验感知对城市居民碳价值观有显著的正向影响。据前文数据分

析结果可知，效用体验感知对城市居民碳价值观存在显著的正向影响，效应值为 0.156（$p<0.001$），此检验结果与模型中关系假设一致，假设 H1a 成立。

H1b：效用体验感知对城市居民碳辨识能力有显著的正向影响。据前文数据分析结果可知，效用体验感知对城市居民碳辨识能力存在显著的正向影响，效应值为 0.056（$p<0.001$），此检验结果与模型中关系假设一致，假设 H1b 成立。

H1c：效用体验感知对城市居民碳选择能力有显著的正向影响。据前文数据分析结果可知，效用体验感知对城市居民碳选择能力存在显著的正向影响，效应值为 0.210（$p<0.001$），此检验结果与模型中关系假设一致，假设 H1c 成立。

H1d：效用体验感知对城市居民碳行动能力有显著的正向影响。据前文数据分析结果可知，效用体验感知对城市居民碳行动能力存在显著的正向影响，效应值为 0.245（$p<0.001$），此检验结果与模型中关系假设一致，假设 H1d 成立。

H1e：效用体验感知对城市居民碳影响能力有显著的正向影响。据前文数据分析结果可知，效用体验感知对城市居民碳影响能力存在显著的正向影响，效应值为 0.188（$p<0.001$），此检验结果与模型中关系假设一致，假设 H1e 成立。

综上所述，假设检验结果见表 6-66。

表 6-66　效用体验感知与城市居民碳能力关系假设验证

序号	研究假设	验证结论
H1	效用体验感知对城市居民碳能力存在显著的正向影响	成立
H1a	效用体验感知对城市居民碳价值观有显著的正向影响	成立
H1b	效用体验感知对城市居民碳辨识能力有显著的正向影响	成立
H1c	效用体验感知对城市居民碳选择能力有显著的正向影响	成立
H1d	效用体验感知对城市居民碳行动能力有显著的正向影响	成立
H1e	效用体验感知对城市居民碳影响能力有显著的正向影响	成立

（二）个体因素对效用体验感知及城市居民碳能力的关系假设

H2a：生态宜人性对城市居民碳能力有显著的正向影响。据前文数据分析结果可知，生态宜人性对城市居民碳能力存在显著正向影响，效应值为 0.249（$p=0.017<0.05$），此检验结果与模型中关系假设一致，假设 H2a 成立。

H2a$_1$：生态宜人性对城市居民碳价值观有显著的正向影响。据前文数据分析结果可知，生态宜人性对城市居民碳价值观存在显著正向影响，效应值为 0.081（$p=0.003<0.01$），此检验结果与模型中关系假设一致，假设 H2a$_1$ 成立。

H2a$_2$：生态宜人性对城市居民碳辨识能力有显著的正向影响。据前文数据分析结果可知，生态宜人性对城市居民碳辨识能力的影响并不显著（$p = 0.135 > 0.05$），假设 H2a$_2$ 不成立。

H2a$_3$：生态宜人性对城市居民碳选择能力有显著的正向影响。据前文数据分析结果可知，生态宜人性对城市居民碳选择能力的影响不显著（$p = 0.181 > 0.05$），假设 H2a$_3$ 不成立。

H2a$_4$：生态宜人性对城市居民碳行动能力有显著的正向影响。据前文数据分析结果可知，生态宜人性对城市居民碳行动能力存在显著正向影响，效应值为 0.092（$p = 0.014 < 0.05$），此检验结果与模型中关系假设一致，假设 H2a$_4$ 成立。

H2a$_5$：生态宜人性对城市居民碳影响能力有显著的正向影响。据前文数据分析结果可知，生态宜人性对城市居民碳影响能力存在显著正向影响，效应值为 0.372（$p = 0.035 < 0.05$），此检验结果与模型中关系假设一致，假设 H2a$_5$ 成立。

H2b：生态开放性对城市居民碳能力有显著的正向影响。据前文数据分析结果可知，生态开放性对城市居民碳能力存在显著负向影响，效应值为 -0.360（$p = 0.001 < 0.01$），此检验结果与模型中关系假设不一致，假设 H2b 不成立。

H2b$_1$：生态开放性对城市居民碳价值观有显著的正向影响。据前文数据分析结果可知，生态开放性对城市居民碳价值观存在显著正向影响，效应值为 0.575（$p = 0.001 < 0.01$），此检验结果与模型中关系假设一致，假设 H2b$_1$ 成立。

H2b$_2$：生态开放性对城市居民碳辨识能力有显著的正向影响。据前文数据分析结果可知，生态开放性对城市居民碳辨识能力存在显著负向影响，效应值为 -0.246（$p = 0.003 < 0.01$），此结果与模型中关系假设不一致，假设 H2b$_2$ 不成立。

H2b$_3$：生态开放性对城市居民碳选择能力有显著的正向影响。据前文数据分析结果可知，生态开放性对城市居民碳选择能力的影响不显著（$p = 0.407 > 0.05$），假设 H2b$_3$ 不成立。

H2b$_4$：生态开放性对城市居民碳行动能力有显著的正向影响。据前文数据分析结果可知，生态开放性对城市居民碳行动能力存在显著正向影响，效应值为 0.017（$p = 0.009 < 0.01$），此检验结果与模型中关系假设一致，假设 H2b$_4$ 成立。

H2b$_5$：生态开放性对城市居民碳影响能力有显著的正向影响。据前文数据分析结果可知，生态开放性对城市居民碳影响能力存在显著负向影响，效应值为 -0.564（$p = 0.001 < 0.01$），此结果与模型中关系假设不一致，假设 H2b$_5$ 不成立。

H2c：生态责任心对城市居民碳能力有显著的正向影响。据前文数据分析结果可知，生态责任心对城市居民碳能力存在显著正向影响，效应值为 0.346（$p = 0.000 < 0.001$），此检验结果与模型中关系假设一致，假设 H2c 成立。

H2c$_1$：生态责任心对城市居民碳价值观有显著的正向影响。据前文数据分析结果可知，生态责任心对城市居民碳价值观存在显著正向影响，效应值为 0.106（$p = 0.002 < 0.01$），此检验结果与模型中关系假设一致，假设 H2c$_1$ 成立。

H2c$_2$：生态责任心对城市居民碳辨识能力有显著的正向影响。据前文数据分析结果可知，生态责任心对城市居民碳辨识能力存在显著正向影响，效应值为 0.185（$p = 0.001 < 0.01$），此检验结果与模型中关系假设一致，假设 H2c$_2$ 成立。

H2c$_3$：生态责任心对城市居民碳选择能力有显著的正向影响。据前文数据分析结果可知，生态责任心对城市居民碳选择能力存在显著正向影响，效应值为 0.327（$p = 0.005 < 0.01$），此检验结果与模型中关系假设一致，假设 H2c$_3$ 成立。

H2c$_4$：生态责任心对城市居民碳行动能力有显著的正向影响。据前文数据分析结果可知，生态责任心对城市居民碳行动能力存在显著正向影响，效应值为 0.399（$p = 0.000 < 0.001$），此检验结果与模型中关系假设一致，假设 H2c$_4$ 成立。

H2c$_5$：生态责任心对城市居民碳影响能力有显著的正向影响。据前文数据分析结果可知，生态责任心对城市居民碳影响能力存在显著正向影响，效应值为 0.643（$p = 0.000 < 0.001$），此检验结果与模型中关系假设一致，假设 H2c$_5$ 成立。

H2d：生态外倾性对城市居民碳能力有显著的正向影响。据前文数据分析结果可知，生态外倾性对城市居民碳能力的影响并不显著（$p = 0.545 > 0.05$），假设 H2d 不成立。

H2d$_1$：生态外倾性对城市居民碳价值观有显著的正向影响。据前文数据分析结果可知，生态外倾性对城市居民碳价值观的影响并不显著（$p = 0.873 > 0.05$），此检验结果与模型中关系假设不一致，假设 H2d$_1$ 不成立。

H2d$_2$：生态外倾性对城市居民碳辨识能力有显著的正向影响。据前文数据分析结果可知，生态外倾性对城市居民碳辨识能力的影响并不显著（$p = 0.224 > 0.05$），假设 H2d$_2$ 不成立。

H2d$_3$：生态外倾性对城市居民碳选择能力有显著的正向影响。据前文数据分析结果可知，生态外倾性对城市居民碳选择能力的影响并不显著（$p = 0.692 > 0.05$），假设 H2d$_3$ 不成立。

H2d$_4$：生态外倾性对城市居民碳行动能力有显著的正向影响。据前文数据分析结果可知，生态外倾性对城市居民碳行动能力存在显著正向影响，效应值为 0.346（$p = 0.000 < 0.001$），此检验结果与模型中关系假设一致，假设 H2d$_4$ 成立。

H2d$_5$：生态外倾性对城市居民碳影响能力有显著的正向影响。据前文数据分析结果可知，生态外倾性对城市居民碳影响能力的影响并不显著（$p = 0.803 > 0.05$），假设 H2d$_5$ 不成立。

H2e：生态理智性对城市居民碳能力有显著的正向影响。据前文数据分析结果可知，生态理智性对城市居民碳能力存在显著正向影响，效应值为 0.112 （$p = 0.000 < 0.001$），此检验结果与模型中关系假设一致，假设 H2e 成立。

H2e$_1$：生态理智性对城市居民碳价值观有显著的正向影响。据前文数据分析结果可知，生态理智性对城市居民碳价值观的影响并不显著（$p = 0.397 > 0.05$），此检验结果与模型中关系假设不一致，假设 H2e$_1$ 不成立。

H2e$_2$：生态理智性对城市居民碳辨识能力有显著的正向影响。据前文数据分析结果可知，生态理智性对城市居民碳辨识能力存在显著负向影响，效应值为 -0.048（$p = 0.003 < 0.01$），此结果与模型中关系假设不一致，假设 H2e$_2$ 不成立。

H2e$_3$：生态理智性对城市居民碳选择能力有显著的正向影响。据前文数据分析结果可知，生态理智性对城市居民碳选择能力存在显著负向影响，效应值为 -0.122（$p = 0.001 < 0.01$），此结果与模型中关系假设不一致，假设 H2e$_3$ 不成立。

H2e$_4$：生态理智性对城市居民碳行动能力有显著的正向影响。据前文数据分析结果可知，生态理智性对城市居民碳行动能力存在显著正向影响，效应值为 0.160（$p = 0.000 < 0.001$），此检验结果与模型中关系假设一致，假设 H2e$_4$ 成立。

H2e$_5$：生态理智性对城市居民碳影响能力有显著的正向影响。据前文数据分析结果可知，生态理智性对城市居民碳影响能力存在显著正向影响，效应值为 0.164（$p = 0.000 < 0.001$），此检验结果与模型中关系假设一致，假设 H2e$_5$ 成立。

由于生态人格包括上述五个维度，即生态宜人性、生态开放性、生态责任心、生态外倾性和生态理智性，结合上述分析结果可知，假设 H2：生态人格对城市居民碳能力有显著的正向影响部分成立。

H3：舒适偏好对城市居民碳能力有显著的负向影响。据前文数据分析结果可知，舒适偏好对城市居民碳能力存在显著负向影响，效应值为 -0.036（$p = 0.004 < 0.01$），此检验结果与模型中关系假设一致，假设 H3 成立。

H3a：舒适偏好对城市居民碳价值观有显著的负向影响。据前文数据分析结果可知，舒适偏好对城市居民碳价值观存在显著负向影响，效应值为 -0.095（$p = 0.001 < 0.05$），此检验结果与模型中关系假设一致，假设 H3a 成立。

H3b：舒适偏好对城市居民碳辨识能力有显著的负向影响。据前文数据分析结果可知，舒适偏好对城市居民碳辨识能力的影响并不显著（$p = 0.923 > 0.05$），假设 H3b 不成立。

H3c：舒适偏好对城市居民碳选择能力有显著的负向影响。据前文数据分析结果可知，舒适偏好对城市居民碳选择能力存在显著负向影响，效应值为 -0.067

（$p = 0.019 < 0.05$），此检验结果与模型中关系假设一致，假设 H3c 成立。

H3d：舒适偏好对城市居民碳行动能力有显著的负向影响。据前文数据分析结果可知，舒适偏好对城市居民碳行动能力存在显著负向影响，效应值为-0.129（$p = 0.000 < 0.001$），此检验结果与模型中关系假设一致，假设 H3d 成立。

H3e：舒适偏好对城市居民碳影响能力有显著的负向影响。据前文数据分析结果可知，舒适偏好对城市居民碳影响能力的影响并不显著（$p = 0.151 > 0.05$），假设 H3e 不成立。

综上所述，假设检验结果见表 6-67。

表 6-67　个体因素与城市居民碳能力关系假设验证

序号	研究假设	验证结论
H2	生态人格对城市居民碳能力有显著的正向影响	部分成立
H2a	生态宜人性对城市居民碳能力有显著的正向影响	成立
H2a$_1$	生态宜人性对城市居民碳价值观有显著的正向影响	成立
H2a$_2$	生态宜人性对城市居民碳辨识能力有显著的正向影响	不成立
H2a$_3$	生态宜人性对城市居民碳选择能力有显著的正向影响	不成立
H2a$_4$	生态宜人性对城市居民碳行动能力有显著的正向影响	成立
H2a$_5$	生态宜人性对城市居民碳影响能力有显著的正向影响	成立
H2b	生态开放性对城市居民碳能力有显著的正向影响	不成立
H2b$_1$	生态开放性对城市居民碳价值观有显著的正向影响	成立
H2b$_2$	生态开放性对城市居民碳辨识能力有显著的正向影响	不成立
H2b$_3$	生态开放性对城市居民碳选择能力有显著的正向影响	不成立
H2b$_4$	生态开放性对城市居民碳行动能力有显著的正向影响	成立
H2b$_5$	生态开放性对城市居民碳影响能力有显著的正向影响	不成立
H2c	生态责任心对城市居民碳能力有显著的正向影响	成立
H2c$_1$	生态责任心对城市居民碳价值观有显著的正向影响	成立
H2c$_2$	生态责任心对城市居民碳辨识能力有显著的正向影响	成立
H2c$_3$	生态责任心对城市居民碳选择能力有显著的正向影响	成立
H2c$_4$	生态责任心对城市居民碳行动能力有显著的正向影响	成立
H2c$_5$	生态责任心对城市居民碳影响能力有显著的正向影响	成立
H2d	生态外倾性对城市居民碳能力有显著的正向影响	不成立
H2d$_1$	生态外倾性对城市居民碳价值观有显著的正向影响	不成立

续表

序号	研究假设	验证结论
H2d$_2$	生态外倾性对城市居民碳辨识能力有显著的正向影响	不成立
H2d$_3$	生态外倾性对城市居民碳选择能力有显著的正向影响	不成立
H2d$_4$	生态外倾性对城市居民碳行动能力有显著的正向影响	成立
H2d$_5$	生态外倾性对城市居民碳影响能力有显著的正向影响	不成立
H2e	生态理智性对城市居民碳能力有显著的正向影响	成立
H2e$_1$	生态理智性对城市居民碳价值观有显著的正向影响	不成立
H2e$_2$	生态理智性对城市居民碳辨识能力有显著的正向影响	不成立
H2e$_3$	生态理智性对城市居民碳选择能力有显著的正向影响	不成立
H2e$_4$	生态理智性对城市居民碳行动能力有显著的正向影响	成立
H2e$_5$	生态理智性对城市居民碳影响能力有显著的正向影响	成立
H3	舒适偏好对城市居民碳能力有显著的负向影响	成立
H3a	舒适偏好对城市居民碳价值观有显著的负向影响	成立
H3b	舒适偏好对城市居民碳辨识能力有显著的负向影响	不成立
H3c	舒适偏好对城市居民碳选择能力有显著的负向影响	成立
H3d	舒适偏好对城市居民碳行动能力有显著的负向影响	成立
H3e	舒适偏好对城市居民碳影响能力有显著的负向影响	不成立

（三）组织因素对效用体验感知及城市居民碳能力的关系假设

H4：组织碳价值观对城市居民碳能力有显著的正向影响。据前文数据分析结果可知，组织碳价值观对城市居民碳能力存在显著正向影响，效应值为 0.185（$p = 0.001 < 0.01$），此检验结果与模型中关系假设一致，假设 H4 成立。

H4a：组织碳价值观对城市居民碳价值观有显著的正向影响。据前文数据分析结果可知，组织碳价值观对城市居民碳价值观存在显著正向影响，效应值为 0.170（$p = 0.000 < 0.01$），此检验结果与模型中关系假设一致，假设 H4a 成立。

H4b：组织碳价值观对城市居民碳辨识能力有显著的正向影响。据前文数据分析结果可知，组织碳价值观对城市居民碳辨识能力的影响并不显著（$p = 0.797 > 0.05$），此检验结果与模型中关系假设不一致，假设 H4b 不成立。

H4c：组织碳价值观对城市居民碳选择能力有显著的正向影响。据前文数据分析结果可知，组织碳价值观对城市居民碳选择能力存在显著正向影响，效应值为 0.154（$p = 0.000 < 0.001$），此检验结果与模型中关系假设一致，假设 H4c 成立。

H4d：组织碳价值观对城市居民碳行动能力有显著的正向影响。据前文数据分析结果可知，组织碳价值观对城市居民碳行动能力存在显著正向影响，效应值为 0.081（$p = 0.007 < 0.01$），此检验结果与模型中关系假设一致，假设 H4d 成立。

H4e：组织碳价值观对城市居民碳影响能力有显著的正向影响。据前文数据分析结果可知，组织碳价值观对城市居民碳影响能力的影响并不显著（$p = 0.562 > 0.05$），假设 H4e 不成立。

H5：组织制度规范对城市居民碳能力有显著的正向影响。据前文数据分析结果可知，组织制度规范对城市居民碳能力的影响并不显著（$p = 0.058 > 0.05$），假设 H5 不成立。

H5a：组织制度规范对城市居民碳价值观有显著的正向影响。据前文数据分析结果可知，组织制度规范对城市居民碳价值观存在显著正向影响，效应值为 0.354（$p = 0.000 < 0.01$），此检验结果与模型中关系假设一致，假设 H5a 成立。

H5b：组织制度规范对城市居民碳辨识能力有显著的正向影响。据前文数据分析结果可知，组织制度规范对城市居民碳辨识能力存在显著正向影响，效应值为 0.090（$p = 0.023 < 0.05$），此检验结果与模型中关系假设一致，假设 H6a 成立。

H5c：组织制度规范对城市居民碳选择能力有显著的正向影响。据前文数据分析结果可知，组织制度规范对城市居民碳选择能力存在显著正向影响，效应值为 0.032（$p = 0.013 < 0.05$），此检验结果与模型中关系假设一致，假设 H5c 成立。

H5d：组织制度规范对城市居民碳行动能力有显著的正向影响。据前文数据分析结果可知，组织制度规范对城市居民碳行动能力存在显著正向影响，效应值为 0.215（$p = 0.000 < 0.001$），此检验结果与模型中关系假设一致，假设 H5d 成立。

H5e：组织制度规范对城市居民碳影响能力有显著的正向影响。据前文数据分析结果可知，组织制度规范对城市居民碳影响能力存在显著正向影响，效应值为 0.352（$p = 0.000 < 0.001$），此检验结果与模型中关系假设一致，假设 H5e 成立。

H6：组织低碳氛围对城市居民碳能力有显著的正向影响。据前文数据分析结果可知，组织低碳氛围对城市居民碳能力存在显著正向影响，效应值为 0.104（$p = 0.002 < 0.01$），此检验结果与模型中关系假设一致，假设 H6 成立。

H6a：组织低碳氛围对城市居民碳价值观有显著的正向影响。据前文数据分析结果可知，组织低碳氛围对城市居民碳价值观存在显著正向影响，效应值为 0.288（$p = 0.001 < 0.01$），此检验结果与模型中关系假设一致，假设 H6a 成立。

　　H6b：组织低碳氛围对城市居民碳辨识能力有显著的正向影响。据前文数据分析结果可知，组织低碳氛围对城市居民碳辨识能力的影响并不显著（$p = 0.090 >$ 0.05），此检验结果与模型中关系假设不一致，假设 H6b 不成立。

　　H6c：组织低碳氛围对城市居民碳选择能力有显著的正向影响。据前文数据分析结果可知，组织低碳氛围对城市居民碳选择能力的影响并不显著（$p = 0.419 >$ 0.05），此检验结果与模型中关系假设不一致，假设 H6c 不成立。

　　H6d：组织低碳氛围对城市居民碳行动能力有显著的正向影响。据前文数据分析结果可知，组织低碳氛围对城市居民碳行动能力存在显著正向影响，效应值为 0.222（$p = 0.000 < 0.001$），此检验结果与模型中关系假设一致，假设 H6d 成立。

　　H6e：组织低碳氛围对城市居民碳影响能力有显著的正向影响。据前文数据分析结果可知，组织低碳氛围对城市居民碳影响能力存在显著正向影响，效应值为 0.274（$p = 0.001 < 0.01$），此检验结果与模型中关系假设一致，假设 H6e 成立。

　　综上所述，假设检验结果见表 6-68。

表 6-68　组织因素与城市居民碳能力关系假设验证

序号	研究假设	验证结论
H4	组织碳价值观对城市居民碳能力有显著的正向影响	成立
H4a	组织碳价值观对城市居民碳价值观有显著的正向影响	成立
H4b	组织碳价值观对城市居民碳辨识能力有显著的正向影响	不成立
H4c	组织碳价值观对城市居民碳选择能力有显著的正向影响	成立
H4d	组织碳价值观对城市居民碳行动能力有显著的正向影响	成立
H4e	组织碳价值观对城市居民碳影响能力有显著的正向影响	不成立
H5	组织制度规范对城市居民碳能力有显著的正向影响	不成立
H5a	组织制度规范对城市居民碳价值观有显著的正向影响	成立
H5b	组织制度规范对城市居民碳辨识能力有显著的正向影响	成立
H5c	组织制度规范对城市居民碳选择能力有显著的正向影响	成立
H5d	组织制度规范对城市居民碳行动能力有显著的正向影响	成立
H5e	组织制度规范对城市居民碳影响能力有显著的正向影响	成立
H6	组织低碳氛围对城市居民碳能力有显著的正向影响	成立
H6a	组织低碳氛围对城市居民碳价值观有显著的正向影响	成立
H6b	组织低碳氛围对城市居民碳辨识能力有显著的正向影响	不成立
H6c	组织低碳氛围对城市居民碳选择能力有显著的正向影响	不成立
H6d	组织低碳氛围对城市居民碳行动能力有显著的正向影响	成立
H6e	组织低碳氛围对城市居民碳影响能力有显著的正向影响	成立

1. 社会因素对效用体验感知及城市居民碳能力的关系假设

H7：社会消费文化对城市居民碳能力有显著的正向影响。据前文数据分析结果可知，社会消费文化对城市居民碳能力存在显著正向影响，效应值为 0.106（$p = 0.002 < 0.01$），此检验结果与模型中关系假设一致，假设 H7 成立。

H7a：社会消费文化对城市居民碳价值观有显著的正向影响。据前文数据分析结果可知，社会消费文化对城市居民碳价值观存在显著正向影响，效应值为 0.627（$p = 0.000 < 0.001$），此检验结果与模型中关系假设一致，假设 H7a 成立。

H7b：社会消费文化对城市居民碳辨识能力有显著的正向影响。据前文数据分析结果可知，社会消费文化对城市居民碳辨识能力存在显著正向影响，效应值为 0.072（$p = 0.007 < 0.001$），此检验结果与模型中关系假设一致，假设 H7b 成立。

H7c：社会消费文化对城市居民碳选择能力有显著的正向影响。据前文数据分析结果可知，社会消费文化对城市居民碳选择能力存在显著正向影响，效应值为 0.019（$p = 0.043 < 0.05$），此检验结果与模型中关系假设一致，假设 H7c 成立。

H7d：社会消费文化对城市居民碳行动能力有显著的正向影响。据前文数据分析结果可知，社会消费文化对城市居民碳行动能力存在显著正向影响，效应值为 0.104（$p = 0.025 < 0.05$），此检验结果与模型中关系假设一致，假设 H7d 成立。

H7e：社会消费文化对城市居民碳影响能力有显著的正向影响。据前文数据分析结果可知，社会消费文化对城市居民碳影响能力存在显著正向影响，效应值为 0.140（$p = 0.021 < 0.05$），此检验结果与模型中关系假设一致，假设 H7e 成立。

H8：社会规范对城市居民碳能力有显著的正向影响。据前文数据分析结果可知，社会规范对城市居民碳能力存在显著正向影响，效应值为 0.097（$p = 0.000 < 0.001$），此检验结果与模型中关系假设一致，假设 H8 成立。

H8a：社会规范对城市居民碳价值观有显著的正向影响。据前文数据分析结果可知，社会规范对城市居民碳价值观存在显著正向影响，效应值为 0.143（$p = 0.000 < 0.001$），此检验结果与模型中关系假设一致，假设 H8a 成立。

H8b：社会规范对城市居民碳辨识能力有显著的正向影响。据前文数据分析结果可知，社会规范对城市居民碳辨识能力存在显著正向影响，效应值为 0.086（$p = 0.000 < 0.001$），此检验结果与模型中关系假设一致，假设 H8b 成立。

H8c：社会规范对城市居民碳选择能力有显著的正向影响。据前文数据分析结果可知，社会规范对城市居民碳选择能力存在显著正向影响，效应值为 0.201（$p = 0.000 < 0.001$），此检验结果与模型中关系假设一致，假设 H8c 成立。

　　H8d：社会规范对城市居民碳行动能力有显著的正向影响。据前文数据分析结果可知，社会规范对城市居民碳行动能力存在显著正向影响，效应值为 0.074（$p = 0.016 < 0.05$），此检验结果与模型中关系假设一致，假设 H8d 成立。

　　H8e：社会规范对城市居民碳影响能力有显著的正向影响。据前文数据分析结果可知，社会规范对城市居民碳影响能力存在显著正向影响，效应值为 0.134（$p = 0.001 < 0.01$），此检验结果与模型中关系假设一致，假设 H8e 成立。

　　H9：社交货币对城市居民碳能力有显著的正向影响。据前文数据分析结果可知，社交货币对城市居民碳能力存在显著正向影响，效应值为 0.092（$p = 0.014 < 0.05$），此检验结果与模型中关系假设一致，假设 H9 成立。

　　H9a：社交货币对城市居民碳价值观有显著的正向影响。据数据分析结果，社交货币对城市居民碳价值观的影响不显著（$p = 0.453 > 0.05$），假设 H9a 不成立。

　　H9b：社交货币对城市居民碳辨识能力有显著的正向影响。据数据分析结果，社交货币对碳辨识能力的影响不显著（$p = 0.642 > 0.05$），假设 H9b 不成立。

　　H9c：社交货币对城市居民碳选择能力有显著的正向影响。据前文数据分析结果可知，社会货币对城市居民碳选择能力存在显著正向影响，效应值为 0.144（$p = 0.037 < 0.05$），此检验结果与模型中关系假设一致，假设 H9c 成立。

　　H9d：社交货币对城市居民碳行动能力有显著的正向影响。据前文数据分析结果可知，社交货币对城市居民碳行动能力存在显著正向影响，效应值为 0.222（$p = 0.000 < 0.001$），此检验结果与模型中关系假设一致，假设 H9d 成立。

　　H9e：社交货币对城市居民碳影响能力有显著的正向影响。据前文数据分析结果可知，社交货币对城市居民碳影响能力存在显著正向影响，效应值为 0.151（$p = 0.027 < 0.05$），此检验结果与模型中关系假设一致，假设 H9e 成立。

　　综上所述，假设检验结果见表 6-69。

表 6-69　社会因素与城市居民碳能力关系假设验证

序号	研究假设	验证结论
H7	社会消费文化对城市居民碳能力有显著的正向影响	成立
H7a	社会消费文化对城市居民碳价值观有显著的正向影响	成立
H7b	社会消费文化对城市居民碳辨识能力有显著的正向影响	成立
H7c	社会消费文化对城市居民碳选择能力有显著的正向影响	成立

序号	研究假设	验证结论
H/d	社会消费文化对城市居民碳行动能力有显著的正向影响	成立
H7e	社会消费文化对城市居民碳影响能力有显著的正向影响	成立
H8	社会规范对城市居民碳能力有显著的正向影响	成立
H8a	社会规范对城市居民碳价值观有显著的正向影响	成立
H8b	社会规范对城市居民碳辨识能力有显著的正向影响	成立
H8c	社会规范对城市居民碳选择能力有显著的正向影响	成立
H8d	社会规范对城市居民碳行动能力有显著的正向影响	成立
H8e	社会规范对城市居民碳影响能力有显著的正向影响	成立
H9	社交货币对城市居民碳能力有显著的正向影响	成立
H9a	社交货币对城市居民碳价值观有显著的正向影响	不成立
H9b	社交货币对城市居民碳辨识能力有显著的正向影响	不成立
H9c	社交货币对城市居民碳选择能力有显著的正向影响	成立
H9d	社交货币对城市居民碳行动能力有显著的正向影响	成立
H9e	社交货币对城市居民碳影响能力有显著的正向影响	成立

2. 中介效应假设检验

$H2ax$：生态宜人性通过效用体验感知间接作用于城市居民碳能力。据前文数据分析结果可知，生态宜人性对碳能力作用路径的间接与直接效应均显著，即效用体验感知对生态宜人性作用于碳能力观存在部分中介效应，此检验结果与模型中关系假设一致，假设 $H2ax$ 部分成立。

$H2ax_1$：生态宜人性通过效用体验感知间接作用于城市居民碳价值观。据前文数据分析结果可知，生态宜人性对碳价值观作用路径的间接与直接效应均显著，即效用体验感知对生态宜人性作用于碳价值观存在部分中介效应，此检验结果与模型中关系假设一致，假设 $H2ax_1$ 部分成立。

$H2ax_2$：生态宜人性通过效用体验感知间接作用于城市居民碳辨识能力。据前文数据分析结果可知，生态宜人性对碳辨识能力的作用路径不显著，此检验结果与模型中关系假设不一致，假设 $H2ax_2$ 不成立。

$H2ax_3$：生态宜人性通过效用体验感知间接作用于城市居民碳选择能力。据前文数据分析结果可知，生态宜人性对碳选择能力的作用路径不显著，此检验结果与模型中关系假设不一致，假设 H2ax$_3$ 不成立。

H2ax$_4$：生态宜人性通过效用体验感知间接作用于城市居民碳行动能力。据前文数据分析结果可知，生态宜人性对碳行动能力作用路径的间接与直接效应均显著，即效用体验感知对生态宜人性作用于碳行动能力存在部分中介效应，此检验结果与模型中关系假设一致，假设 H2ax$_4$ 部分成立。

H2ax$_5$：生态宜人性通过效用体验感知间接作用于城市居民碳影响能力。据前文数据分析结果可知，生态宜人性对碳影响能力作用路径的间接与直接效应均显著，即效用体验感知对生态宜人性作用于碳影响能力存在部分中介效应，此检验结果与模型中关系假设一致，假设 H2ax$_5$ 部分成立。

H2bx：生态开放性通过效用体验感知间接作用于城市居民碳能力。据前文数据分析结果可知，生态开放性对碳能力作用路径的间接与直接效应均显著，即效用体验感知对生态开放性作用于碳能力存在部分中介效应，此检验结果与模型中关系假设一致，假设 H2bx 部分成立。

H2bx$_1$：生态开放性通过效用体验感知间接作用于城市居民碳价值观。据前文数据分析结果可知，生态开放性对碳价值观作用路径的间接与直接效应均显著，即效用体验感知对生态开放性作用于碳价值观存在部分中介效应，此检验结果与模型中关系假设一致，假设 H2bx$_1$ 部分成立。

H2bx$_2$：生态开放性通过效用体验感知间接作用于城市居民碳辨识能力。据前文数据分析结果可知，生态开放性对碳辨识能力作用路径的间接与直接效应均显著，即效用体验感知对生态开放性作用于碳辨识能力存在部分中介效应，此检验结果与模型中关系假设一致，假设 H2bx$_2$ 部分成立。

H2bx$_3$：生态开放性通过效用体验感知间接作用于城市居民碳选择能力。据前文数据分析结果可知，生态开放性对碳选择能力的作用路径不显著，此检验结果与模型中关系假设不一致，假设 H2bx$_3$ 不成立。

H2bx$_4$：生态开放性通过效用体验感知间接作用于城市居民碳行动能力。据前文数据分析结果可知，生态开放性对碳行动能力作用路径的间接与直接效应均显著，即效用体验感知对生态开放性作用于碳行动能力存在部分中介效应，此检验结果与模型中关系假设一致，假设 H2bx$_4$ 部分成立。

H2bx$_5$：生态开放性通过效用体验感知间接作用于城市居民碳影响能力。据前文数据分析结果可知，生态开放性对碳影响能力作用路径的间接与直接效应均显著，即效用体验感知对生态开放性作用于碳影响能力存在部分中介效应，此检验结果与模型中关系假设一致，假设 H2bx$_5$ 部分成立。

H2cx：生态责任心通过效用体验感知间接作用于城市居民碳能力。据前文数据分析结果可知，生态责任心对碳能力作用路径的间接效应显著，而直接效应变为不显著，即效用体验感知对生态责任心作用于碳能力存在完全中介效应，此检验结果与模型中关系假设一致，假设 H2cx 成立。

H2cx$_1$：生态责任心通过效用体验感知间接作用于城市居民碳价值观。据前文数据分析结果可知，生态责任心对碳价值观作用路径的间接与直接效应均显著，即效用体验感知对生态责任心作用于碳价值观存在部分中介效应，此检验结果与模型中关系假设一致，假设 H2cx$_1$ 部分成立。

H2cx$_2$：生态责任心通过效用体验感知间接作用于城市居民碳辨识能力。据前文数据分析结果可知，生态责任心对碳辨识能力作用路径的间接与直接效应均显著，即效用体验感知对生态责任心作用于碳辨识能力存在部分中介效应，此检验结果与模型中关系假设一致，假设 H2cx$_2$ 部分成立。

H2cx$_3$：生态责任心通过效用体验感知间接作用于城市居民碳选择能力。据前文数据分析结果可知，生态责任心对碳选择能力作用路径的间接效应显著，而直接效应变为不显著，即效用体验感知对生态责任心作用于碳选择能力存在完全中介效应，此检验结果与模型中关系假设一致，假设 H2cx$_3$ 成立。

H2cx$_4$：生态责任心通过效用体验感知间接作用于城市居民碳行动能力。据前文数据分析结果可知，生态责任心对碳行动能力作用路径的间接效应显著，而直接效应变为不显著，即效用体验感知对生态责任心作用于碳行动能力存在完全中介效应，此检验结果与模型中关系假设一致，假设 H2cx$_4$ 成立。

H2cx$_5$：生态责任心通过效用体验感知间接作用于城市居民碳影响能力。据前文数据分析结果可知，生态责任心对碳影响能力作用路径的间接效应显著，而直接效应变为不显著，即效用体验感知对生态责任心作用于碳影响能力存在完全中介效应，此检验结果与模型中关系假设一致，假设 H2cx$_5$ 成立。

H2dx：生态外倾性通过效用体验感知间接作用于城市居民碳能力。据前文数据分析结果可知，生态外倾性对碳能力的作用路径不显著，此检验结果与模型中关系假设不一致，假设 H2dx 不成立。

H2dx$_1$：生态外倾性通过效用体验感知间接作用于城市居民碳价值观。据前文数据分析结果可知，生态外倾性对碳价值观的作用路径不显著，此检验结果与模型中关系假设不一致，假设 H2dx$_1$ 不成立。

H2dx$_2$：生态外倾性通过效用体验感知间接作用于城市居民碳辨识能力。据前文数据分析结果可知，生态外倾性对碳辨识能力的作用路径不显著，此检验结果与模型中关系假设不一致，假设 H2dx$_2$ 不成立。

H2dx$_3$：生态外倾性通过效用体验感知间接作用于城市居民碳选择能力。据前文数据分析结果可知，生态外倾性对碳选择能力的作用路径不显著，此检验结果与模型中关系假设不一致，假设 H2dx$_3$ 不成立。

H2dx$_4$：生态外倾性通过效用体验感知间接作用于城市居民碳行动能力。据前文数据分析结果可知，生态外倾性对碳行动能力作用路径的间接与直接效应均显著，即效用体验感知对生态外倾性作用于碳行动能力存在部分中介效应，此检验结果与模型中关系假设一致，假设 H2dx$_4$ 部分成立。

H2dx$_5$：生态外倾性通过效用体验感知间接作用于城市居民碳影响能力。据前文数据分析结果可知，生态外倾性对碳影响能力的作用路径不显著，此检验结果与模型中关系假设不一致，假设 H2dx$_5$ 不成立。

H2ex：生态理智性通过效用体验感知间接作用于城市居民碳能力。据前文数据分析结果可知，生态理智性对碳能力作用路径的间接效应显著，而直接效应变为不显著，即效用体验感知对生态理智性作用于碳能力存在完全中介效应，此检验结果与模型中关系假设一致，假设 H2ex 成立。

H2ex$_1$：生态理智性通过效用体验感知间接作用于城市居民碳价值观。据前文数据分析结果可知，生态理智性对城市居民碳价值观的作用路径不显著，此检验结果与模型中关系假设不一致，假设 H2ex$_1$ 不成立。

H2ex$_2$：生态理智性通过效用体验感知间接作用于城市居民碳辨识能力。据前文数据分析结果可知，生态理智性对碳辨识能力作用路径的间接与直接效应均显著，即效用体验感知对生态理智性作用于碳辨识能力存在部分中介效应，此检验结果与模型中关系假设一致，假设 H2ex$_2$ 部分成立。

H2ex$_3$：生态理智性通过效用体验感知间接作用于城市居民碳选择能力。据前文数据分析结果可知，生态理智性对碳选择能力作用路径的间接与直接效应均显著，即效用体验感知对生态理智性作用于碳选择能力存在部分中介效应，此检验结果与模型中关系假设一致，假设 H2ex$_3$ 部分成立。

H2ex$_4$：生态理智性通过效用体验感知间接作用于城市居民碳行动能力。据前文数据分析结果可知，生态理智性对碳行动能力作用路径的间接与直接效应均显著，即效用体验感知对生态理智性作用于碳行动能力存在部分中介效应，此检验结果与模型中关系假设一致，假设 H2ex$_4$ 部分成立。

H2ex$_5$：生态理智性通过效用体验感知间接作用于城市居民碳影响能力。据前文数据分析结果可知，生态理智性对碳影响能力作用路径的间接与直接效应均显著，即效用体验感知对生态理智性作用于碳影响能力存在部分中介效应，此检验结果与模型中关系假设一致，假设 H2ex$_5$ 部分成立。

由于生态人格包括上述五个维度，即生态宜人性、生态开放性、生态责任心、生态外倾性和生态理智性，结合上述分析结果可知，假设 H2x：生态人格通过效用体验感知间接作用于城市居民碳能力部分成立。

H3x：舒适偏好通过效用体验感知间接作用于城市居民碳能力。据前文数据分析结果可知，舒适偏好对碳能力作用路径的间接效应显著，而直接效应变为不显著，即效用体验感知对舒适偏好作用于碳能力存在完全中介效应，此检验结果与模型中关系假设一致，假设 H3x 成立。

H3ax：舒适偏好通过效用体验感知间接作用于城市居民碳价值观。据前文数据分析结果可知，舒适偏好对碳价值观作用路径的间接与直接效应均显著，即效用体验感知对舒适偏好作用于碳价值观存在部分中介效应，此检验结果与模型中关系假设一致，假设 H3ax 部分成立。

H3bx：舒适偏好通过效用体验感知间接作用于城市居民碳辨识能力。据前文数据分析结果可知，舒适偏好对碳辨识能力的作用路径不显著，此检验结果与模型中关系假设不一致，假设 H3bx 不成立。

H3cx：舒适偏好通过效用体验感知间接作用于城市居民碳选择能力。据前文数据分析结果可知，舒适偏好对碳选择能力作用路径的间接效应显著，而直接效应变为不显著，即效用体验感知对舒适偏好作用于碳选择能力存在完全中介效应，此检验结果与模型中关系假设一致，假设 H3cx 成立。

H3dx：舒适偏好通过效用体验感知间接作用于城市居民碳行动能力。据前文数据分析结果可知，舒适偏好对碳行动能力作用路径的间接效应显著，而直接效应变为不显著，即效用体验感知对舒适偏好作用于碳行动能力存在完全中介效应，此检验结果与模型中关系假设一致，假设 H3dx 成立。

H3ex：舒适偏好通过效用体验感知间接作用于城市居民碳影响能力。据前文数据分析结果可知，舒适偏好对碳影响能力的作用路径不显著，此检验结果与模型中关系假设不一致，假设 H3ex 不成立。综上所述，假设检验结果见表 6-70。

表 6-70　个人因素、效用体验感知和碳能力相关假设验证

序号	研究假设	验证结论
H2x	生态人格通过效用体验感知间接作用于城市居民碳能力	部分成立
H2ax	生态宜人性通过效用体验感知间接作用于城市居民碳能力	部分成立
H2ax$_1$	生态宜人性通过效用体验感知间接作用于城市居民碳价值观	部分成立
H2ax$_2$	生态宜人性通过效用体验感知间接作用于城市居民碳辨识能力	不成立
H2ax$_3$	生态宜人性通过效用体验感知间接作用于城市居民碳选择能力	不成立
H2ax$_4$	生态宜人性通过效用体验感知间接作用于城市居民碳行动能力	部分成立
H2ax$_5$	生态宜人性通过效用体验感知间接作用于城市居民碳影响能力	部分成立
H2bx	生态开放性通过效用体验感知间接作用于城市居民碳能力	部分成立
H2bx$_1$	生态开放性通过效用体验感知间接作用于城市居民碳价值观	部分成立
H2bx$_2$	生态开放性通过效用体验感知间接作用于城市居民碳辨识能力	部分成立
H2bx$_3$	生态开放性通过效用体验感知间接作用于城市居民碳选择能力	不成立

续表

序号	研究假设	验证结论
H2bx₄	生态开放性通过效用体验感知间接作用于城市居民碳行动能力	部分成立
H2bx₅	生态开放性通过效用体验感知间接作用于城市居民碳影响能力	部分成立
H2cx	生态责任心通过效用体验感知间接作用于城市居民碳能力	成立
H2cx₁	生态责任心通过效用体验感知间接作用于城市居民碳价值观	部分成立
H2cx₂	生态责任心通过效用体验感知间接作用于城市居民碳辨识能力	部分成立
H2cx₃	生态责任心通过效用体验感知间接作用于城市居民碳选择能力	成立
H2cx₄	生态责任心通过效用体验感知间接作用于城市居民碳行动能力	成立
H2cx₅	生态责任心通过效用体验感知间接作用于城市居民碳影响能力	成立
H2dx	生态外倾性通过效用体验感知间接作用于城市居民碳能力	不成立
H2dx₁	生态外倾性通过效用体验感知间接作用于城市居民碳价值观	不成立
H2dx₂	生态外倾性通过效用体验感知间接作用于城市居民碳辨识能力	不成立
H2dx₃	生态外倾性通过效用体验感知间接作用于城市居民碳选择能力	不成立
H2dx₄	生态外倾性通过效用体验感知间接作用于城市居民碳行动能力	部分成立
H2dx₅	生态外倾性通过效用体验感知间接作用于城市居民碳影响能力	不成立
H2ex	生态理智性通过效用体验感知间接作用于城市居民碳能力	成立
H2ex₁	生态理智性通过效用体验感知间接作用于城市居民碳价值观	不成立
H2ex₂	生态理智性通过效用体验感知间接作用于城市居民碳辨识能力	部分成立
H2ex₃	生态理智性通过效用体验感知间接作用于城市居民碳选择能力	部分成立
H2ex₄	生态理智性通过效用体验感知间接作用于城市居民碳行动能力	部分成立
H2ex₅	生态理智性通过效用体验感知间接作用于城市居民碳影响能力	部分成立
H3x	舒适偏好通过效用体验感知间接作用于城市居民碳能力	成立
H3ax	舒适偏好通过效用体验感知间接作用于城市居民碳价值观	部分成立
H3bx	舒适偏好通过效用体验感知间接作用于城市居民碳辨识能力	不成立
H3cx	舒适偏好通过效用体验感知间接作用于城市居民碳选择能力	成立
H3dx	舒适偏好通过效用体验感知间接作用于城市居民碳行动能力	成立
H3ex	舒适偏好通过效用体验感知间接作用于城市居民碳影响能力	不成立

H4x：组织碳价值观通过效用体验感知间接作用于城市居民碳能力。据前文

数据分析结果可知，组织碳价值观对碳能力作用路径的间接效应显著，而直接效应变为不显著，即效用体验感知对组织碳价值观作用于碳能力存在完全中介效应，此检验结果与模型中关系假设一致，假设 H4x 成立。

H4ax：组织碳价值观通过效用体验感知间接作用于城市居民碳价值观。据前文数据分析结果可知，组织碳价值观对碳价值观作用路径的间接效应显著，而直接效应变为不显著，即效用体验感知对组织碳价值观作用于碳价值观存在完全中介效应，此检验结果与模型中关系假设一致，假设 H4ax 成立。

H4bx：组织碳价值观通过效用体验感知间接作用于城市居民碳辨识能力。据前文数据分析结果可知，组织碳价值观对碳辨识能力的作用路径不显著，此检验结果与模型中关系假设不一致，假设 H4bx 不成立。

H4cx：组织碳价值观通过效用体验感知间接作用于城市居民碳选择能力。据前文数据分析结果可知，组织碳价值观对碳选择能力作用路径的间接与直接效应均显著，即效用体验感知对组织碳价值观作用于碳选择能力存在部分中介效应，此检验结果与模型中关系假设一致，假设 H4cx 部分成立。

H4dx：组织碳价值观通过效用体验感知间接作用于城市居民碳行动能力。据前文数据分析结果可知，组织碳价值观对碳行动能力作用路径的间接效应显著，而直接效应变为不显著，即效用体验感知对组织碳价值观作用于碳行动能力存在完全中介效应，此检验结果与模型中关系假设一致，假设 H4dx 成立。

H4ex：组织碳价值观通过效用体验感知间接作用于城市居民碳影响能力。据前文数据分析结果可知，组织碳价值观对碳影响能力的作用路径不显著，此检验结果与模型中关系假设不一致，假设 H4ex 不成立。

H5x：组织制度规范通过效用体验感知间接作用于城市居民碳能力。据前文数据分析结果可知，组织制度规范对碳能力的作用路径不显著，此检验结果与模型中关系假设不一致，假设 H5x 不成立。

H5ax：组织制度规范通过效用体验感知间接作用于城市居民碳价值观。据前文数据分析结果可知，组织制度规范对效用体验感知的作用路径不显著，此检验结果与模型中关系假设不一致，假设 H5ax 不成立。

H5bx：组织制度规范通过效用体验感知间接作用于城市居民碳辨识能力。据前文数据分析结果可知，组织制度规范对效用体验感知的作用路径不显著，此检验结果与模型中关系假设不一致，假设 H5bx 不成立。

H5cx：组织制度规范通过效用体验感知间接作用于城市居民碳选择能力。据前文数据分析结果可知，组织制度规范对效用体验感知的作用路径不显著，此检验结果与模型中关系假设不一致，假设 H5cx 不成立。

H5dx：组织制度规范通过效用体验感知间接作用于城市居民碳行动能力。据前文数据分析结果可知，组织制度规范对效用体验感知的作用路径不显著，此检验结果与模型中关系假设不一致，假设 H5dx 不成立。

H5ex：组织制度规范通过效用体验感知间接作用于城市居民碳影响能力。据前文数据分析结果可知，组织制度规范对效用体验感知的作用路径不显著，此检验结果与模型中关系假设不一致，假设 H5ex 不成立。

H6x：组织低碳氛围通过效用体验感知间接作用于城市居民碳能力。据前文数据分析结果可知，组织低碳氛围对碳能力作用路径的间接效应显著，而直接效应变为不显著，即效用体验感知对组织低碳氛围作用于碳能力存在完全中介效应，此检验结果与模型中关系假设一致，假设 H6x 成立。

H6ax：组织低碳氛围通过效用体验感知间接作用于城市居民碳价值观。据前文数据分析结果可知，组织低碳氛围对碳价值观作用路径的间接效应显著，而直接效应变为不显著，即效用体验感知对组织低碳氛围作用于碳价值观存在完全中介效应，此检验结果与模型中关系假设一致，假设 H6ax 成立。

H6bx：组织低碳氛围通过效用体验感知间接作用于城市居民碳辨识能力。据前文数据分析结果可知，组织低碳氛围对碳辨识能力的作用路径不显著，此检验结果与模型中关系假设不一致，假设 H6bx 不成立。

H6cx：组织低碳氛围通过效用体验感知间接作用于城市居民碳选择能力。据前文数据分析结果可知，组织低碳氛围对碳选择能力的作用路径不显著，此检验结果与模型中关系假设不一致，假设 H6cx 不成立。

H6dx：组织低碳氛围通过效用体验感知间接作用于城市居民碳行动能力。据前文数据分析结果可知，组织低碳氛围对碳行动能力作用路径的间接效应显著，而直接效应变为不显著，即效用体验感知对组织低碳氛围作用于碳行动能力存在完全中介效应，此检验结果与模型中关系假设一致，假设 H6dx 成立。

H6ex：组织低碳氛围通过效用体验感知间接作用于城市居民碳影响能力。据前文数据分析结果可知，组织低碳氛围对碳影响能力作用路径的间接效应显著，而直接效应变为不显著，即效用体验感知对组织低碳氛围作用于碳影响能力存在完全中介效应，此检验结果与模型中关系假设一致，假设 H6ex 成立。

综上所述，假设检验结果见表 6-71。

表 6-71　组织因素、效用体验感知和碳能力相关假设验证

序号	研究假设	验证结论
H4x	组织碳价值观通过效用体验感知间接作用于城市居民碳能力	成立
H4ax	组织碳价值观通过效用体验感知间接作用于城市居民碳价值观	成立
H4bx	组织碳价值观通过效用体验感知间接作用于城市居民碳辨识能力	不成立
H4cx	组织碳价值观通过效用体验感知间接作用于城市居民碳选择能力	部分成立

序号	研究假设	验证结论
H4dx	组织碳价值观通过效用体验感知间接作用于城市居民碳行动能力	成立
H4ex	组织碳价值观通过效用体验感知间接作用于城市居民碳影响能力	不成立
H5x	组织制度规范通过效用体验感知间接作用于城市居民碳能力	不成立
H5ax	组织制度规范通过效用体验感知间接作用于城市居民碳价值观	不成立
H5bx	组织制度规范通过效用体验感知间接作用于城市居民碳辨识能力	不成立
H5cx	组织制度规范通过效用体验感知间接作用于城市居民碳选择能力	不成立
H5dx	组织制度规范通过效用体验感知间接作用于城市居民碳行动能力	不成立
H5ex	组织制度规范通过效用体验感知间接作用于城市居民碳影响能力	不成立
H6x	组织低碳氛围通过效用体验感知间接作用于城市居民碳能力	成立
H6ax	组织低碳氛围通过效用体验感知间接作用于城市居民碳价值观	成立
H6bx	组织低碳氛围通过效用体验感知间接作用于城市居民碳辨识能力	不成立
H6cx	组织低碳氛围通过效用体验感知间接作用于城市居民碳选择能力	不成立
H6dx	组织低碳氛围通过效用体验感知间接作用于城市居民碳行动能力	成立
H6ex	组织低碳氛围通过效用体验感知间接作用于城市居民碳影响能力	成立

H7x：社会消费文化通过效用体验感知间接作用于城市居民碳能力。据前文数据分析结果可知，社会消费文化对碳能力作用路径的间接效应显著，而直接效应变为不显著，即效用体验感知对社会消费文化作用于碳能力存在完全中介效应，此检验结果与模型中关系假设一致，假设 H7x 成立。

H7ax：社会消费文化通过效用体验感知间接作用于城市居民碳价值观。据前文数据分析结果可知，社会消费文化对碳价值观作用路径的间接效应和直接效应均显著，即效用体验感知对社会消费文化作用于碳价值观存在部分中介效应，此检验结果与模型中关系假设一致，假设 H7ax 部分成立。

H7bx：社会消费文化通过效用体验感知间接作用于城市居民碳辨识能力。据前文数据分析结果可知，社会消费文化对碳辨识能力作用路径的间接效应和直接效应均显著，即效用体验感知对社会消费文化作用于碳辨识能力存在部分中介效应，此检验结果与模型中关系假设一致，假设 H7bx 部分成立。

H7cx：社会消费文化通过效用体验感知间接作用于城市居民碳选择能力。据前文数据分析结果可知，社会消费文化对碳选择能力作用路径的间接效应和直接效应均显著，即效用体验感知对社会消费文化作用于碳选择能力存在部分中介效应，此检验结果与模型中关系假设一致，假设 H7cx 部分成立。

H7dx：社会消费文化通过效用体验感知间接作用于城市居民碳行动能力。据前文数据分析结果可知，社会消费文化对碳行动能力作用路径的间接效应显著，而直接效应变为不显著，即效用体验感知对社会消费文化作用于碳行动能力存在完全中介效应，此检验结果与模型中关系假设一致，假设 H7dx 成立。

H7ex：社会消费文化通过效用体验感知间接作用于城市居民碳影响能力。据前文数据分析结果可知，社会消费文化对碳影响能力作用路径的间接效应显著，而直接效应变为不显著，即效用体验感知对社会消费文化作用于碳影响能力存在完全中介效应，此检验结果与模型中关系假设一致，假设 H7ex 成立。

H8x：社会规范通过效用体验感知间接作用于城市居民碳能力。据前文数据分析结果可知，社会规范对碳能力作用路径的间接效应显著，而直接效应变为不显著，即效用体验感知对社会规范作用于碳能力存在完全中介效应，此检验结果与模型中关系假设一致，假设 H8x 成立。

H8ax：社会规范通过效用体验感知间接作用于城市居民碳价值观。据前文数据分析结果可知，社会规范对碳价值观作用路径的间接效应和直接效应均显著，即效用体验感知对社会规范作用于碳价值观存在部分中介效应，此检验结果与模型中关系假设一致，假设 H8ax 部分成立。

H8bx：社会规范通过效用体验感知间接作用于城市居民碳辨识能力。据前文数据分析结果可知，社会规范对碳辨识能力作用路径的间接效应和直接效应均显著，即效用体验感知对社会规范作用于碳辨识能力存在部分中介效应，此检验结果与模型中关系假设一致，假设 H8bx 部分成立。

H8cx：社会规范通过效用体验感知间接作用于城市居民碳选择能力。据前文数据分析结果可知，社会规范对碳选择能力作用路径的间接效应和直接效应均显著，即效用体验感知对社会规范作用于碳选择能力存在部分中介效应，此检验结果与模型中关系假设一致，假设 H8cx 部分成立。

H8dx：社会规范通过效用体验感知间接作用于城市居民碳行动能力。据前文数据分析结果可知，社会规范对碳行动能力作用路径的间接效应显著，而直接效应变为不显著，即效用体验感知对社会规范作用于碳行动能力存在完全中介效应，此检验结果与模型中关系假设一致，假设 H8ex 成立。

H8ex：社会规范通过效用体验感知间接作用于城市居民碳影响能力。据前文数据分析结果可知，社会规范对碳影响能力作用路径的间接效应显著，而直接效应变为不显著，即效用体验感知对社会规范作用于碳影响能力存在完全中介效应，此检验结果与模型中关系假设一致，假设 H8ex 成立。

H9x：社交货币通过效用体验感知间接作用于城市居民碳能力。据前文数据分析结果可知，社交货币对效用体验感知的作用路径不显著，此检验结果与模型中关系假设不一致，假设 H9x 不成立。

H9ax：社交货币通过效用体验感知间接作用于城市居民碳价值观。据前文数据分析结果可知，社交货币对碳价值观的作用路径和社交货币对效用体验感知的路径均不显著，此检验结果与模型中关系假设不一致，假设 H9ax 不成立。

H9bx：社交货币通过效用体验感知间接作用于城市居民碳辨识能力。据前文数据分析结果可知，社交货币对碳辨识能力的作用路径和社交货币对效用体验感知的路径均不显著，此检验结果与模型中关系假设不一致，假设 H9bx 不成立。

H9cx：社交货币通过效用体验感知间接作用于城市居民碳选择能力。据前文数据分析结果可知，社交货币对效用体验感知的作用路径不显著，此检验结果与模型中关系假设不一致，假设 H9cx 不成立。

H9dx：社交货币通过效用体验感知间接作用于城市居民碳行动能力。据前文数据分析结果可知，社交货币对效用体验感知的作用路径不显著，此检验结果与模型中关系假设不一致，假设 H9dx 不成立。

H9ex：社交货币通过效用体验感知间接作用于城市居民碳影响能力。据前文数据分析结果可知，社交货币对效用体验感知的作用路径不显著，此检验结果与模型中关系假设不一致，假设 H9ex 不成立。综上所述，假设检验结果见表 6-72。

表 6-72　社会因素、效用体验感知和碳能力相关假设验证

序号	研究假设	验证结论
H7x	社会消费文化通过效用体验感知间接作用于城市居民碳能力	成立
H7ax	社会消费文化通过效用体验感知间接作用于城市居民碳价值观	部分成立
H7bx	社会消费文化通过效用体验感知间接作用于城市居民碳辨识能力	部分成立
H7cx	社会消费文化通过效用体验感知间接作用于城市居民碳选择能力	部分成立
H7dx	社会消费文化通过效用体验感知间接作用于城市居民碳行动能力	成立
H7ex	社会消费文化通过效用体验感知间接作用于城市居民碳影响能力	成立
H8x	社会规范通过效用体验感知间接作用于城市居民碳能力	成立
H8ax	社会规范通过效用体验感知间接作用于城市居民碳价值观	部分成立
H8bx	社会规范通过效用体验感知间接作用于城市居民碳辨识能力	部分成立
H8cx	社会规范通过效用体验感知间接作用于城市居民碳选择能力	部分成立
H8dx	社会规范通过效用体验感知间接作用于城市居民碳行动能力	成立
H8ex	社会规范通过效用体验感知间接作用于城市居民碳影响能力	成立
H9x	社交货币通过效用体验感知间接作用于城市居民碳能力	不成立
H9ax	社交货币通过效用体验感知间接作用于城市居民碳价值观	不成立

续表

序号	研究假设	验证结论
H9bx	社交货币通过效用体验感知间接作用于城市居民碳辨识能力	不成立
H9cx	社交货币通过效用体验感知间接作用于城市居民碳选择能力	不成立
H9dx	社交货币通过效用体验感知间接作用于城市居民碳行动能力	不成立
H9ex	社交货币通过效用体验感知间接作用于城市居民碳影响能力	不成立

第五节　碳能力作用于效用体验感知的效应分析及假设检验

碳能力及其各维度作用于效用体验感知的效应检验结果如表 6-73 和表 6-74 所示，针对此模型，所用命令语言见附录 4（Mplus Syntax 5）。Mplus7.4 输出的 模型拟合指数结果（表 6-73）表明，模型的各个拟合指数均达到可接受水平。

表 6-73　碳能力作用于效用体验感知的模型拟合优度指数

模型拟合的卡方检验		RMSEA	
检验值	15 473.812	估计值	0.028
df	726	90%置信区间	0.026～0.029
p 值	0.000 0	精确拟合值小于等于 0.05 的概率	0.998

注：CFI = 0.942；TLI = 0.922；SRMR = 0.028

表 6-74　碳能力作用于效用体验感知的路径系数

	效应值	标准误	估计值与标准误的比	双侧检验 p 值
碳价值观→效用体验感知	0.074	0.051	1.459	0.145
碳辨识能力→效用体验感知	−0.106	0.091	−1.155	0.248
碳选择能力→效用体验感知	0.539	0.051	10.531	0.000
碳行动能力→效用体验感知	0.431	0.085	5.061	0.000
碳影响能力→效用体验感知	0.131	0.030	4.315	0.000
碳能力→效用体验感知	0.216	0.043	5.020	0.000

如表 6-74 所示，碳选择能力、碳行动能力、碳影响能力和碳能力作用于效用 体验感知的标准化估计值均显著（$p<0.05$），且均为正值，而碳价值观和碳辨识 能力作用于效用体验感知的标准化估计值则均不显著（$p>0.05$）。因此，碳选择

能力、碳行动能力、碳影响能力和碳能力正向影响效用体验感知，而碳价值观和碳辨识能力则不影响效用体验感知。

根据上述检验，结果可知，假设 H1x：城市居民碳能力对效用体验感知存在显著正向影响部分成立。假设 H1ax 和 H1bx 不成立；假设 H1cx、假设 H1dx 和假设 H1ex 成立。综上分析，假设检验结果见表 6-75。

表 6-75　效用体验感知与城市居民碳能力关系假设验证

序号	研究假设	验证结论
H1x	城市居民碳能力对效用体验感知存在显著正向影响	部分成立
H1ax	城市居民碳价值观对效用体验感知有显著正向影响	不成立
H1bx	城市居民碳辨识能力对效用体验感知有显著正向影响	不成立
H1cx	城市居民碳选择能力对效用体验感知有显著正向影响	成立
H1dx	城市居民碳行动能力对效用体验感知有显著正向影响	成立
H1ex	城市居民碳影响能力对效用体验感知有显著正向影响	成立

第六节　情境因素的调节效应分析及假设检验

本节主要讨论所有情境因素对效用体验感知与碳能力之间的调节作用。在调节作用分析之前要对自变量和外部情境变量做中心化处理，分层回归分为三个层级，第一层为效用体验感知；第二层为情境因素（低碳选择成本、政策情境因素和技术情境因素），第三层为效用体验感知与情境因素的交互项。根据上述步骤构建三个模型，其中第一个模型包括了自变量（效用体验感知）和碳能力，第二个模型将情境因素增加进去，第三个模型在第二个模型的基础上增加了各情境因素与自变量的交互作用产生的变量。如果数据检验结果显示，最终模型的决定系数（R^2）相对于第一个模型和第二个模型的 R^2 有显著增加，说明存在显著的调节效应，即情境因素能够对效用体验感知作用于碳能力的路径起到调节作用。下面将对各个情境因素的调节效应进行分别分析。

一、低碳选择成本的调节效应检验

（一）个人经济成本的调节效应检验

在不考虑其他调节变量的前提下，单独分析个人经济成本对效用体验感知作用于城市居民碳能力及其各维度的路径关系的调节效应，多层回归分析结果如表 6-76 所示。

表 6-76　个人经济成本的调节效应检验

	碳能力			碳价值观		
	模型 1	模型 2	模型 3	模型 1	模型 2	模型 3
效用体验感知	0.243^{***}	0.226^{***}	0.233^{***}	0.089^{***}	0.127^{***}	0.127^{***}
个人经济成本		0.050^{*}	0.050^{*}		-0.110^{***}	110^{***}
效用体验感知× 个人经济成本			-0.064^{**}			-0.003
R^2	0.059	0.061	0.065	0.008	0.019	0.017
F	128.255^{***}	66.609^{***}	47.487^{***}	16.477^{***}	19.539^{***}	13.024^{***}

	碳辨识能力			碳选择能力		
	模型 1	模型 2	模型 3	模型 1	模型 2	模型 3
效用体验感知	0.107^{***}	0.076^{***}	0.081^{***}	0.179^{***}	0.158^{***}	0.162^{***}
个人经济成本		0.092	-0.092^{***}		0.061^{**}	0.062^{**}
效用体验感知× 个人经济成本			-0.052^{***}			-0.039^{**}
R^2	0.011	0.019	0.021^{*}	0.032	0.034	0.045
F	23.648^{***}	19.639^{***}	14.992^{***}	67.873^{***}	37.550^{***}	65.952^{***}

	碳行动能力			碳影响能力		
	模型 1	模型 2	模型 3	模型 1	模型 2	模型 3
效用体验感知	0.274^{***}	0.265^{***}	0.268^{***}	0.137^{***}	0.108^{***}	0.116^{***}
个人经济成本		0.026	0.027		0.086^{***}	0.087^{***}
效用体验感知× 个人经济成本			-0.026			-0.080^{***}
R^2	0.075	0.075	0.076	0.019	0.025	0.032
F	166.409^{***}	83.900^{***}	56.453^{***}	39.175^{***}	26.520^{***}	22.245^{***}

注：表格内的主体数据为标准化系数（β 值）；

* 在 $p<0.05$ 水平下显著；

** 在 $p<0.01$ 水平下显著；

*** 在 $p<0.001$ 水平下显著

多层回归分析结果如下所述。

（1）个人经济成本对效用体验感知作用于城市居民碳能力路径的调节效应显著。多层回归分析模型 3 的 $F=47.487$，$p<0.001$，个人经济成本和效用体验感知的交互项作用显著，系数为 -0.064，表明个人经济成本对效用体验感知作用于城市居民碳能力的路径有负向调节作用。

（2）个人经济成本对效用体验感知作用于城市居民碳价值观路径的调节效应不显著。多层回归分析模型 3 中个人经济成本和效用体验感知的交互项作用不显著，表明个人经济成本对效用体验感知作用于城市居民碳价值观的路径没有显著的调节作用。

（3）个人经济成本对效用体验感知作用于城市居民碳辨识能力路径的调节效应显著。多层回归分析模型 3 的 $F = 14.992$，$p < 0.001$，个人经济成本和效用体验感知的交互项作用显著，系数为-0.052，这表明个人经济成本对效用体验感知作用于城市居民碳辨识能力的路径有负向调节作用。

（4）个人经济成本对效用体验感知作用于城市居民碳选择能力路径的调节效应显著。多层回归分析模型 3 的 $F = 69.952$，$p < 0.001$，个人经济成本和效用体验感知的交互项作用显著，系数为-0.039，这表明个人经济成本对效用体验感知作用于城市居民碳选择能力的路径有负向调节作用。

（5）个人经济成本对效用体验感知作用于城市居民碳行动能力路径的调节效应不显著。多层回归分析模型 3 中个人经济成本和效用体验感知的交互项作用不显著，表明个人经济成本对效用体验感知作用于城市居民碳选择能力和碳行动能力的路径均不存在调节作用。

（6）个人经济成本对效用体验感知作用于城市居民碳影响能力路径的调节效应显著。多层回归分析模型 3 的 $F = 22.245$，$p < 0.001$，个人经济成本和效用体验感知的交互项作用显著，系数为-0.080，这表明个人经济成本对效用体验感知作用于城市居民碳影响能力的路径有负向调节作用。

（二）习惯转化成本的调节效应检验

在不考虑其他调节变量的前提下，单独分析习惯转化成本对效用体验感知作用于城市居民碳能力及其各维度的路径关系的调节效应，多层回归分析结果如表 6-77 所示。

表 6-77　习惯转化成本的调节效应检验

	碳能力			碳价值观		
	模型 1	模型 2	模型 3	模型 1	模型 2	模型 3
效用体验感知	0.243***	0.240***	0.047	0.089	0.099***	0.173*
习惯转化成本		0.018	0.019		-0.066**	-0.066**
效用体验感知×习惯转化成本			-0.203**			-0.078
R^2	0.059	0.059	0.063	0.008	0.012	0.013
F	128.255***	64.458***	46.193***	16.477***	12.639***	8.857***

	碳辨识能力			碳选择能力		
	模型 1	模型 2	模型 3	模型 1	模型 2	模型 3
效用体验感知	0.107***	0.096***	0.069	0.179***	0.177***	−0.012
习惯转化成本		0.071**	−0.072**		0.016	0.017
效用体验感知× 习惯转化成本			−0.174*			−0.198**
R^2	0.011	0.016	0.019	0.032	0.032	0.036
F	23.648***	16.972***	13.491***	67.873***	34.179***	25.687***

	碳行动能力			碳影响能力		
	模型 1	模型 2	模型 3	模型 1	模型 2	模型 3
效用体验感知	0.274***	0.263***	0.225**	0.137***	0.140***	−0.116
习惯转化成本		0.071**	0.071**		−0.023	−0.021
效用体验感知× 习惯转化成本			−0.041			−0.270***
R^2	0.075	0.080	0.080	0.019	0.019	0.027
F	166.409***	89.097***	59.504***	39.175***	20.1285***	18.6955***

注：表格内的主体数据为标准化系数（β 值）；

* 在 $p < 0.05$ 水平下显著；

** 在 $p < 0.01$ 水平下显著；

*** 在 $p < 0.001$ 水平下显著

多层回归分析结果如下所述。

（1）习惯转化成本对效用体验感知作用于城市居民碳能力路径的调节效应显著。多层回归分析模型 3 的 $F = 46.193$，$p < 0.001$，习惯转化成本和效用体验感知的交互项作用显著，系数为−0.203，这表明习惯转化成本对效用体验感知作用于城市居民碳能力的路径有负向调节作用。

（2）习惯转化成本对效用体验感知作用于城市居民碳价值观路径的调节效应不显著。多层回归分析模型 3 中习惯转化成本和效用体验感知的交互项作用不显著，表明习惯转化成本对效用体验感知作用于城市居民碳价值观的路径没有显著的调节作用。

（3）习惯转化成本对效用体验感知作用于城市居民碳辨识能力路径的调节效应显著。多层回归分析模型 3 的 $F = 13.491$，$p < 0.001$，习惯转化成本和效用体验感知的交互项作用显著，系数为−0.174，这表明习惯转化成本对效用体验感知作用于城市居民碳辨识能力的路径有负向调节作用。

（4）习惯转化成本对效用体验感知作用于城市居民碳选择能力路径的调节效应显著。多层回归分析模型 3 的 $F = 25.687$，$p < 0.001$，习惯转化成本和效用体验感知的交互项作用显著，系数为−0.198，这表明习惯转化成本对效用体验感知作用于城市居民碳选择能力的路径有负向调节作用。

（5）习惯转化成本对效用体验感知作用于城市居民碳行动能力路径的调节效应不显著。多层回归分析模型 3 中习惯转化成本和效用体验感知的交互项作用不显著，表明习惯转化成本对效用体验感知作用于城市居民碳行动能力的路径没有显著的调节作用。

（6）习惯转化成本对效用体验感知作用于城市居民碳影响能力路径的调节效应显著。多层回归分析模型 3 的 $F = 19.695$，$p < 0.001$，习惯转化成本和效用体验感知的交互项作用显著，系数为 -0.270，这表明习惯转化成本对效用体验感知作用于城市居民碳影响能力的路径有负向调节作用。

（三）行为实施成本的调节效应检验

在不考虑其他调节变量的前提下，单独分析行为实施成本对效用体验感知作用于城市居民碳能力及其各维度的路径关系的调节效应，多层回归分析结果如表 6-78 所示。

表 6-78　行为实施成本的调节效应检验

	碳能力			碳价值观		
	模型 1	模型 2	模型 3	模型 1	模型 2	模型 3
效用体验感知	0.243***	0.236***	0.237***	0.089***	0.068**	0.067**
行为实施成本		−0.048*	−0.051*		−0.157***	−0.151***
效用体验感知×行为实施成本			0.012			−0.027
R^2	0.059	0.061	0.061	0.008	0.032	0.033
F	128.255***	66.739***	44.576***	16.477***	34.055***	23.201***

	碳辨识能力			碳选择能力		
	模型 1	模型 2	模型 3	模型 1	模型 2	模型 3
效用体验感知	0.107***	0.111***	0.113***	0.179***	0.174***	0.175***
行为实施成本		0.029	0.021		−0.032	−0.034
效用体验感知×行为实施成本			0.037			0.007
R^2	0.011	0.012	0.014	0.032	0.033	0.033
F	23.648***	12.684***	9.378***	67.873***	35.032***	23.381***

	碳行动能力			碳影响能力		
	模型 1	模型 2	模型 3	模型 1	模型 2	模型 3
效用体验感知	0.274***	0.275***	0.273***	0.137***	0.140***	0.141***

	碳行动能力			碳影响能力		
	模型 1	模型 2	模型 3	模型 1	模型 2	模型 3
行为实施成本		0.005	0.008		0.020	0.014
效用体验感知× 行为实施成本			-0.018^{***}			0.028
R^2	0.075	0.075	0.075	0.019	0.019	0.020
F	166.409^{***}	83.192^{***}	55.673^{***}	39.175^{***}	19.991^{***}	13.862^{***}

注：表格内的主体数据为标准化系数（β 值）；

* 在 $p<0.05$ 水平下显著；

** 在 $p<0.01$ 水平下显著；

*** 在 $p<0.001$ 水平下显著

多层回归分析结果如下所述。

（1）行为实施成本对效用体验感知作用于城市居民碳能力、碳价值观、碳辨识能力、碳选择能力和碳影响能力路径的调节效应不显著。多层回归分析模型 3 中行为实施成本和效用体验感知的交互项作用均不显著，表明行为实施成本对效用体验感知作用于城市居民碳能力、碳价值观、碳辨识能力、碳选择能力和碳影响能力的路径均不存在调节作用。

（2）行为实施成本对效用体验感知作用于城市居民碳行动能力路径的调节效应显著。多层回归分析模型 3 的 $F=55.673$，$p<0.001$，行为实施成本和效用体验感知的交互项作用显著，系数为–0.018，这表明行为实施成本对效用体验感知作用于城市居民碳行动能力的路径有负向调节作用。

二、技术情境因素的调节效应检验

（一）产品技术成熟度的调节效应检验

在不考虑其他调节变量的前提下，单独分析产品技术成熟度对效用体验感知作用于城市居民碳能力及其各维度的路径关系的调节效应，多层回归分析结果如表 6-79 所示。

表 6-79　产品技术成熟度的调节效应检验

	碳能力			碳价值观		
	模型 1	模型 2	模型 3	模型 1	模型 2	模型 3
效用体验感知	0.243^{***}	0.214^{***}	0.219^{***}	0.089^{***}	0.085^{***}	0.087^{***}

	碳能力			碳价值观		
	模型 1	模型 2	模型 3	模型 1	模型 2	模型 3
产品技术成熟度		0.067**	0.069**		0.010	0.010
效用体验感知×产品技术成熟度			0.057**			0.023
R^2	0.059	0.063	0.066	0.008	0.008	0.008
F	128.255***	68.394***	48.116***	16.477***	8.309***	5.901**

	碳辨识能力			碳选择能力		
	模型 1	模型 2	模型 3	模型 1	模型 2	模型 3
效用体验感知	0.107***	0.098***	0.102***	0.179***	0.142***	0.143***
产品技术成熟度		0.019	0.020		0.087***	0.087***
效用体验感知×产品技术成熟度			0.036			0.014
R^2	0.011	0.012	0.013	0.032	0.038	0.038
F	23.648***	12.131***	8.996***	67.873***	40.717***	27.271***

	碳行动能力			碳影响能力		
	模型 1	模型 2	模型 3	模型 1	模型 2	模型 3
效用体验感知	0.274***	0.232***	0.237***	0.137***	0.130***	0.135***
产品技术成熟度		0.099***	0.100***		0.016	0.017
效用体验感知×产品技术成熟度			0.054*			0.055
R^2	0.075	0.083	0.086	0.019	0.019	0.022
F	166.409***	92.870***	64.236***	39.175***	19.783***	15.290***

注：表格内的主体数据为标准化系数（β 值）；

* 在 $p < 0.05$ 水平下显著；

** 在 $p < 0.01$ 水平下显著；

*** 在 $p < 0.001$ 水平下显著

多层回归分析结果如下所述。

（1）产品技术成熟度对效用体验感知作用于城市居民碳能力路径的调节效应显著。多层回归分析模型 3 的 $F = 48.116$，$p < 0.001$，产品技术成熟度和效用体验感知的交互项作用显著，系数为 0.057，这表明产品技术成熟度对效用体验感知作用于城市居民碳能力的路径有正向调节作用。

（2）产品技术成熟度对效用体验感知作用于城市居民碳价值观路径的调节效应不显著。多层回归分析模型 3 中产品技术成熟度和效用体验感知的交互项作用不显著，表明产品技术成熟度对效用体验感知作用于城市居民碳价值观的路径没有显著的调节作用。

（3）产品技术成熟度对效用体验感知作用于城市居民碳辨识能力路径的调节效应不显著。多层回归分析模型 3 中产品技术成熟度和效用体验感知的交互项作用不显著，表明产品技术成熟度对效用体验感知作用于城市居民碳辨识能力的路径没有显著的调节作用。

（4）产品技术成熟度对效用体验感知作用于城市居民碳选择能力路径的调节效应不显著。多层回归分析模型 3 中产品技术成熟度和效用体验感知的交互项作用不显著，表明产品技术成熟度对效用体验感知作用于城市居民碳选择能力的路径没有显著的调节作用。

（5）产品技术成熟度对效用体验感知作用于城市居民碳行动能力路径的调节效应显著。多层回归分析模型 3 的 $F = 64.236$，$p < 0.001$，产品技术成熟度和效用体验感知的交互项作用显著，系数为 0.054，这表明产品技术成熟度对效用体验感知作用于城市居民碳行动能力的路径有正向调节作用。

（6）产品技术成熟度对效用体验感知作用于城市居民碳影响能力路径的调节效应不显著。多层回归分析模型 3 中产品技术成熟度和效用体验感知的交互项作用不显著，表明产品技术成熟度对效用体验感知作用于城市居民碳影响能力的路径没有显著的调节作用。

（二）产品易获得性的调节效应检验

在不考虑其他调节变量的前提下，单独分析产品易获得性对效用体验感知作用于城市居民碳能力及其各维度的路径关系的调节效应，多层回归分析结果如表 6-80 所示。

表 6-80　产品易获得性的调节效应检验

	碳能力			碳价值观		
	模型 1	模型 2	模型 3	模型 1	模型 2	模型 3
效用体验感知	0.243***	0.212***	0.221***	0.089***	0.105***	0.112***
产品易获得性		0.148***	0.138***		−0.076***	−0.083***
效用体验感知×产品易获得性			0.089***			0.061
R^2	0.059	0.080	0.088	0.008	0.013	0.017
F	128.255***	88.962***	65.511***	16.477***	13.995	11.877

	碳辨识能力			碳选择能力		
	模型 1	模型 2	模型 3	模型 1	模型 2	模型 3
效用体验感知	0.107***	0.078***	0.087***	0.179***	0.154***	0.155***

续表

	碳辨识能力			碳选择能力		
	模型 1	模型 2	模型 3	模型 1	模型 2	模型 3
产品易获得性		0.136***	0.125***		0.119***	0.118***
效用体验感知×产品易获得性			0.085***			0.008
R^2	0.011	0.029	0.035	0.032	0.046	0.046
F	23.648***	30.562***	25.484***	67.873***	48.995***	32.689***

	碳行动能力			碳影响能力		
	模型 1	模型 2	模型 3	模型 1	模型 2	模型 3
效用体验感知	0.274***	0.253***	0.262***	0.137***	0.098***	0.102***
产品易获得性		0.096***	0.086***		0.184***	0.179***
效用体验感知×产品易获得性			0.078***			0.038
R^2	0.075	0.084	0.090	0.019	0.051	0.053
F	166.409***	93.840***	67.408***	39.175***	55.196***	37.879***

注：表格内的主体数据为标准化系数（β 值）；

*** 在 $p < 0.001$ 水平下显著

多层回归分析结果如下所述。

（1）产品易获得性对效用体验感知作用于城市居民碳能力路径的调节效应显著。多层回归分析模型 3 的 $F = 65.511$，$p < 0.001$，产品易获得性和效用体验感知的交互项作用显著，系数为 0.089，这表明产品易获得性对效用体验感知作用于城市居民碳能力的路径有正向调节作用。

（2）产品易获得性对效用体验感知作用于城市居民碳价值观路径的调节效应不显著。多层回归分析模型 3 中产品易获得性和效用体验感知的交互项作用不显著，表明产品易获得性对效用体验感知作用于城市居民碳价值观的路径没有显著的调节作用。

（3）产品易获得性对效用体验感知作用于城市居民碳辨识能力路径的调节效应显著。多层回归分析模型 3 的 $F = 25.484$，$p < 0.001$，产品易获得性和效用体验感知的交互项作用显著，系数为 0.085，这表明产品易获得性对效用体验感知作用于城市居民碳辨识能力的路径有正向调节作用。

（4）产品易获得性对效用体验感知作用于城市居民碳选择能力路径的调节效应不显著。多层回归分析模型 3 中产品易获得性和效用体验感知的交互项作用不显著，表明产品易获得性对效用体验感知作用于城市居民碳选择能力的路径没有显著的调节作用。

（5）产品易获得性对效用体验感知作用于城市居民碳行动能力路径的调节效应显著。多层回归分析模型 3 的 $F = 67.408$，$p < 0.001$，产品易获得性和效用体验感知的交互项作用显著，系数为 0.078，这表明产品易获得性对效用体验感知作用于城市居民碳行动能力的路径有正向调节作用。

（6）产品易获得性对效用体验感知作用于城市居民碳影响能力路径的调节效应不显著。多层回归分析模型 3 中产品易获得性和效用体验感知的交互项作用不显著，表明产品易获得性对效用体验感知作用于城市居民碳影响能力的路径没有显著的调节作用。

（三）设施完备性的调节效应检验

在不考虑其他调节变量的前提下，单独分析基础设施完备性对效用体验感知作用于城市居民碳能力及其各维度的路径关系的调节效应，多层回归分析结果如表 6-81 所示。

表 6-81　基础设施完备性的调节效应检验

	碳能力			碳价值观		
	模型 1	模型 2	模型 3	模型 1	模型 2	模型 3
效用体验感知	0.243***	0.217***	0.226***	0.089***	0.094***	0.098***
基础设施完备性		0.156***	0.143***		−0.027	−0.034
效用体验感知×基础设施完备性			0.069**			0.036
R^2	0.059	0.083	0.087	0.008	0.009	0.010
F	128.255***	92.132***	65.050***	16.477***	8.987***	6.828***

	碳辨识能力			碳选择能力		
	模型 1	模型 2	模型 3	模型 1	模型 2	模型 3
效用体验感知	0.107***	0.083***	0.090***	0.179***	0.160***	0.163***
基础设施完备性		0.144***	0.132***		0.113***	0.109***
效用体验感知×基础设施完备性			0.057*			0.019
R^2	0.011	0.031	0.035	0.032	0.044	0.045
F	23.648***	33.254***	24.456***	67.873***	47.560***	31.961***

	碳行动能力			碳影响能力		
	模型 1	模型 2	模型 3	模型 1	模型 2	模型 3
效用体验感知	0.274***	0.257***	0.266***	0.137***	0.111***	0.116***
基础设施完备性		0.099***	0.086***		0.153***	0.146***
效用体验感知×基础设施完备性			0.066**			0.035
R^2	0.075	0.084	0.089	0.019	0.041	0.043
F	166.409***	94.722***	66.471***	39.175***	44.353	30.425

注：表格内的主体数据为标准化系数（β 值）；

***在 $p < 0.001$ 水平下显著

多层回归分析结果如下所述。

（1）基础设施完备性对效用体验感知作用于城市居民碳能力路径的调节效应显著。多层回归分析模型 3 的 $F = 65.050$，$p < 0.001$，基础设施完备性和效用体验感知的交互项作用显著，系数为 0.069，这表明基础设施完备性对效用体验感知作用于城市居民碳能力的路径有正向调节作用。

（2）基础设施完备性对效用体验感知作用于城市居民碳价值观路径的调节效应不显著。多层回归分析模型 3 中基础设施完备性和效用体验感知的交互项作用不显著，表明基础设施完备性对效用体验感知作用于城市居民碳价值观的路径没有显著的调节作用。

（3）基础设施完备性对效用体验感知作用于城市居民碳辨识能力路径的调节效应显著。多层回归分析模型 3 的 $F = 24.456$，$p < 0.001$，基础设施完备性和效用体验感知的交互项作用显著，系数为 0.057，表明基础设施完备性对效用体验感知作用于城市居民碳辨识能力的路径有正向调节作用。

（4）基础设施完备性对效用体验感知作用于城市居民碳选择能力路径的调节效应不显著。多层回归分析模型 3 中基础设施完备性和效用体验感知的交互项作用不显著，表明基础设施完备性对效用体验感知作用于城市居民碳选择能力的路径没有显著的调节作用。

（5）基础设施完备性对效用体验感知作用于城市居民碳行动能力路径的调节效应显著。多层回归分析模型 3 的 $F = 66.471$，$p < 0.001$，基础设施完备性和效用体验感知的交互项作用显著，系数为 0.066，表明基础设施完备性对效用体验感知作用于城市居民碳行动能力的路径有正向调节作用。

（6）基础设施完备性对效用体验感知作用于城市居民碳影响能力路径的调节效应不显著。多层回归分析模型 3 中基础设施完备性和效用体验感知的交互项作用不显著，表明基础设施完备性对效用体验感知作用于城市居民碳影响能力的路径没有显著的调节作用。

三、政策情境的调节效应检验

（一）政策普及程度的调节效应检验

在不考虑其他调节变量的前提下，单独分析政策普及程度对效用体验感知作用于城市居民碳能力及其各维度的路径关系的调节效应，多层回归分析结果如表 6-82 所示。

表 6-82 政策普及程度的调节效应检验

	碳能力			碳价值观		
	模型 1	模型 2	模型 3	模型 1	模型 2	模型 3
效用体验感知	0.243***	0.212***	0.223***	0.089	0.102***	0.099***
政策普及程度		0.161***	0.149***		−0.067**	−0.064**
效用体验感知×政策普及程度			0.074**			−0.021
R^2	0.059	0.084	0.089	0.008	0.012	0.013
F	128.255***	93.868***	66.861***	16.477***	12.805***	8.838***

	碳辨识能力			碳选择能力		
	模型 1	模型 2	模型 3	模型 1	模型 2	模型 3
效用体验感知	0.107***	0.074***	0.084***	0.179***	0.165***	0.170***
政策普及程度		0.173**	0.162***		0.070**	0.066**
效用体验感知×政策普及程度			0.067**			0.028
R^2	0.011	0.040	0.045	0.032	0.037	0.038
F	23.648***	42.896***	31.829***	67.873***	39.165***	26.656***

	碳行动能力			碳影响能力		
	模型 1	模型 2	模型 3	模型 1	模型 2	模型 3
效用体验感知	0.274***	0.247***	0.260***	0.137***	0.100***	0.113***
政策普及程度		0.139***	0.125***		0.193***	0.179***
效用体验感知×政策普及程度			0.079***			0.085***
R^2	0.075	0.093	0.099	0.019	0.055	0.061
F	166.409***	105.861***	75.569***	39.175***	59.158***	44.704***

注：表格内的主体数据为标准化系数（β 值）；

**在 $p < 0.01$ 水平下显著；

***在 $p < 0.001$ 水平下显著

多层回归分析结果如下所述。

（1）政策普及程度对效用体验感知作用于城市居民碳能力路径的调节效应显著。多层回归分析模型 3 的 $F = 66.861$，$p < 0.001$，具有统计意义，政策普及程度和效用体验感知的交互项作用显著，系数为 0.074，表明政策普及程度对效用体验感知作用于城市居民碳能力的路径有正向调节作用。

（2）政策普及程度对效用体验感知作用于城市居民碳价值观路径的调节效应不显著。多层回归分析模型 3 中政策普及程度和效用体验感知的交互项作用不显著，表明政策普及程度对效用体验感知作用于城市居民碳价值观的路径没有显著的调节作用。

（3）政策普及程度对效用体验感知作用于城市居民碳辨识能力路径的调节效应显著。多层回归分析模型 3 的 $F = 31.829$，$p < 0.001$，具有统计意义，政策普及

程度和效用体验感知的交互项作用显著，系数为 0.067，表明政策普及程度对效用体验感知作用于城市居民碳辨识能力的路径有正向调节作用。

（4）政策普及程度对效用体验感知作用于城市居民碳选择能力路径的调节效应不显著。多层回归分析模型 3 中政策普及程度和效用体验感知的交互项作用不显著，表明政策普及程度对效用体验感知作用于城市居民碳选择能力的路径没有显著的调节作用。

（5）政策普及程度对效用体验感知作用于城市居民碳行动能力路径的调节效应显著。多层回归分析模型 3 的 $F = 75.5697$，$p < 0.001$，具有统计意义，政策普及程度和效用体验感知的交互项作用显著，系数为 0.079，表明政策普及程度对效用体验感知作用于城市居民碳行动能力的路径有正向调节作用。

（6）政策普及程度对效用体验感知作用于城市居民碳影响能力路径的调节效应显著。多层回归分析模型 3 的 $F = 44.704$，$p < 0.001$，具有统计意义，政策普及程度和效用体验感知的交互项作用显著，系数为 0.085，表明政策普及程度对效用体验感知作用于城市居民碳影响能力的路径有正向调节作用。

（二）政策执行效度的调节效应检验

在不考虑其他调节变量的前提下，单独分析政策执行效度对效用体验感知作用于城市居民碳能力及其各维度的路径关系的调节效应，多层回归分析结果如表 6-83 所示。

表 6-83 政策执行效度的调节效应检验

	碳能力			碳价值观		
	模型 1	模型 2	模型 3	模型 1	模型 2	模型 3
效用体验感知	0.243***	0.215***	0.223***	0.089***	0.105***	0.102***
政策实施效度		0.140***	0.127***		−0.080***	−0.075**
效用体验感知× 政策实施效度			0.070**			−0.027
R^2	0.059	0.078	0.082	0.008	0.014	0.015
F	128.255***	86.168***	61.180***	16.477***	14.687***	10.278***
	碳辨识能力			碳选择能力		
	模型 1	模型 2	模型 3	模型 1	模型 2	模型 3
效用体验感知	0.107***	0.074**	0.081***	0.179***	0.164***	0.167***
政策实施效度		0.166***	0.155***		0.077***	0.073**
效用体验感知× 政策实施效度			0.062**			0.024
R^2	0.011	0.038	0.042	0.032	0.038	0.038
F	23.648***	40.467***	29.663***	67.873***	40.202***	27.198***

	碳行动能力			碳影响能力		
	模型 1	模型 2	模型 3	模型 1	模型 2	模型 3
效用体验感知	0.274***	0.251***	0.259***	0.137***	0.105***	0.116***
政策实施效度		0.114***	0.102***		0.161***	0.143***
效用体验感知× 政策实施效度			0.065**			0.098***
R^2	0.075	0.087	0.091	0.019	0.044	0.053
F	166.409***	98.299***	68.819***	39.175***	46.706***	38.128***

注：表格内的主体数据为标准化系数（β 值）；

**在 $p < 0.01$ 水平下显著；

***在 $p < 0.001$ 水平下显著

多层回归分析结果如下所述。

（1）政策执行效度对效用体验感知作用于城市居民碳能力路径的调节效应显著。多层回归分析模型 3 的 $F = 61.180$，$p < 0.001$，政策执行效度和效用体验感知的交互项作用显著，系数为 0.070，表明政策执行效度对效用体验感知作用于城市居民碳能力的路径有正向调节作用。

（2）政策执行效度对效用体验感知作用于城市居民碳价值观路径的调节效应不显著。多层回归分析模型 3 中政策执行效度和效用体验感知的交互项作用不显著，表明政策执行效度对效用体验感知作用于城市居民碳价值观的路径没有显著的调节作用。

（3）政策执行效度对效用体验感知作用于城市居民碳辨识能力路径的调节效应显著。多层回归分析模型 3 的 $F = 29.663$，$p < 0.001$，政策执行效度和效用体验感知的交互项作用显著，系数为 0.062，表明政策执行效度对效用体验感知作用于城市居民碳辨识能力的路径有正向调节作用。

（4）政策执行效度对效用体验感知作用于城市居民碳选择能力路径的调节效应不显著。多层回归分析模型 3 中政策执行效度和效用体验感知的交互项作用不显著，表明政策执行效度对效用体验感知作用于城市居民碳选择能力的路径没有显著的调节作用。

（5）政策执行效度对效用体验感知作用于城市居民碳行动能力路径的调节效应显著。多层回归分析模型 3 的 $F = 68.819$，$p < 0.001$，政策执行效度和效用体验感知的交互项作用显著，系数为 0.065，表明政策执行效度对效用体验感知作用于城市居民碳行动能力的路径有正向调节作用。

（6）政策执行效度对效用体验感知作用于城市居民碳影响能力路径的调节效应显著。多层回归分析模型 3 的 $F = 38.128$，$p < 0.001$，政策执行效度和效用体

感知的交互项作用显著，系数为 0.098，表明政策执行效度对效用体验感知作用于城市居民碳影响能力的路径有正向调节作用。

四、情境因素的调节效应相关假设检验

根据上述实证分析结果，下面对本书理论模型中提出的情境变量的相关路径关系假设分别进行检验。

（一）低碳选择成本的调节效应相关假设检验

H10a：个人经济成本对效用体验感知作用于城市居民碳能力的路径关系存在显著调节作用。个人经济成本对效用体验感知作用于城市居民碳能力路径的有负向调节作用，系数为 -0.064（$p<0.01$），此结果与假设一致，假设 H10a 成立。

H10ax$_1$：个人经济成本对效用体验感知作用于城市居民碳价值观的路径关系存在显著调节作用。据前文数据分析结果可知，个人经济成本对效用体验感知作用于城市居民碳价值观路径的调节效应不显著，假设 H10ax$_1$ 不成立。

H10ax$_2$：个人经济成本对效用体验感知作用于城市居民碳辨识能力的路径关系存在显著调节作用。据前文数据分析结果可知，个人经济成本对效用体验感知作用于城市居民碳辨识能力的路径有负向调节作用，系数为 -0.052（$p<0.001$），假设 H10ax$_2$ 成立。

H10ax$_3$：个人经济成本对效用体验感知作用于城市居民碳选择能力的路径关系存在显著调节作用。据前文数据分析结果可知，个人经济成本对效用体验感知作用于城市居民碳选择能力路径的调节效应显著，假设 H10ax$_3$ 成立。

H10ax$_4$：个人经济成本对效用体验感知作用于城市居民碳行动能力的路径关系存在显著调节作用。据前文数据分析结果可知，个人经济成本对效用体验感知作用于城市居民碳行动能力路径的调节效应不显著，假设 H10ax$_4$ 不成立。

H10ax$_5$：个人经济成本对效用体验感知作用于城市居民碳影响能力的路径关系存在显著调节作用。据前文数据分析结果可知，个人经济成本对效用体验感知作用于城市居民碳影响能力的路径有负向调节作用，系数为 -0.080（$p<0.001$），假设 H10ax$_5$ 成立。

H10b：习惯转化成本对效用体验感知作用于城市居民碳能力的路径关系存在显著调节作用。据前文数据分析结果可知，习惯转化成本对效用体验感知作用于城市居民碳能力的路径有负向调节作用，系数为 -0.203（$p<0.01$），假设 H10b 成立。

H10bx$_1$：习惯转化成本对效用体验感知作用于城市居民碳价值观的路径关系

存在显著调节作用。据前文数据分析结果可知，习惯转化成本对效用体验感知作用于城市居民碳价值观的路径没有显著的调节作用，假设 H10bx$_1$ 不成立。

H10bx$_2$：习惯转化成本对效用体验感知作用于城市居民碳辨识能力的路径关系存在显著调节作用。据前文数据分析结果可知，习惯转化成本对效用体验感知作用于城市居民碳辨识能力的路径有负向调节作用，系数为 -0.174（$p < 0.05$），假设 H10bx$_2$ 成立。

H10bx$_3$：习惯转化成本对效用体验感知作用于城市居民碳选择能力的路径关系存在显著调节作用。据前文数据分析结果可知，习惯转化成本对效用体验感知作用于城市居民碳选择能力的路径有负向调节作用，系数为 -0.198（$p < 0.01$），假设 H10bx$_3$ 成立。

H10bx$_4$：习惯转化成本对效用体验感知作用于城市居民碳行动能力的路径关系存在显著调节作用。据前文数据分析结果可知，习惯转化成本对效用体验感知作用于城市居民碳行动能力的路径没有显著的调节作用，假设 H10bx$_4$ 不成立。

H10bx$_5$：习惯转化成本对效用体验感知作用于城市居民碳影响能力的路径关系存在显著调节作用。据前文数据分析结果可知，习惯转化成本对效用体验感知作用于城市居民碳影响能力的路径有负向调节作用，系数为 -0.270（$p < 0.001$），假设 H10bx$_5$ 成立。

H10c：行为实施成本对效用体验感知作用于城市居民碳能力的路径关系存在显著调节作用。据前文数据分析结果可知，行为实施成本对效用体验感知作用于城市居民碳能力的路径没有显著的调节作用，假设 H10c 不成立。

H10cx$_1$：行为实施成本对效用体验感知作用于城市居民碳价值观的路径关系存在显著调节作用。据前文数据分析结果可知，行为实施成本对效用体验感知作用于城市居民碳价值观的路径没有显著的调节作用，假设 H10cx$_1$ 不成立。

H10cx$_2$：行为实施成本对效用体验感知作用于城市居民碳辨识能力的路径关系存在显著调节作用。据前文数据分析结果可知，行为实施成本对效用体验感知作用于城市居民碳辨识能力的路径没有显著的调节作用，假设 H10cx$_2$ 不成立。

H10cx$_3$：行为实施成本对效用体验感知作用于城市居民碳选择能力的路径关系存在显著调节作用。据前文数据分析结果可知，行为实施成本对效用体验感知作用于城市居民碳选择能力的路径没有显著的调节作用，假设 H10cx$_3$ 不成立。

H10cx$_4$：行为实施成本对效用体验感知作用于城市居民碳行动能力的路径关系存在显著调节作用。据前文数据分析结果可知，行为实施成本对效用体验感知作用于城市居民碳行动能力的路径有显著的负向调节作用，系数为 -0.018（$p < 0.001$），假设 H10cx$_4$ 成立。

H10cx$_5$：行为实施成本对效用体验感知作用于城市居民碳影响能力的路径关

系存在显著调节作用。据前文数据分析结果可知，行为实施成本对效用体验感知作用于城市居民碳影响能力的路径没有显著的调节作用，假设 H10cx$_5$ 不成立。

综上分析，假设 H10（低碳选择成本对效用体验感知作用于城市居民碳能力的路径关系存在显著调节作用）部分成立，假设检验如表 6-84 所示。

表 6-84　低碳选择成本的调节效应相关假设验证结果

序号	研究假设	验证结论
H10	低碳选择成本对效用体验感知作用于城市居民碳能力的路径关系存在显著调节作用	部分成立
H10a	个人经济成本对效用体验感知作用于城市居民碳能力的路径关系存在显著调节作用	成立
H10ax$_1$	个人经济成本对效用体验感知作用于城市居民碳价值观的路径关系存在显著调节作用	不成立
H10ax$_2$	个人经济成本对效用体验感知作用于城市居民碳辨识能力的路径关系存在显著调节作用	成立
H10ax$_3$	个人经济成本对效用体验感知作用于城市居民碳选择能力的路径关系存在显著调节作用	成立
H10ax$_4$	个人经济成本对效用体验感知作用于城市居民碳行动能力的路径关系存在显著调节作用	成立
H10ax$_5$	个人经济成本对效用体验感知作用于城市居民碳影响能力的路径关系存在显著调节作用	成立
H10b	习惯转化成本对效用体验感知作用于城市居民碳能力的路径关系存在显著调节作用	成立
H10bx$_1$	习惯转化成本对效用体验感知作用于城市居民碳价值观的路径关系存在显著调节作用	不成立
H10bx$_2$	习惯转化成本对效用体验感知作用于城市居民碳辨识能力的路径关系存在显著调节作用	成立
H10bx$_3$	习惯转化成本对效用体验感知作用于城市居民碳选择能力的路径关系存在显著调节作用	成立
H10bx$_4$	习惯转化成本对效用体验感知作用于城市居民碳行动能力的路径关系存在显著调节作用	不成立
H10bx$_5$	习惯转化成本对效用体验感知作用于城市居民碳影响能力的路径关系存在显著调节作用	成立
H10c	行为实施成本对效用体验感知作用于城市居民碳能力的路径关系存在显著调节作用	不成立
H10cx$_1$	行为实施成本对效用体验感知作用于城市居民碳价值观的路径关系存在显著调节作用	不成立
H10cx$_2$	行为实施成本对效用体验感知作用于城市居民碳辨识能力的路径关系存在显著调节作用	不成立
H10cx$_3$	行为实施成本对效用体验感知作用于城市居民碳选择能力的路径关系存在显著调节作用	不成立
H10cx$_4$	行为实施成本对效用体验感知作用于城市居民碳行动能力的路径关系存在显著调节作用	成立
H10cx$_5$	行为实施成本对效用体验感知作用于城市居民碳影响能力的路径关系存在显著调节作用	不成立

（二）技术情境因素的调节效应相关假设检验

H11a：产品技术成熟度对效用体验感知作用于城市居民碳能力的路径关系存在显著调节作用。据前文数据分析结果可知，产品技术成熟度对效用体验感知作用于城市居民碳能力的路径有正向调节作用，系数为 0.057（$p<0.01$），假设 H11a 成立。

H11ax$_1$：产品技术成熟度对效用体验感知作用于城市居民碳价值观的路径关系存在显著调节作用。据前文数据分析结果可知，产品技术成熟度和效用体验感知的交互项作用不显著，表明产品技术成熟度对效用体验感知作用于城市居民碳价值观的路径没有显著的调节作用，假设 H11ax$_1$ 不成立。

H11ax$_2$：产品技术成熟度对效用体验感知作用于城市居民碳辨识能力的路径关系存在显著调节作用。据前文数据分析结果可知，产品技术成熟度和效用体验感知的交互项作用不显著，表明产品技术成熟度对效用体验感知作用于城市居民碳辨识能力的路径没有显著的调节作用，假设 H11ax$_2$ 不成立。

H11ax$_3$：产品技术成熟度对效用体验感知作用于城市居民碳选择能力的路径关系存在显著调节作用。据前文数据分析结果可知，产品技术成熟度和效用体验感知的交互项作用不显著，表明产品技术成熟度对效用体验感知作用于城市居民碳选择能力的路径没有显著的调节作用，假设 H11ax$_3$ 不成立。

H11ax$_4$：产品技术成熟度对效用体验感知作用于城市居民碳行动能力的路径关系存在显著调节作用。据前文数据分析结果可知，产品技术成熟度对效用体验感知作用于城市居民碳行动能力的路径有正向调节作用系数为 0.054（$p<0.05$），假设 H11ax$_4$ 成立。

H11ax$_5$：产品技术成熟度对效用体验感知作用于城市居民碳影响能力的路径关系存在显著调节作用。据前文数据分析结果可知，产品技术成熟度和效用体验感知的交互项作用不显著，表明产品技术成熟度对效用体验感知作用于城市居民碳影响能力的路径没有显著的调节作用，假设 H11ax$_5$ 不成立。

H11b：产品易获得性对效用体验感知作用于城市居民碳能力的路径关系存在显著调节作用；据前文数据分析结果可知，产品易获得性对效用体验感知作用于城市居民碳能力的路径有正向调节作用，系数为 0.089（$p<0.001$），假设 H11b 成立。

H11bx$_1$：产品易获得性对效用体验感知作用于城市居民碳价值观的路径关系存在显著调节作用。据前文数据分析结果可知，产品易获得性和效用体验感知的交互项作用不显著，表明产品易获得性对效用体验感知作用于城市居民碳价值观的路径没有显著的调节作用，此检验结果与假设不一致，假设 H11bx$_1$ 不成立。

H11bx$_2$：产品易获得性对效用体验感知作用于城市居民碳辨识能力的路径关系存在显著调节作用。据前文数据分析结果可知，产品易获得性对效用体验感知作用于城市居民碳辨识能力的路径有正向调节作用，系数为 0.085（$p<0.001$），假设 H11bx$_2$ 成立。

H11bx$_3$：产品易获得性对效用体验感知作用于城市居民碳选择能力的路径关系存在显著调节作用。据前文数据分析结果可知，产品易获得性和效用体验感知的交互项作用不显著，表明产品易获得性对效用体验感知作用于城市居民碳选择能力的路径没有显著的调节作用，此结果与假设不一致，假设 H11bx$_3$ 不成立。

H11bx$_4$：产品易获得性对效用体验感知作用于城市居民碳行动能力的路径关系存在显著调节作用。据前文数据分析结果可知，产品易获得性对效用体验感知作用于城市居民碳行动能力的路径有正向调节作用，系数为 0.078（$p<0.001$），假设 H11bx$_4$ 成立。

H11bx$_5$：产品易获得性对效用体验感知作用于城市居民碳影响能力的路径关系存在显著调节作用。据前文数据分析结果可知，产品易获得性和效用体验感知的交互项作用不显著，表明产品易获得性对效用体验感知作用于城市居民碳影响能力的路径没有显著的调节作用，假设 H11bx$_5$ 不成立。

H11c：基础设施完备性对效用体验感知作用于城市居民碳能力的路径关系存在显著调节作用。据前文数据分析结果可知，系数为 0.069，表明基础设施完备性对效用体验感知作用于城市居民碳能力的路径有正向调节作用，系数为 0.069（$p<0.01$），假设 H10c 成立。

H11cx$_1$：基础设施完备性对效用体验感知作用于城市居民碳价值观的路径关系存在显著调节作用。据前文数据分析结果可知，基础设施完备性和效用体验感知的交互项作用不显著，表明基础设施完备性对效用体验感知作用于城市居民碳价值观的路径没有显著的调节作用，假设 H11cx$_1$ 不成立。

H11cx$_2$：基础设施完备性对效用体验感知作用于城市居民碳辨识能力的路径关系存在显著调节作用。据前文数据分析结果可知，基础设施完备性对效用体验感知作用于城市居民碳辨识能力的路径有正向调节作用，系数为 0.057（$p<0.05$），假设 H11cx$_2$ 成立。

H11cx$_3$：基础设施完备性对效用体验感知作用于城市居民碳选择能力的路径关系存在显著调节作用。据前文数据分析结果可知，基础设施完备性和效用体验感知的交互项作用不显著，表明基础设施完备性对效用体验感知作用于城市居民碳选择能力的路径没有显著的调节作用，假设 H11cx$_3$ 不成立。

H11cx$_4$：基础设施完备性对效用体验感知作用于城市居民碳行动能力的路径关系存在显著调节作用。据前文数据分析结果可知，基础设施完备性对效用体验感知作用于城市居民碳行动能力的路径有正向调节作用，系数为 0.066（$p<0.01$），假设 H11cx$_4$ 成立。

　　H11cx$_5$：基础设施完备性对效用体验感知作用于城市居民碳影响能力的路径关系存在显著调节作用。据前文数据分析结果可知，基础设施完备性和效用体验感知的交互项作用不显著，表明基础设施完备性对效用体验感知作用于城市居民碳影响能力的路径没有显著的调节作用，假设 H11cx$_5$ 不成立。

　　综上分析，假设 H11（技术情境对效用体验感知作用于城市居民碳能力的路径关系存在显著调节作用）部分成立，假设检验如表 6-85 所示。

表 6-85　技术情境因素的调节效应相关假设验证结果

序号	研究假设	验证结论
H11	技术情境对效用体验感知作用于城市居民碳能力的路径关系存在显著调节作用	部分成立
H11a	产品技术成熟度对效用体验感知作用于城市居民碳能力的路径关系存在显著调节作用	成立
H11ax$_1$	产品技术成熟度对效用体验感知作用于城市居民碳价值观的路径关系存在显著调节作用	不成立
H11ax$_2$	产品技术成熟度对效用体验感知作用于城市居民碳辨识能力的路径关系存在显著调节作用	不成立
H11ax$_3$	产品技术成熟度对效用体验感知作用于城市居民碳选择能力的路径关系存在显著调节作用	不成立
H11ax$_4$	产品技术成熟度对效用体验感知作用于城市居民碳行动能力的路径关系存在显著调节作用	成立
H11ax$_5$	产品技术成熟度对效用体验感知作用于城市居民碳影响能力的路径关系存在显著调节作用	不成立
H11b	产品易获得性对效用体验感知作用于城市居民碳能力的路径关系存在显著调节作用	成立
H11bx$_1$	产品易获得性对效用体验感知作用于城市居民碳价值观的路径关系存在显著调节作用	不成立
H11bx$_2$	产品易获得性对效用体验感知作用于城市居民碳辨识能力的路径关系存在显著调节作用	成立
H11bx$_3$	产品易获得性对效用体验感知作用于城市居民碳选择能力的路径关系存在显著调节作用	不成立
H11bx$_4$	产品易获得性对效用体验感知作用于城市居民碳行动能力的路径关系存在显著调节作用	成立
H11bx$_5$	产品易获得性对效用体验感知作用于城市居民碳影响能力的路径关系存在显著调节作用	不成立
H11c	基础设施完备性对效用体验感知作用于城市居民碳能力的路径关系存在显著调节作用	成立

续表

序号	研究假设	验证结论
H11cx$_1$	基础设施完备性对效用体验感知作用于城市居民碳价值的路径关系存在显著调节作用	不成立
H11cx$_2$	基础设施完备性对效用体验感知作用于城市居民碳辨识能力的路径关系存在显著调节作用	成立
H11cx$_3$	基础设施完备性对效用体验感知作用于城市居民碳选择能力的路径关系存在显著调节作用	不成立
H11cx$_4$	基础设施完备性对效用体验感知作用于城市居民碳行动能力的路径关系存在显著调节作用	成立
H11cx$_5$	基础设施完备性对效用体验感知作用于城市居民碳影响能力的路径关系存在显著调节作用	不成立

（三）政策情境因素的调节效应相关假设检验

H12a：政策普及程度对效用体验感知作用于城市居民碳能力的路径关系存在显著调节作用。据前文数据分析结果可知，政策普及程度对效用体验感知作用于城市居民碳能力的路径有正向调节作用，系数为 0.074（$p < 0.01$），假设 H12a 成立。

H12ax$_1$：政策普及程度对效用体验感知作用于城市居民碳价值观的路径关系存在显著调节作用。据前文数据分析结果可知，政策普及程度和效用体验感知的交互项作用不显著，政策普及程度对效用体验感知作用于城市居民碳价值观的路径没有显著的调节作用，此检验结果与假设不一致，假设 H12ax$_1$ 不成立。

H12ax$_2$：政策普及程度对效用体验感知作用于城市居民碳辨识能力的路径关系存在显著调节作用。据前文数据分析结果可知，表明政策普及程度对效用体验感知作用于城市居民碳辨识能力的路径有正向调节作用，系数为 0.067（$p < 0.01$），假设 H12ax$_2$ 成立。

H12ax$_3$：政策普及程度对效用体验感知作用于城市居民碳选择能力的路径关系存在显著调节作用。据前文数据分析结果可知，政策普及程度和效用体验感知的交互项作用不显著，政策普及程度对效用体验感知作用于城市居民碳选择能力的路径没有显著的调节作用，此检验结果与假设不一致，假设 H12ax$_3$ 不成立。

H12ax$_4$：政策普及程度对效用体验感知作用于城市居民碳行动能力的路径关系存在显著调节作用。据前文数据分析结果可知，政策普及程度对效用体验感知作用于城市居民碳行动能力的路径有正向调节作用，系数为 0.079（$p < 0.001$），假设 H12ax$_4$ 成立。

H12ax$_5$：政策普及程度对效用体验感知作用于城市居民碳影响能力的路径关系存在显著调节作用。据前文数据分析结果可知，政策普及程度对效用体验感知作用于城市居民碳影响能力的路径有正向调节作用，系数为 0.085（$p<0.001$），假设 H12ax$_5$ 成立。

H12b：政策执行效度对效用体验感知作用于城市居民碳能力的路径关系存在显著调节作用。据前文数据分析结果可知，政策执行效度对效用体验感知作用于城市居民碳能力的路径有正向调节作用，系数为 0.070（$p<0.01$），假设 H12b 成立。

H12bx$_1$：政策执行效度对效用体验感知作用于城市居民碳价值观的路径关系存在显著调节作用。据前文数据分析结果可知，政策执行效度和效用体验感知的交互项作用不显著，政策执行效度对效用体验感知作用于城市居民碳价值观的路径没有显著的调节作用，此检验结果与假设不一致，假设 H12bx$_1$ 不成立。

H12bx$_2$：政策执行效度对效用体验感知作用于城市居民碳辨识能力的路径关系存在显著调节作用。据前文数据分析结果可知，政策执行效度对效用体验感知作用于城市居民碳辨识能力的路径有正向调节作用，系数为 0.062（$p<0.01$），假设 H12bx$_2$ 成立。

H12bx$_3$：政策执行效度对效用体验感知作用于城市居民碳选择能力的路径关系存在显著调节作用。据前文数据分析结果可知，政策执行效度和效用体验感知的交互项作用不显著，表明政策执行效度对效用体验感知作用于城市居民碳选择能力的路径没有显著的调节作用，假设 H12bx$_3$ 不成立。

H12bx$_4$：政策执行效度对效用体验感知作用于城市居民碳行动能力的路径关系存在显著调节作用。据前文数据分析结果可知，政策执行效度对效用体验感知作用于城市居民碳行动能力的路径有正向调节作用，系数为 0.065（$p<0.01$），假设 H12bx$_4$ 成立。

H12bx$_5$：政策执行效度对效用体验感知作用于城市居民碳影响能力的路径关系存在显著调节作用。据前文数据分析结果可知，政策执行效度对效用体验感知作用于城市居民碳影响能力的路径有正向调节作用，系数为 0.098（$p<0.001$），假设 H12bx$_5$ 成立。

综上分析，假设 H12（政策情境对效用体验感知作用于城市居民碳能力的路径关系存在显著调节作用）部分成立，假设检验如表 6-86 所示。

表 6-86　政策情境因素的调节效应相关假设验证结果

序号	研究假设	验证结论
H12	政策情境对效用体验感知作用于城市居民碳能力的路径关系存在显著调节作用	部分成立
H12a	政策普及程度对效用体验感知作用于城市居民碳能力的路径关系存在显著调节作用	成立
H12ax$_1$	政策普及程度对效用体验感知作用于城市居民碳价值观的路径关系存在显著调节作用	不成立

续表

序号	研究假设	验证结论
H12ax₂	政策普及程度对效用体验感知作用于城市居民碳辨识能力的路径关系存在显著调节作用	成立
H12ax₃	政策普及程度对效用体验感知作用于城市居民碳选择能力的路径关系存在显著调节作用	不成立
H12ax₄	政策普及程度对效用体验感知作用于城市居民碳行动能力的路径关系存在显著调节作用	成立
H12ax₅	政策普及程度对效用体验感知作用于城市居民碳影响能力的路径关系存在显著调节作用	成立
H12b	政策执行效度对效用体验感知作用于城市居民碳能力的路径关系存在显著调节作用	成立
H12bx₁	政策执行效度对效用体验感知作用于城市居民碳价值观的路径关系存在显著调节作用	不成立
H12bx₂	政策执行效度对效用体验感知作用于城市居民碳辨识能力的路径关系存在显著调节作用	成立
H12bx₃	政策执行效度对效用体验感知作用于城市居民碳选择能力的路径关系存在显著调节作用	不成立
H12bx₄	政策执行效度对效用体验感知作用于城市居民碳行动能力的路径关系存在显著调节作用	成立
H12bx₅	政策执行效度对效用体验感知作用于城市居民碳影响能力的路径关系存在显著调节作用	成立

第七节　城市居民碳能力驱动机理理论模型修正

根据实证分析结果，组织制度规范作用于碳能力的路径不显著；组织制度规范作用于效用体验感知、社交货币作用于效用体验感知的路径不显著，且组织制度规范和社交货币作用于效用体验感知的路径不显著，因此在修正模型时将上述路径删除。就碳能力整体而言，舒适偏好、生态理智性、生态责任心、组织碳价值观、组织低碳氛围、社会消费文化和社会规范完全通过效用体验感知作用于碳能力，而生态宜人性和生态开放性则不完全通过效用体验感知作用于碳能力，即部分通过效用体验感知作用于碳能力，部分直接作用于碳能力。就调节效应而言，个人经济成本、习惯转化成本、产品技术成熟度、基础设施完备性、政策普及程度和政策执行效度对效用体验感知和碳能力之间的作用路径存在显著的调节作用。社会人口学变量中，年龄、婚姻状况、家庭月收入、住宅类型、房产数、组织性质、职务层级和所在城市显著影响碳能力。修正后的模型如图 6-17 所示。

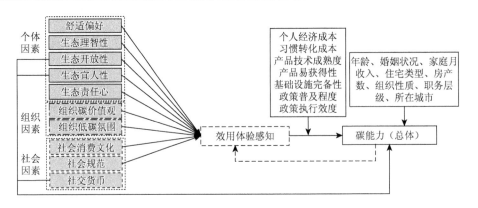

图 6-17 修正后的城市居民碳能力驱动机理理论模型

具体分析碳能力五个维度，根据实证分析结果，修正后的各维度驱动因素模型如图 6-18 所示。其中，▨表示个体因素，▨表示组织因素，▨表示社会因素。

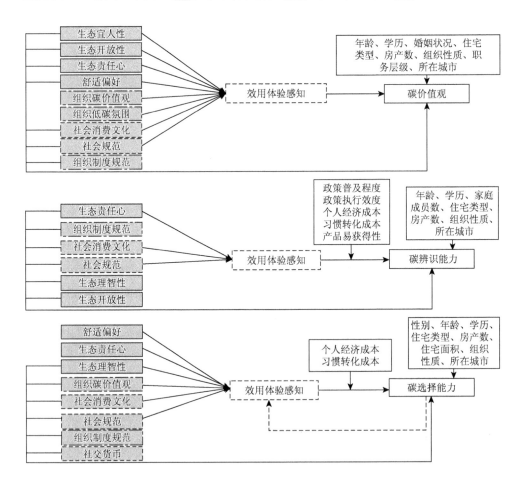

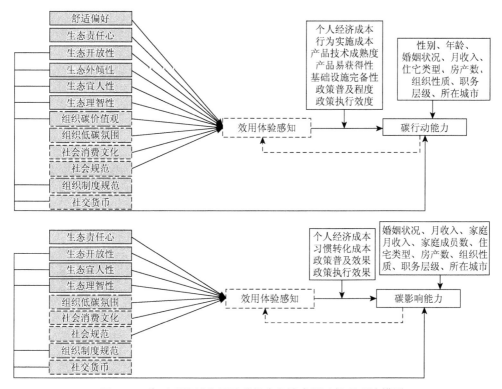

图6-18　修正后的城市居民碳能力各维度驱动机理理论模型

由图6-18可知，社会人口学因素均对碳价值观、碳辨识能力、碳选择能力、碳行动能力和碳影响能力产生影响。生态宜人性、生态开放性、生态责任心、舒适偏好、社会消费文化和社会规范部分通过效用体验感知作用于碳价值观，部分直接作用于碳价值观。组织碳价值观和组织低碳氛围完全通过效用体验感知作用于碳价值观，而组织制度规范直接影响碳价值观。特别地，情境因素对效用体验感知作用于碳价值观的路径并不显著，这可能与价值观的相对稳定性有关，在短期内它不容易受到外界因素的影响。与碳价值观不同，仅有生态责任心、社会消费文化和社会规范部分通过效用体验感知作用于碳辨识能力，部分直接作用于碳辨识能力。在"个人-组织-社会"因素中，组织制度规范和社交货币都是对碳选择能力、碳行动能力和碳影响能力产生直接影响，并不通过效用体验感知。效用体验感知到碳辨识能力的路径受到政策普及程度、政策执行效度、个人经济成本、习惯转化成本和产品易获得性的影响，而效用体验感知到碳辨识能力的路径仅仅受到个人经济成本和习惯转化成本的负向调节作用。低碳选择成本类因素中，行为实施成本只对效用体验感知作用于碳行动能力的路径存在显著的负向调节作用。需要注意的是，效用体验感知到碳影响能力的路径并不受到技术情境因素的调节作用。

第七章 城市居民碳能力关键能力环节
（碳辨识能力）的扩散与仿真

由第六章第一节的"碳能力的成熟度测度结果"可知，碳价值观、碳辨识能力、碳选择能力、碳行动能力和碳影响能力的均值分别为3.53、2.92、3.24、3.19、2.82，从均值的变化趋势来看，碳价值观到碳影响能力呈现出"多层缺口"现象，这并不符合理论预期。碳价值观的均值远高于其他能力环节，这向我们传递了一种充满希望的积极信息，即居民低碳价值观上的认同为低碳实践活动的展开提供了内在的可能性和价值基础。由第三章第一节可知，持续稳定的低碳行为表现不仅需要稳定的低碳价值基础，更依赖于有效的低碳认知基础，二者缺一不可。个体具备价值观但不具备相关知识，或个体不具备价值观却具备相关知识都无法促成能力的真正产生，价值观是能力产生的起点，它与个体的知识是构成能力认知层的核心要素。进一步地，个体基于认知发生的有效行为选择和高效行为结果是能力展现的重要载体，也是构成能力执行层的核心要素。然而，从调研数据来看，尽管碳价值观、碳选择能力和碳行动能力的均值均高于3分，但是碳能力的整体成熟度仍然处于初始级，这在很大程度上取决于碳辨识能力的劣性值（均值<3）比率偏高（49.66%）。换言之，碳能力的认知基础薄弱，就算居民具有一定的价值基础和行为表现，那些不以内在准确的低碳认知为基础而产生的行为表现也无法长期趋于稳定，更无法促进碳能力整体水平持续稳进的提升。因此，提高碳辨识能力整体水平是促进碳能力的成熟度向高一级进阶的当务之急。

实证分析结论表明，碳能力受到外界情境因素（政策普及程度、政策执行效度、个人经济成本、习惯转化成本、产品易获得性）的影响，这为碳辨识能力的提升提供了外部引导政策的构建基础。个体存在于社会之中，是一系列社会关系的总和，不同个体之间发生关联并形成非正式组织，个体之间的相互作用在一定程度上能影响个体碳辨识能力的提升程度。从描述性统计分析可知，碳辨识能力呈现两极分化态势，以3为分界点，劣性值和绩优值几乎各占一半。那么，如何促进高碳辨识能力的居民向低碳辨识能力的居民进行能力扩散是本节的主要研究内容。碳辨识能力的本质其实是一种高级知识，因此，个体与个体之间的碳辨识能力扩散可以通过低碳知识扩散来实现。为了更清晰地阐释碳辨识能力的变化规律，本书假定碳能力其他维度并不对它产生交互影响。综上所述，本节在构建基于低碳知识网络的碳辨识能力扩散模型的基础上，进一步加入外界情境因素，研究碳辨识能力的演化规律。

第一节　基于知识扩散的个体碳辨识能力扩散研究

碳辨识能力的本质其实是一种高级知识，个体与个体之间的碳辨识能力交互影响主要通过低碳知识扩散来实现，扩散过程往往需要借助非正式关系。此外，个体的知识是构成群体知识的基础，在日常生活中，不同个体之间非正式形式的知识在群体和社会中广泛存在，并且对整个群体、组织，甚至社会的知识体系和知识扩散意义重大。就现有文献来看，个体间非正式知识扩散并没有一个统一的界定，Allen 认为个体之间的非正式知识扩散属于私人行为的范畴，与其所属组织及其相关政策并无必然关联[268]。谢荷锋等在总结前人观点的基础上，对个体之间的非正式知识扩散定义为"私人间的知识援助"[269]。对影响个体之间非正式知识扩散的因素进行梳理，可以发现，主要的影响因素有三类。一是个体特征，如个人基本信息、社会职务、自身知识储量等；二是知识特征，如知识种类、知识的编码化程度；三是个体之间的联系，比如关系强度、关系属性（合作、竞争）等。

在相关的知识扩散研究中，小世界网络得到了较多应用，理论方面较为成熟。众多学者认为，小世界网络是知识扩散时最有效的、公平的网络结构[270-272]。"W-S 小世界网络模型"（传统小世界网络）是由 Watts 和 Strogatz 首次提出，该模型中两个节点的关系仅仅通过"有"和"无"来定义（1 表示"有"，0 表示"无"）。但是，不容忽视的是，在现实世界中，不同节点之间的联系并不是如此简单，关系不仅涉及"有""无"，更涉及"强""弱"，这种强弱之分无不体现着"强关系"和"弱关系"的区别。换言之，如果节点之间的关系紧密，则为强关系，如果关系相对较疏离，则为弱关系。考虑到这一点，加权小世界网络开始被广泛应用，即倾向于给节点之间的关系赋予权重，权重的大小代表两个节点之间的关系强弱，或节点之间知识扩散的难度等。因此，本书选取加权小世界网络来研究个体之间碳辨识能力的扩散。

目前，学者们将社会交换理论、经济交换理论和社会-经济交换理论作为研究知识扩散的理论基础。①经济交换理论：基于"经济人"假设，假设知识主体都是自私的，个体之所以愿意发生知识扩散行为主要是认为该行为对自己有利，并且这种利益基本上是指经济利益；②社会交换理论：基于"社会人"假设，"社会人"之间的知识扩散更多地依赖于个体之间的信任度和熟悉程度，不仅仅是经济利益；③社会-经济交换理论：在整合了上述两类理论之后，提出知识主体既是经济人，又是社会人，两种属性不可分割，因此在研究时需要综合考虑。

　　碳辨识能力扩散的核心为低碳相关知识的扩散。关于知识扩散的研究，Cowan 等提出的知识扩散两种机制被广为认可，该研究认为知识扩散主要分为广播型和易货型两种类型[273]。其中，广播型扩散方式主要表现为知识无偿扩散，这种扩散的理论基础是社会交换理论，即知识主体为社会人，其各类属性均嵌入社会关系结构中，按照社会属性来进行知识扩散。易货型扩散方式表现为知识的互换转移，这种扩散机制是基于经济交换理论提出的，即知识主体为经济人，在其进行知识扩散时主要是由于其自身会获得一定的利益，这种利益大多数情况下是经济利益。

　　本书基于社会交换理论、经济交换理论和社会-经济交换理论，综合考虑广播型和易货型两种能力扩散机制，运用加权小世界网络构建碳辨识能力扩散模型，并基于 Matlab 软件进行仿真分析，重点探究外界情境因素干预下和个人碳交易市场调节下的碳辨识能力扩散规律。

第二节　情境干预下的碳辨识能力扩散建模与仿真

一、个体碳辨识能力网络构建

　　加权小世界网络时需要重点考虑节点之间的关系强度，它可以反映出个体之间的互动、情感、亲密度和互惠程度等[274]。知识主体之间的关系强度会随着时间的推移而发生一系列变化[275]，一般来讲，主要表现为随着时间的推移，强关系会越强。另外，相较于"弱关系"，"强关系"将会带来更多的个体收益[276]。运用加权小世界网络构建知识网络 K，$K = (N, S, R)$。其中，$N = (1, 2, 3 \cdots, n)$，表示网络中的所有节点的集合，n 为节点个数；$S = \{S(i) \mid i \in N\}$，表示网络中所有边的集合。$R = \{r_{ij} \mid i, j \in N\}$，为网络中关系强度的集合。$r_{ij}$ 表示个体 i 与个体 j 的关系强度；如果两个节点之间没有任何关系，那么 $r_{ij} = 0$，两个节点之间没有连接。本书假设节点之间的关系强度是对称的，即 $r_{ij} = r_{ji}$。

　　此外，在碳辨识能力网络中，每个个体节点拥有多种低碳知识，能够对某项产品和服务是否低碳进行准确的判断。前文研究问卷中碳辨识能力共包含 8 个题项，测量 8 个方面的低碳知识。基于此，本书假设碳辨识能力网络中每个节点最多只能拥有 8 种不同类别的低碳知识。二维数组 $v[i, c]$ 表示每个知识主体在 8 种知识上的知识水平。其中，i 为个体节点，$i = 1, 2, 3 \cdots, N$；c 为知识种类，$c \in [1, 8]$；$v[i, c]$ 代表节点 i 在 c 类知识上的知识水平。$v[i, c]$ 的值越大，代表节点 i 在 c 类知识上的碳辨识能力越高。t 时刻网络中节点 i 的碳辨识能力等于在上述 8 类知识上的平均值，计算公式见式（7-1）。

$$v_i(t) = \sum_{c=1}^{8} \alpha_c \cdot v[i,c] \qquad (7-1)$$

式中，$\sum_{c=1}^{8} \alpha_c = 1$，$0 < \alpha_c < 1$。

二、基于关系强度的碳辨识能力扩散模型构建

（一）扩散对象的确定

碳辨识能力的扩散对象主要分为碳辨识能力发送方和碳辨识能力需求方（以下均简称为发送方和需求方）。在整个碳辨识能力的扩散过程中，发送方和需求方都有一定的选择策略，不同的扩散策略选择会导致不同的扩散效率和效果，也会影响整个网络扩散的均衡性。为了方便比较分析，借鉴王倩对知识扩散的研究，将碳辨识能力发送方式设定为以下三种[270]：①随机选择：在整个碳辨识能力扩散过程中，需求方在满足"碳辨识能力差"这一基本条件的邻近节点集合中随机选择一个节点作为发送方，也就是说，碳辨识能力网络中的任一需求方节点 j 与其相邻的某一节点 i 发生扩散的基本条件是存在一个低碳知识类 c 使得节点 i 在 c 低碳知识类上的碳辨识能力大于节点 j，即使得 $v[i,c] > v[j,c]$；②强度优先：在整个碳辨识能力扩散过程中，在满足"碳辨识能力差"这一基本条件的所有邻节点集合中，需求方基于"关系强度优先"的原则，选择与自身关系强度最大的点作为发送方，即需求方 j 与发送方 i 发生碳辨识能力扩散的条件为 $v[i,c] > v[j,c]$ 且 $r_{ij} = \text{Max}\{r_{ij}\}$；③知识优先：在整个扩散过程中，在满足"碳辨识能力差"这一基本条件的所有邻节点集合中，需求方基于"知识优先"的原则，选择与自身所需低碳知识在水平上差距最大的节点作为发送方。需求方 j 与发送方 i 发生碳辨识能力扩散的条件为 $v[i,c] > v[j,c]$，且 $v[i,c] = \text{Max}\{v[i,c]\}$。上述设定仅仅分析了扩散发送方的三种策略选择，并没有关注到需求方，事实上，需求方是整个网络中扩散过程的触发者，不同的节点强度也会影响它的策略选择。本书中需求方主要是通过随机选择，换言之，在每次进行碳辨识能力扩散时，在满足"碳辨识能力差"条件的所有节点中随机选取一节点作为需求方，同时必须满足需求方的碳辨识能力低于发送方。

（二）碳辨识能力扩散节点的能力增长机制及关系强度变化机制

1. 碳辨识能力扩散节点的能力增长机制

本部分主要着眼于考察在关系强度影响下的碳辨识能力的扩散规律变化，不

考虑交易条件，因此碳辨识能力的扩散属于一种无偿扩散的方式，即广播型扩散方式，一方愿意无偿付出努力为另一方扩散低碳相关知识。

在网络中碳辨识能力扩散的每个仿真步长（以 t 表示）下，需求方 j 与发送方 i 的碳辨识能力增长见式（7-2）和式（7-3）：

$$v[j,c](t+1) = v[j,c](t) + \varphi[j] \times r_{ij} \times \{v[i,c](t) - v[j,c](t)\} \qquad (7\text{-}2)$$

$$v[i,c](t+1) = v[i,c](t) \qquad (7\text{-}3)$$

式中，$\varphi[j]$ 为节点 j 的碳辨识能力吸收系数，将其赋值为 $(0,0.2]$ 之间的随机数；r_{ij} 为碳辨识能力扩散双方节点之间的关系强度，将其赋值为 $(0,1]$ 之间的随机数。需要强调的是，关系强度 r_{ij} 不仅会影响发送方在碳辨识能力扩散的努力程度，而且会影响需求方的接收程度，因此将其纳入碳辨识能力增长的测算公式中。

2. 节点的关系强度变化

在完成一次碳辨识能力扩散过程后，需求方与其相邻节点间的关系强度发生变化。由于扩散双方发生了碳辨识能力扩散过程，两者之间的联系较之前变得紧密，关系强度增大。当个体 i 为发送方时，关系强度 $r_{ij}(t)$ 的变化见式（7-4）：

$$r_{ij}(t+1) = r_{ij} + \omega \qquad (7\text{-}4)$$

式中，小正数 ω 为关系强度变化值，取值 0.05，为平衡网络中节点之间的关系强度，相对应的，随机减小需求方相邻节点中某一点 k 与知识需求方 j 的关系强度，变化见式（7-5）：

$$r_{kj}(t+1) = r_{kj} - \omega \qquad (7\text{-}5)$$

3. 碳辨识能力扩散绩效的度量

网络中全部个体的平均碳辨识能力水平增长越快，碳辨识能力扩散的效率越高。为了测量网络中全部节点的碳辨识能力扩散速度，本书定义 t 时刻全部节点的平均碳辨识能力水平为该时刻网络全部节点碳辨识能力水平的平均值，计算公式见式（7-6）：

$$\mu(t) = \frac{1}{n}\sum_{i=1}^{n} v_i(t) \qquad (7\text{-}6)$$

式中，n 为碳辨识能力扩散网络中的节点总数。

网络全部节点碳辨识能力扩散的均衡性可通过全部节点的碳辨识能力方差来测量，本书定义 t 时刻网络中全部个体节点的碳辨识能力方差计算公式见式（7-7）：

$$\sigma^2(t) = \frac{1}{n}\sum_{i=1}^{n}v_i^2(t) - \mu^2(t) \tag{7-7}$$

式中，n 为碳辨识能力扩散网络中的节点总数。

三、情境因素的干预影响

碳辨识能力的扩散过程可以视为多个演化时段的拼接，在每一个极小的时间段内，碳辨识能力的变化趋势可以近似地用线性关系来描述。实证分析表明，政策普及程度、政策执行效度、个人经济成本、习惯转化成本、产品易获得性均会对效用体验感知作用于碳辨识能力的路径产生一定的干预作用，其中政策普及程度、政策执行效度和产品易获得性对效用体验感知作用于碳辨识能力的干预影响为正向促进，个人经济成本和习惯转化成本对碳辨识能力的干预影响为负向抑制。为简化各个主体间的交互过程，假定各主体之间除了低碳知识水平差异，并不存在其他明显的个体差异，即采取相同的情境干预变量带来的效果驱动，且节点的影响能力和被影响能力也趋同。本书假设效用体验感知为 a_i（$a_i \in [1,5]$，$i = 1,2,3\cdots,N$）。假设外界情境变量中政策普及程度为 d_i（$d \in [1,5]$），政策执行效度为 e_i（$e_i \in [1,5]$），个人经济成本为 f_i（$f_i \in [1,5]$），习惯转化成本为 g_i（$g_i \in [1,5]$），产品易获得性为 h_i（$h_i \in [1,5]$）。假设在 t 时刻碳辨识能力受到效用体验感知 a_i 的影响，在 $t+1$ 时刻加入情境变量的干预影响。λ_i 为不同情境变量的干预系数，不同干预情形下知识需求方 j 碳辨识能力变化值的公式表达如下

$$v[j,c](t+1) = v[j,c](t) + \alpha d_i + \lambda_1 \times a_i \times d_i + \theta_i \tag{7-8}$$

$$v[j,c](t+1) = v[j,c](t) + \beta e_i + \lambda_2 \times a_i \times e_i + \theta_i \tag{7-9}$$

$$v[j,c](t+1) = v[j,c](t) + \gamma f_i + \lambda_3 \times a_i \times f_i + \theta_i \tag{7-10}$$

$$v[j,c](t+1) = v[j,c](t) + \xi g_i + \lambda_4 \times a_i \times g_i + \theta_i \tag{7-11}$$

$$v[j,c](t+1) = v[j,c](t) + \kappa h_i + \lambda_5 \times a_i \times h_i + \theta_i \tag{7-12}$$

与此同时，知识传递方 i 的碳辨识能力值也发生类似变化，表达式如下

$$v[i,c](t+1) = v[i,c](t) + \alpha d_i + \lambda_1 \times a_i \times d_i + \theta_i \tag{7-13}$$

$$v[i,c](t+1) = v[i,c](t) + \beta e_i + \lambda_2 \times a_i \times e_i + \theta_i \tag{7-14}$$

$$v[i,c](t+1) = v[i,c](t) + \gamma f_i + \lambda_3 \times a_i \times f_i + \theta_i \qquad (7\text{-}15)$$

$$v[i,c](t+1) = v[i,c](t) + \xi g_i + \lambda_4 \times a_i \times g_i + \theta_i \qquad (7\text{-}16)$$

$$v[i,c](t+1) = v[i,c](t) + \kappa h_i + \lambda_5 \times a_i \times h_i + \theta_i \qquad (7\text{-}17)$$

式中，a_i、d_i、e_i、f_i、g_i、h_i、θ_i 的值随机赋值，λ_i、α、β、γ、ξ、κ 取值于调节效应分析的结果，由第六章第六节可知，λ_1、λ_2、λ_3、λ_4、λ_5 的值分别是 0.067、0.062、–0.052、–0.174 和 0.085。α、β、γ、ξ、κ 分别取值 0.162、0.155、–0.092、–0.072 和 0.125。

四、系统仿真流程

本书使用 Matlab7.6（2008a）软件，对所构建的基于知识网络的碳辨识能力扩散模型进行系统仿真，系统仿真流程如下所述。

第 1 步，碳辨识能力网络生成：按照第七章第二节的"个体碳辨识能力网络构建"中的网络生成算法，以网络中节点数 N（本书设 $N=500$），以节点邻接点数 k（k 为常量，以下仿真中如无特别说明，则 $k=8$），断边重连概率 p（生成小世界网络时 $p=0.09$）生成个体碳辨识能力网络。按上述参数设置生成的网络，节点间的邻接关系存储在矩阵 A 中。对于任意两个节点 i 和 j，如果 $A[i,j]=1$ 表示节点 i 和节点 j 在网络中有直接连接，即有关系，$A[i,j]=0$ 表示节点 i 和节点 j 在网络中没有直接连接，即没有关系。

第 2 步，碳辨识能力网络初始化：设定网络中的每个节点拥有 8 种不同类别的低碳相关知识，则需生成一个 500×8 的矩阵 B，用于存储各节点在各个知识类上的碳辨识能力水平，对于任意节点 i（$i \in [1,500]$）和任意的知识类 c（$c \in [1,8]$），$B(c)$ 的初值设置从调研问卷中抽取。

第 3 步，确定总的仿真步长 T，本书设置为 20 万次，且当前仿真步长为 1。

第 4 步，如果当前的仿真步长小于等于总仿真步长 T，则转第 5 步，否则转第 10 步。

第 5 步，按不同的需求方确定方式选取一个节点 j，作为碳辨识能力扩散的发起节点（j 为需求方），随机挑选一个知识类 c，作为节点 j 通过碳辨识能力扩散进行学习的低碳知识类。

第 6 步，在节点 j 的邻接矩阵 A 中，查找与 j 直接相连的所有节点，对查找到的所有节点，如果存在节点 i 使得 $B[i,c] > B[j,c]$，则转第 7 步，否则转第 4 步。

第 7 步，按照不同的碳辨识能力扩散对象的确定方式，选择发送方。

（1）随机选择：在所查找到的所有节点中随机挑选一个作为发送方 i。

（2）强度优先：在所查找到的所有节点中选取与需求方关系强度最大的点作为发送方 i。

（3）知识优先：在所查找到的所有节点中选取在知识类 c 上知识水平最高的点作为发送方 i。

第 8 步，按式（7-2）～式（7-5）实现节点 j 和节点 i 的碳辨识能力增长及节点 j 与相邻节点之间的关系强度变化。

第 9 步，加入情境因素的干预影响。①按式（7-8）、式（7-13）来实现加入政策普及程度的影响；②按式（7-9）、式（7-14）来实现加入政策执行效度的影响；③按式（7-10）、式（7-15）来实现加入个人经济成本的影响；④按式（7-11）、式（7-16）来实现加入习惯转化成本的影响；⑤按式（7-12）、式（7-17）来实现加入产品易获得性的影响。

第 10 步，仿真步长加 1，转第 4 步。

第 11 步，仿真步长大于 T 仿真结束，仿真结果输出。

五、仿真结果分析

考虑到关系强度和情境因素对碳辨识能力扩散的影响是同步产生的，为了使碳辨识能力的变化规律更易于阐述，本书将上述两类因素的作用通过两步实现，即首先分析基于关系强度的碳辨识能力扩散问题，然后再进一步讨论加入情境因素的影响和变化规律，仿真结果总结为以下几点。

（一）基于随机关系强度的结果分析

1. 随机关系网络中，无情境变量干预的碳能力变化趋势

为了更清晰地展示在不同的碳辨识能力发送方式下，节点间的关系强度对碳辨识能力扩散的影响，网络中所有节点之间的关系强度均为 $(0,1]$ 之间的随机数，即网络为"随机关系强度"网络。网络中所有个体的平均碳能力水平和碳能力方差仿真结果如图 7-1 所示。

由图 7-1 可知，在整个仿真初期，知识优先模式和强度优先模式的影响比较接近，但仍然明显高于随机模式。特别地，尽管在仿真中期，知识优先模式下的碳辨识能力变化率高于强度优先模式，但最终仍然呈现出趋同形势。知识优先模式带来这种增长趋势的主要原因在于在碳辨识能力转移的过程中，需求方吸收的是发送方与其"碳辨识能力差"部分，所以"碳辨识能力差"的优势会不断降低，逐渐与强度优先的影响作用趋同。另外，在强度优先模式下，随着仿真步长的增

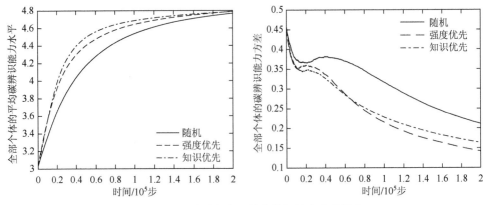

图 7-1　不同发送方式下的碳辨识能力变化趋势

加，网络中个体的知识方差逐渐减小，即网络中个体之间的知识转移逐渐趋向均衡。同时，随着仿真步长的增加，随机选择模式下的方差大于知识选择模式下的方差。

对碳辨识能力的增长率和网络均衡综合分析可知，在加权小世界网络结构下的个体碳辨识能力网络中，依照关系强度优先选择与知识需求方发生能力扩散的发送方会使网络中所有个体的平均碳辨识能力水平得到较快提升，并能使网络均衡性最先达到最优化。

进一步地，加入情境因素的干预下的影响，探究碳辨识能力的增长情况，将结果总结如下。

2. 随机关系网络中，外部情境因素最优时，碳辨识能力变化趋势

根据前文实证分析结果，政策普及程度越高、政策执行效度越高、低碳选择成本越低、习惯转化成本越低、产品易获得性越高，对居民碳辨识能力的促进程度越高，因此，假设政策普及程度、政策执行效度、产品易获得性为最大值5，低碳选择成本和习惯转化成本为最小值1，生成的碳辨识能力水平的变化曲线图如图7-2所示。

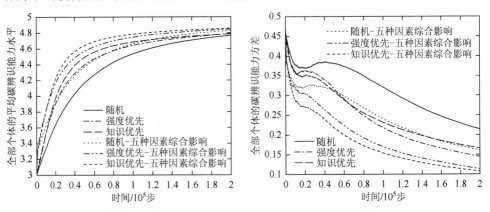

图 7-2　情境因素综合干预下的碳辨识能力变化趋势

由图 7-2 可知，在五种情境因素综合干预下，碳辨识能力的均值水平得到了明显的提升，这种变化在初期表现得尤为明显，此时不同的碳辨识能力扩散方式带来的影响并无显著的差异，特别是强度优先和知识优先方式的增长方向和增长率几乎一致。随着仿真步长的增加，情境因素的影响逐渐趋于稳定，知识优先的优势大于强度优先。另外，在知识优先传播模式下，网络中所有节点的碳辨识能力的方差呈现出明显的递减趋势，且远低于其他扩散模式，网络的碳辨识能力扩散均衡性最好。

3. 随机关系网络中，政策普及程度的干预影响

根据前文实证分析结果，政策普及程度越高，对居民碳辨识能力的促进程度越高，因此，假设政策普及程度为最大值 5，其余情境因素为最小值 1，生成的碳辨识能力水平的变化曲线图如图 7-3 所示。

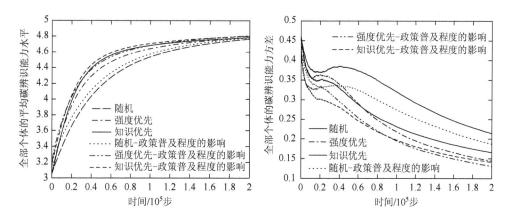

图 7-3　政策普及程度干预下的碳辨识能力变化趋势

由图 7-3 可知，加入政策普及程度的影响，网络内的碳辨识能力总体水平均得到一定提高，而且知识优先模式下碳辨识能力的扩散效率变化更大，扩散速度最优。随着仿真步长的增加，网络中所有节点的碳辨识能力平均水平均有所提升，"碳辨识能力差"的优势逐渐减弱，知识优先模式下的节点碳辨识能力增长速度不断降低，最终低于强度优先模式下节点的碳辨识能力增长速度。与此同时，强度优先模式下的全部节点的碳辨识能力方差最小，并逐渐减少，网络均衡性优于其他模式。

将政策普及程度的值从 1 调整到 5，探究不同碳辨识能力发送方式下，碳辨识能力的总体水平及方差的变化趋势。干预效果在仿真步长小于 10 000 时更加明显，因此在输出结果时将步长调整为 10 000，结果如图 7-4～图 7-6 所示。

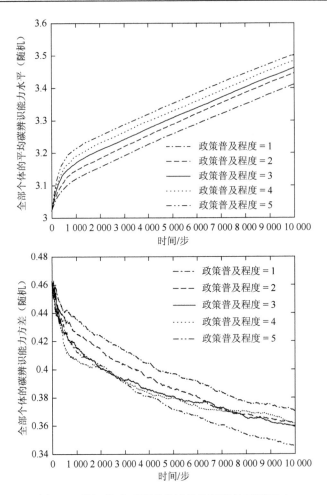

图 7-4 随机模式下不同政策普及程度的干预影响

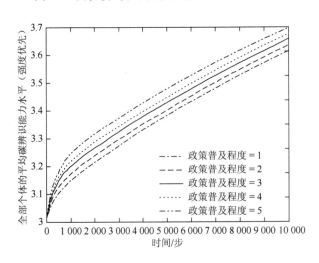

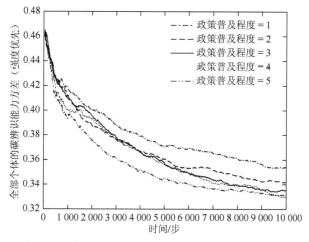

图 7-5 强度优先模式下不同政策普及程度的干预影响

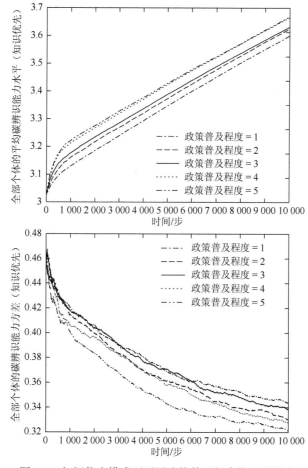

图 7-6 知识优先模式下不同政策普及程度的干预影响

由图 7-4～图 7-6 可知，无论是随机模式、知识优先模式还是强度优先模式，随着政策普及程度的增强，网络内的碳辨识能力水平均得到明显的提高，而且碳辨识能力方差变小。从碳辨识能力在整个仿真过程的增量来看，随机模式的增长率最低。在仿真前期，强度优先模式下碳辨识能力的增长率高于知识优先模式，其在整个仿真过程中网络达到均衡的时间最短。不容忽视的是，在知识优先模式下，政策普及程度不小于 4 时，碳辨识能力增长值较小，而在强度优先模式下，碳辨识能力的增量高于其他模式。

4. 随机关系网络中，政策执行效度的干预影响

根据前文实证分析结果，政策执行效度越高，对居民碳辨识能力的促进程度越高，因此，假设政策执行效度为最大值 5，其余情境因素为最小值 1，生成的碳辨识能力水平的变化曲线图如图 7-7 所示。

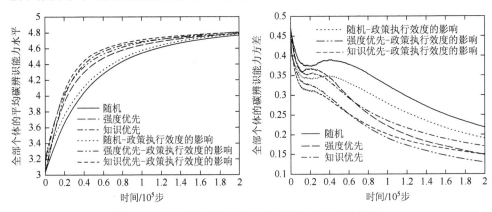

图 7-7　政策执行效度干预下的碳辨识能力变化趋势

由图 7-7 可知，加入政策执行效度的影响，网络内的碳辨识能力总体水平均得到很大提高，在仿真初期增长率变化最为明显，而且知识优先模式和强度优先模式的增长率并无明显差别，但知识优先模式下，网络内全部节点的碳辨识能力方差最小。随着仿真步长的增加，强度优先模式下，网络内全部节点的碳辨识能力方差逐渐小于知识优先模式下，网络达到均衡的时间最短，这主要是由于节点之间的"碳辨识能力差"越来越小。

进一步地，将政策执行效度的值从 1 调整到 5，探究不同碳辨识能力发送方选择策略下，碳辨识能力的总体水平及方差的变化规律，仿真结果如图 7-7～图 7-9 所示。

由图 7-8～图 7-10 可知，无论是随机模式、知识优先模式还是强度优先模式，随着政策执行效度的增强，网络内的碳辨识能力水平均得到明显的提高，而且碳辨识能力方差变小，特别是在仿真初期，这种提高表现得更为明显。从碳辨识能力在整个仿真过程的增量来看，强度优先下的碳辨识能力水平增长得最多，由 3 增长

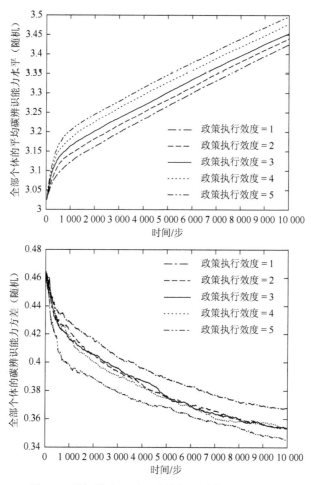

图 7-8　随机模式下不同政策执行效度的干预影响

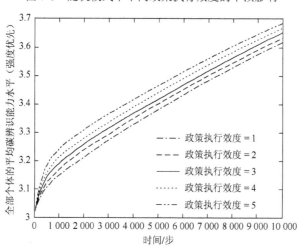

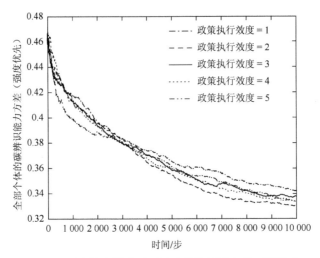

图 7-9　强度优先模式下不同政策执行效度的干预影响

到 3.7，随机模式的增长量最低，仅为 0.5。从网络中全部节点碳辨识能力的方差来看，知识优先模式下，当政策执行效度为 5 时，全部节点的碳辨识能力方差减少率最大，网络达到均衡的时间较其他模式会更快。

5. 随机关系网络中，个人经济成本的干预影响

根据前文实证分析结果，个人经济成本越高，对居民碳辨识能力的抑制程度越高，个人经济成本越低，对居民碳辨识能力的促进作用越高。因此，假设个人经济成本为最小值 1，其余情境因素为最小值 1，生成的碳辨识能力水平的变化曲线图如图 7-11 所示。假设个人经济成本为最大值 5，其余情境因素为最小值 1，生成的碳辨识能力水平的变化曲线图如图 7-12 所示。

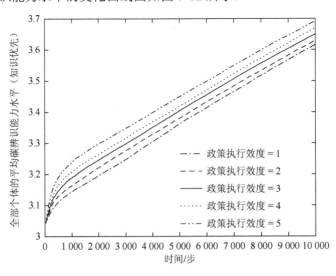

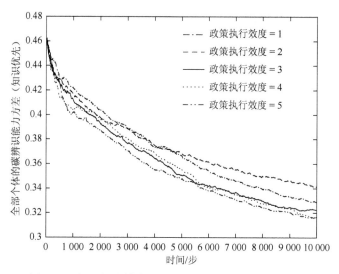

图 7-10　知识优先模式下不同政策执行效度的干预影响

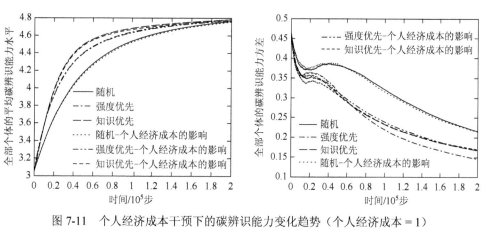

图 7-11　个人经济成本干预下的碳辨识能力变化趋势（个人经济成本 = 1）

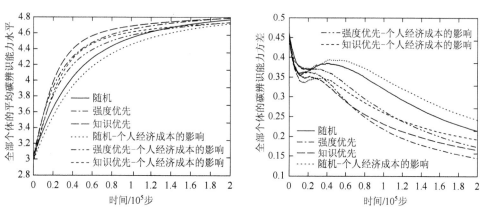

图 7-12　个人经济成本干预下的碳辨识能力变化趋势（个人经济成本 = 5）

　　图 7-11 和图 7-12 均显示，加入个人经济成本这一干预因素之后，网络中全部个体的平均碳辨识能力水平均有所下降，而且网络均衡性变差。当个人经济成本取 1 时，碳能力水平下降趋势并不明显，而当个人经济成本取 5 时，碳能力水平下降率更高，且仿真前期，知识优先模式下网络中所有节点的碳辨识能力方差急剧下降，达到一个瓶颈期后再稳步下降。到仿真的中后期，强度优先模式表现出更为明显的扩散优势。

　　进一步地，将个人经济成本的值从 1 调整到 5，探究不同碳辨识能力发送方式下，碳辨识能力的总体水平及方差的变化规律，仿真结果如图 7-13～图 7-15 所示。

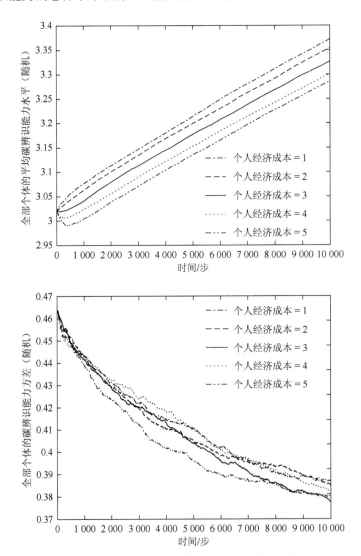

图 7-13　随机模式下不同个人经济成本的干预影响

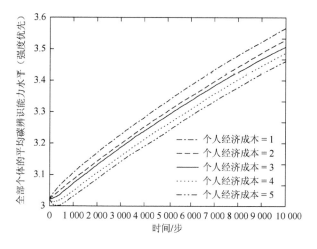

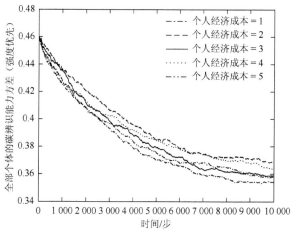

图 7-14　强度优先模式下不同个人经济成本的干预影响

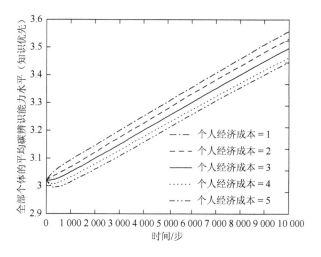

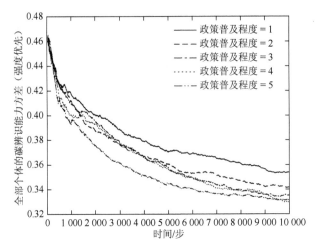

图 7-15　知识优先模式下不同个人经济成本的干预影响

由图 7-13～图 7-15 可知，无论是随机模式、知识优先模式还是强度优先模式，随着个人经济成本的增加，网络内的碳辨识能力水平均会有所降低，特别是在仿真初期，这种干预影响提高表现得更为明显。从碳辨识能力在整个仿真过程的增量来看，强度优先下的碳辨识能力水平增长最多，受个人经济成本的负向干预影响最弱。从网络中全部节点碳辨识能力的方差来看，知识优先模式下，当个人经济成本为 5 时，全部节点的碳辨识能力方差减少率最大，网络达到均衡的时间更快。在强度优先模式下，当个人经济成本为 1 时，网络达到均衡的时间较其他情境会更快。

6. 随机关系网络中，习惯转化成本的干预影响

根据前文实证分析结果，习惯转化成本越高，对居民碳辨识能力的抑制程度越高，习惯转化成本越低，对居民碳辨识能力的促进作用越高。因此，假设习惯转化成本为最小值 1，其余情境因素为最小值 1，生成的碳辨识能力水平的变化曲线图如图 7-16 所示。假设习惯转化成本为最大值 5，其余情境因素为最小值 1，生成的碳辨识能力水平的变化曲线图如图 7-17 所示。

图 7-16 和图 7-17 均显示，加入习惯转化这一干预因素之后，网络中全部个体的平均碳辨识能力水平均有所下降，而且网络均衡性变差。当习惯转化成本取 5 时，碳能力水平下降率更高，且仿真前期，关系强度优先模式下的网络中所有节点的碳辨识能力方差急剧下降，达到一个瓶颈期后有小幅度上升，之后再稳步下降。到仿真的中后期，强度优先模式表现出更为明显的扩散优势。

进一步地，将习惯转化成本的值从 1 调整到 5，探究不同碳辨识能力发送方式下，碳辨识能力的总体水平及方差的变化规律，结果如图 7-18～图 7-20 所示。

由图 7-13～图 7-15 可知，无论是随机模式、知识优先模式还是强度优先模式，

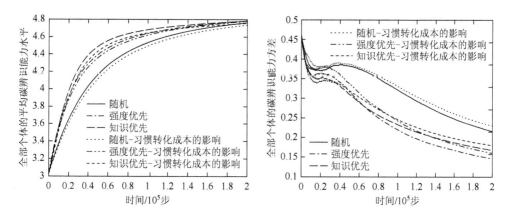

图 7-16 习惯转化成本干预下的碳辨识能力变化趋势（习惯转化成本＝1）

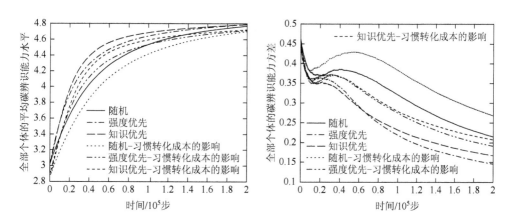

图 7-17 习惯转化成本干预下的碳辨识能力变化趋势（习惯转化成本＝5）

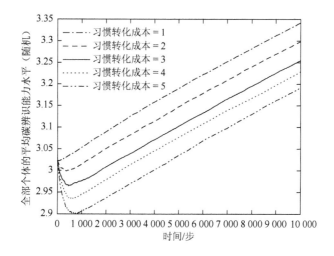

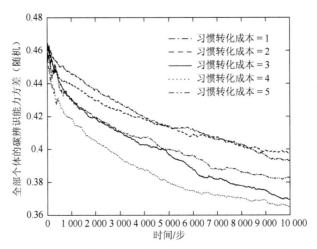

图 7-18　随机模式下不同习惯转化成本的干预影响

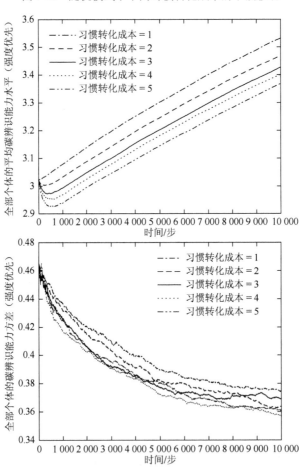

图 7-19　强度优先模式下不同习惯转化成本的干预影响

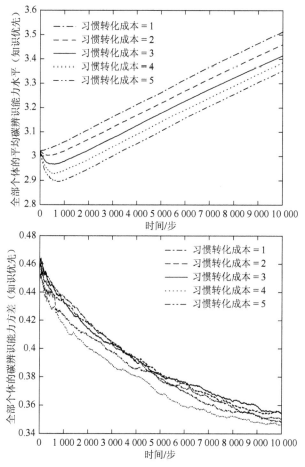

图 7-20 知识优先模式下不同习惯转化成本的干预影响

随着习惯成本的增加，网络内的碳辨识能力水平均会有所降低，特别是在仿真初期，这种干预影响表现得更为明显。下降率从大到小依次是随机模式、知识优先、强度优先。从碳辨识能力在整个仿真过程的增量来看，强度优先下的碳辨识能力扩散习惯转化的负向干预影响最弱，最低平均值高于 2.9。从网络中全部节点碳辨识能力的方差来看，知识优先模式下，当个人经济成本为 5 时，全部节点的碳辨识能力方差减少率最大，网络达到均衡的时间较更快。在随机模式下，当变量习惯转化成本为 1 时，网络达到均衡的时间较其他情境会更快。

7. 随机关系网络中，产品易获得性的干预影响

根据前文实证分析结果，产品易获得性越高，对居民碳辨识能力的促进程度越高，因此，假设产品易获得性为最大值 5，其余情境因素为最小值 1，生成的碳辨识能力水平的变化曲线图如图 7-21 所示。

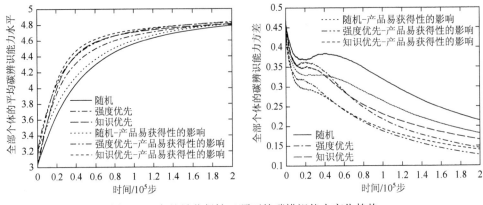

图 7-21 产品易获得性干预下的碳辨识能力变化趋势

由图 7-21 可知，加入产品易获得性的影响，网络内的碳辨识能力总体水平均得到很大程度的提高，在仿真初期增长率变化最为明显，且强度优先模式的增长率大于知识优先大于随机模式。随着仿真步长的增加，知识优先模式的优势逐步凸显，增长率高于其他扩散模式，当网络内的"碳辨识能力差"优势逐渐变弱，强度优先依然是效果最为明显的扩散方式，而且网络内全部节点的碳辨识能力方差最小。同时，将产品易获得性的值从 1 调整到 5，探究不同碳辨识能力发送方式下，碳辨识能力的总体水平及方差的变化规律，结果如图 7-22～图 7-24 所示。

由图 7-22～图 7-24 可知，无论是随机模式、知识优先模式还是强度优先模式，随着产品易获得性的增强，网络内的碳辨识能力水平均得到明显的提高，而且碳辨识能力方差变小，特别是在仿真初期，这种提高表现得更为明显。初期增长率从大到小依次是随机、知识优先、强度优先。当产品易获得性由 4 变为 5 时的碳能力的增量远大于该值由 3 变为 4 时的增量。从碳辨识能力在整个仿真过程的增量来看，强度优先模式下的碳辨识能力水平增长最多，由 3 增长到 3.7，随机模式的增长量最低，碳辨识能力平均值不到 3.5。知识优先模式下，当政策执行效度为 5 时，全部节点的碳辨识能力方差减少率最大，仿真步长为 1 万时，全部节点的碳辨识能力方差为 0.32，网络达到均衡的时间较其他模式更快。

（二）基于强弱关系强度的结果分析

在上部分的研究中，本书将碳辨识能力网络中所有节点之间的关系强度值设为(0, 1)之间的随机数。然而，从现实情况来看，网络内节点的关系强度并非如此简单，节点之间的关系强度还存在强弱之分。本书设定当网络中节点之间的关系强度属于[0.7, 0.9]时，两个节点之间为"强关系"，如果关系强度属于[0.1, 0.3]，两个节点之间的关系为"弱关系"，本部分将分别对"强关系""弱关系"影响下的碳辨识能力扩散规律进行分析。

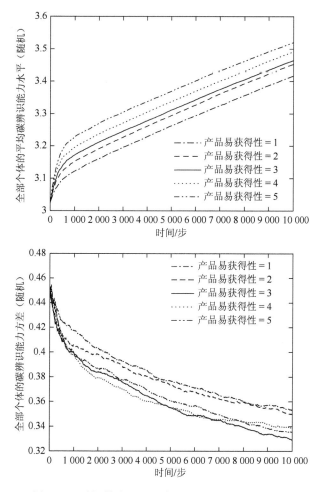

图 7-22　随机模式下不同产品易获得性的干预影响

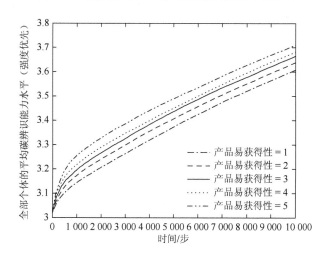

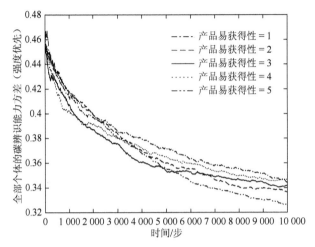

图 7-23　强度优先模式下不同产品易获得性的干预影响

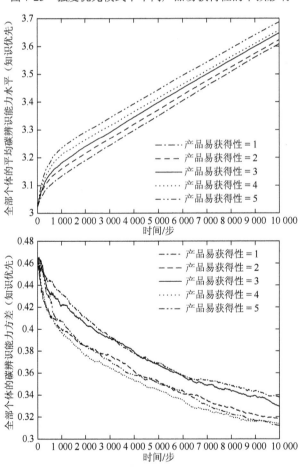

图 7-24　知识优先模式下不同产品易获得性的干预影响

1. "弱关系"对碳辨识能力扩散的影响

设定碳辨识能力网络中节点之间的关系强度均为[0.1, 0.3]之间的随机数，代表节点之间存在"弱关系"，仿真结果见图7-25。

由图7-25可知，在整个仿真过程中，随机模式下的节点碳辨识能力增长最慢。在仿真前期，知识优先模式的节点碳辨识能力增长速度最优，其次是知识优先模式。仿真进入中后期之后，知识优先模式的优势逐渐减少，强度优先模式下节点的碳辨识能力增长速度最快，且该模式下节点碳辨识能力方差最小，即网络中碳辨识能力扩散的均衡性最好，而随机模式下网络能力扩散的均衡性最差。

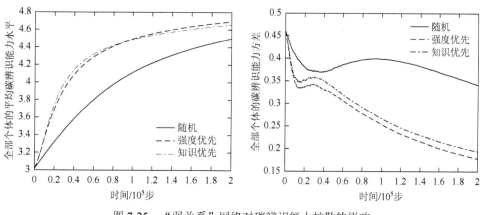

图 7-25　"弱关系"网络对碳辨识能力扩散的影响

上述情境未考虑到外界情境因素的影响，因此本书进一步加入情境因素的干预作用，将正向干预因素的值取最大值5，将负向干预因素的值取最小值1，探究"弱关系"网络碳辨识能力的增长趋势，仿真结果如图 7-26～图 7-30 所示。

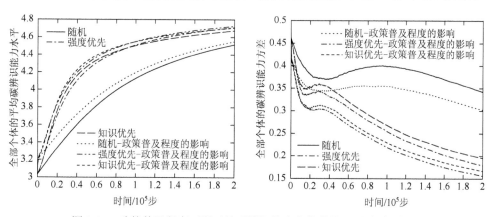

图 7-26　政策普及程度干预下的碳辨识能力变化趋势（弱关系网络）

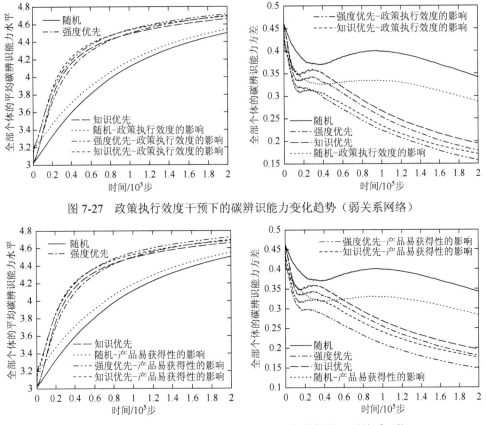

图 7-27　政策执行效度干预下的碳辨识能力变化趋势（弱关系网络）

图 7-28　产品易获得性干预下的碳辨识能力变化趋势（弱关系网络）

由图 7-26～图 7-28 可知，加入政策普及程度、政策执行效度、产品易获得性的影响，网络内的碳辨识能力总体水平均得到一定提高，知识优先模式下的能力扩散速率略高于强度优先模式，但两者的差距不大，且明显优于随机模式。从整个仿真过程来看，无论是否加入这些正向干预因素，强度优先模式的网络中全部节点的碳辨识能力方差最小，网络均衡性明显优于其他模式。

由图 7-29 和图 7-30 可知，加入个人经济成本和习惯转化成本的影响，将其取值为 1，网络内的碳辨识能力总体水平均有一定的降低，但是降低程度并不明显，特别是个人经济成本因素干预后的结果。在仿真前期，知识优先模式下的能力扩散速率略高于强度优先模式，但两者的差距不大，且明显优于随机模式。随着仿真步长的增加，强度优先模式的优势逐渐凸显，能力增长率高于知识优先模式。

2. "强关系"对碳辨识能力扩散的影响

设定碳辨识能力网络中节点之间的关系强度均为[0.7, 0.9]之间的随机数，代表节点之间存在"强关系"，仿真结果见图 7-31。

由图 7-31 可知，在整个仿真过程中，"强关系"网络中，知识优先模式具有明显的优势，主要表现为该模式下的碳辨识能力增长率明显高于强度优先模式和随机模式，且在中前期，网络的均衡性最好。

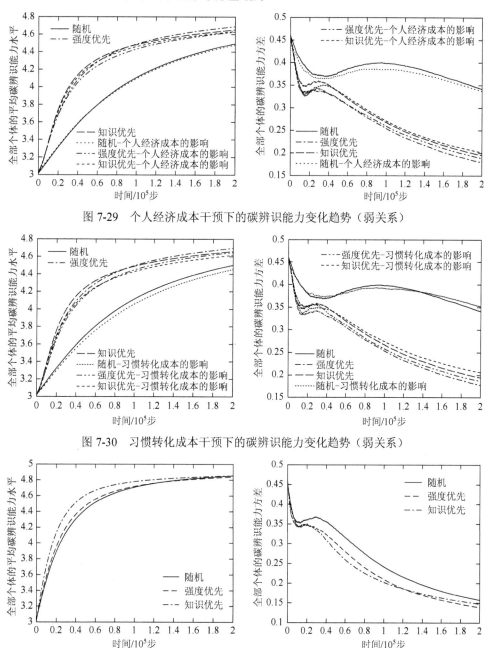

图 7-29　个人经济成本干预下的碳辨识能力变化趋势（弱关系）

图 7-30　习惯转化成本干预下的碳辨识能力变化趋势（弱关系）

图 7-31　"强关系"网络对碳辨识能力扩散的影响

上述情境未考虑外界情境因素的影响，因此本书进一步加入情境因素的干预作用，将正向干预因素的值取最大值5，将负向干预因素的值取最小值1，探究"强关系"网络碳辨识能力的增长趋势，仿真结果如图7-32～图7-36所示。

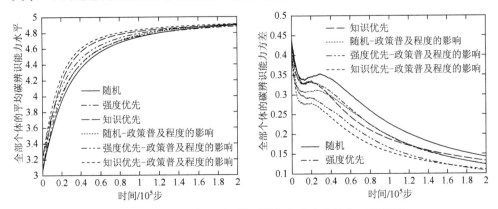

图 7-32　政策普及程度干预下的碳辨识能力变化趋势（强关系）

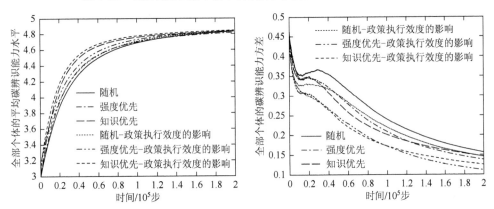

图 7-33　政策执行效度干预下的碳辨识能力变化趋势（强关系）

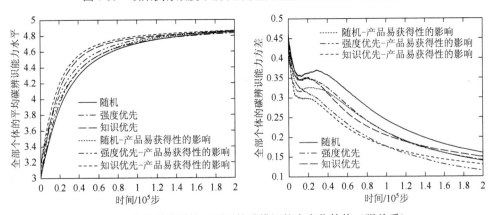

图 7-34　产品易获得性干预下的碳辨识能力变化趋势（强关系）

由图 7-32~图 7-34 可知，加入政策普及程度、政策执行效度、产品易获得性的影响，网络内的碳辨识能力总体水平均得到一定提高，知识优先模式下的能力扩散速率高于强度优先模式和随机模式。从整个仿真过程来看，无论是否加入政策普及因素，知识优先模式的网络中全部节点的碳辨识能力方差最小，网络均衡性明显优于其他模式。加入政策执行效度和产品易获得性后，从仿真中期（10 000 步）开始，强度优先模式下的网络均衡性优于知识优先模式。

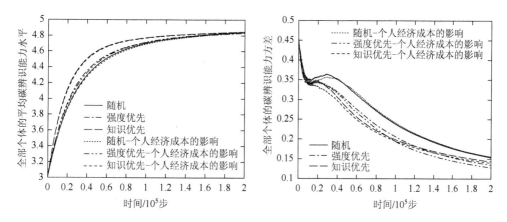

图 7-35　个人经济成本干预下的碳辨识能力变化趋势（强关系）

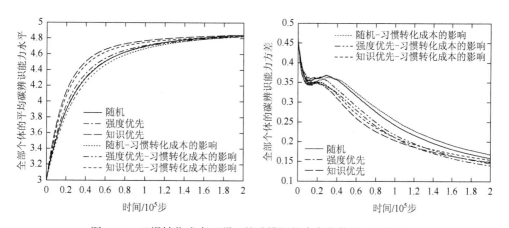

图 7-36　习惯转化成本干预下的碳辨识能力变化趋势（强关系）

加入个人经济成本和习惯转化成本的影响，网络内的碳辨识能力总体水平均有一定的降低，但是降低程度并不明显，而且个人经济成本干预下的碳辨识能力的降低程度小于习惯转化成本。在习惯转化成本干预下，网络的整体均衡性变差。个人经济成本干预下，在仿真前期（10 000 步以前），知识优先模式下全部节点的碳辨识能力方差最小，但当仿真步长持续增加，碳辨识能力网络中整体的辨识能力水平提升，"碳辨识能力差"的优势开始逐渐变弱，强度优先模式下的碳辨识能力网络的均衡性最好。

第三节　个人碳交易市场机制下的碳辨识能力扩散建模与仿真

尽管个人碳交易市场尚未在任何一个国家或地区实行，但仍然引起了众多学者的广泛关注，研究表明，个人碳交易机制的实施有利于引导消费者改变生活和消费方式，使其逐步向低碳化方向转变[277,278]。例如，有研究发现在个人碳交易机制下，居民可以有效地改变自身的出行行为，从而降低碳排放量[279]。在前文的深度访谈中，也有居民多次提到"如果低碳减排能够给我带来经济收益，我可能更愿意培养自己的碳能力，不然也没什么动力""如果可以交易碳排放权，那我肯定要学习如何低碳啊"等。因此，当个人能够对自己的碳配额进行交易，个体为了有效改变自身行为，将会增加自己对低碳方面的准确认知，进而培养和提升自己的碳辨识能力。因此，为了研究个人碳交易市场机制调节下的碳辨识能力改变，本书假设所有个体均处于碳交易市场中，而且能够自由公开地对自己的碳配额进行交易，在这种机制下，不同的个体拥有不同的碳辨识能力需求意愿。

一、碳辨识能力扩散模型构建

与之前着眼于关系强度的碳辨识能力扩散不同，个体在进行碳辨识能力扩散时会充分考虑到自己的经济利益，这主要是基于社会-经济交换理论。换言之，个体在进行碳辨识能力扩散时，并不完全都是无偿扩散。由前文分析可知，能力的扩散可以分为"易货型"和"广播型"两种方式，其中碳辨识能力"无偿扩散"属于"广播型"扩散，这类节点不断追求所在集体收益（碳辨识能力网络的整体利益）的最大化，碳辨识能力"互换扩散"属于"易货型"扩散，这类节点对自身利益最大化也十分关注。因此，本部分将节点分为"广播型"节点和"易货型"节点两种类型，用以区分不同节点对于碳辨识能力扩散的扩散态度。

本部分旨在考察个人碳交易机制下节点在扩散态度对网络中碳辨识能力扩散的影响，为了排除关系强度的干扰作用，本节仅仅探究节点在扩散态度影响下的碳辨识能力扩散。根据上文分析，本书假定：①当发送方为"易货型"节点，将采用碳辨识能力"互换扩散"的方式进行碳辨识能力扩散；②当发送方为"广播型"节点，将采用碳辨识能力"无偿扩散"的方式进行碳辨识能力扩散；③个人碳交易市场下，"易货型"节点为了满足自身利益最大化，"广播型"节点为了使网络的整体利益最优化，碳辨识能力扩散双方的发送意愿和需求方的需求意愿均

会增强。在碳辨识能力网络中，以 $P = \{P(i) | i \in N\}$ 表示网络中全部节点的扩散方式集合。其中，$P(i) = 0$ 表示"易货型"节点，$P(i) = 1$ 表示"广播型"节点。节点对于碳辨识能力扩散的扩散态度是其固有属性，具有稳定性，因此在整个碳辨识能力扩散过程中假定其始终保持不变。

假定网络中节点之间的关系强度不变，只考虑节点的扩散态度对网络中碳辨识能力扩散的影响，依据碳辨识网络中不同节点的碳辨识能力扩散条件，碳辨识能力扩散双方产生不同的能力增长方式和过程。

（一）无碳交易市场干预下的知识转移

市场中不存在碳交易时，网络中的各个节点均不受到外部的经济激励，各节点对碳辨识能力的诉求程度在长期内趋于稳定，即碳辨识能力扩散双方的发送意愿和需求意愿趋于稳定，并不会发生明显的变化。下文区分了碳辨识能力发送方为"易货型"节点和"广播型"节点两类情况，分别分析了碳辨识能力的增长情况。

（1）当碳辨识能力发送方为"易货型"节点，碳辨识能力进行"互换扩散"。

$$v[j, c_1](t+1) = v[j, c_1](t) + \varphi[j] \times \{v[i, c_1](t) - v[j, c_1](t)\}, v[i, c_1](t+1)$$
$$= v[i, c_1](t), \tag{7-18}$$

$$v[i, c_2](t+1) = v[i, c_2](t) + \varphi[i] \times \{v[i, c_2](t) - v[i, c_2](t)\}, v[j, c_2](t+1)$$
$$= v[i, c_2](t) \tag{7-19}$$

（2）当碳辨识能力发送方为"广播型"节点，碳辨识能力通过节点之间"无偿扩散"来进行扩散。此时，碳辨识能力扩散机制见式（7-20）：

$$v[j, c](t+1) = v[j, c](t) + \varphi[j] \times \{v[i, c](t) - v[j, c](t)\}, v[i, c](t+1)$$
$$= v[i, c](t) \tag{7-20}$$

式中，c_1 为需求方 j 所需要的低碳知识；c_2 为需求方 j 向发送方 i 提供的低碳知识补偿；$\varphi[j]$ 为需求方 j 的低碳知识吸收系数；$\varphi[i]$ 为发送方 i 的低碳知识吸收系数，取值为 $[0, 0.2]$ 之间的随机数。

（二）碳交易市场干预下的碳辨识能力扩散

（1）当发送方为"易货型"节点，碳辨识能力通过节点之间"互换扩散"来进行扩散。此时，碳辨识能力扩散机制见式（7-21）、式（7-22）：

$$v[j, c_1](t+1) = v[j, c_1](t) + \varphi[j] \times (1 + z_j) \times \{v[i, c_1](t) - v[j, c_1](t)\},$$
$$v[i, c_1](t+1) = v[i, c_1](t) \tag{7-21}$$

$$v[i, c_2](t+1) = v[i, c_2](t) + \varphi[i] \times (1 + z_i) \times \{v[i, c_2](t) - v[i, c_2](t)\},$$
$$v[j, c_2](t+1) = v[i, c_2](t) \tag{7-22}$$

式中，z_j 为碳交易市场下节点发生碳辨识能力扩散的需求意愿强度增长值，取值为 $[0,1]$ 之间的随机数；z_i 为碳交易市场下节点发生碳辨识能力扩散的发送意愿强度增加值，取值为 $[0,1]$ 之间的随机数。

（2）当发送方为"广播型"节点，碳辨识能力通过节点之间"无偿扩散"来进行扩散。此时，碳辨识能力扩散机制见式（7-23）：

$$v[j,c](t+1) = v[j,c](t) + \varphi[j] \times (1+z_i) \times (1+z_j) \times \{v[i,c](t) - v[j,c](t)\},$$
$$v[i,c](t+1) = v[i,c](t) \tag{7-23}$$

（3）节点的发送及接收意愿变化。如果节点是"易货型"节点，在完成一次知识扩散过程后，发送方的发送意愿会发生变化。由于"易货型"节点采用碳辨识能力"互换扩散"的方式，在获取了新的低碳知识之后，其整体水平有所提升，发送意愿会变弱。

$$z_i(t+1) = (1+z_i) - \delta_i \tag{7-24}$$

如果节点是"广播型"，由于"广播型"节点采用"无偿扩散"的方式，在完成一次能力扩散过程后，发送意愿保持不变，需求方因为获取了新的低碳知识而导致需求意愿变弱，见式（7-25）。其中，小正数 δ_i 和 δ_j 为意愿变化值，取值 0.05。

$$z_j(t+1) = (1+z_j) - \delta_j \tag{7-25}$$

二、仿真结果分析

（一）个人碳交易市场干预下的碳辨识能力扩散规律

首先考察不存在碳交易市场和引入碳交易市场后网络中全部节点的碳辨识能力扩散规律变化，仿真结果见图 7-37。为了更清晰地展示仿真前期的碳辨识能力变化趋势，将仿真步长设为 10 000 步，结果如图 7-38 所示。

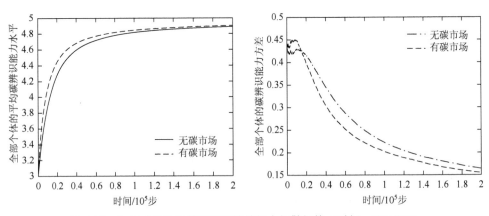

图 7-37　个人碳交易市场干预下的碳能力扩散规律（时间 = 200 000）

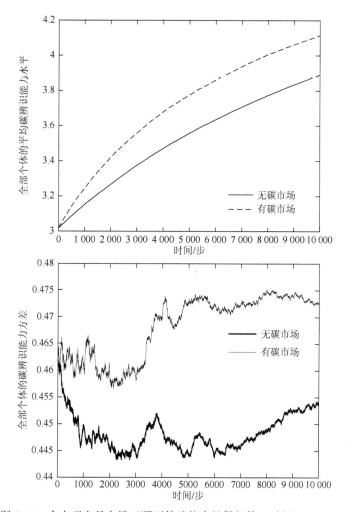

图 7-38　个人碳交易市场干预下的碳能力扩散规律（时间 = 10 000）

由图 7-37 和图 7-38 可知，引入碳交易市场机制后，网络中碳辨识能力的增长速度明显提升。从网络中全部节点的平均碳辨识能力方差来看，引入碳交易市场机制后，在仿真前期，碳辨识能力方差在短期内快速增大，使其波动较大，这主要是由于引入碳交易市场机制后，网络中能力扩散双方的发送意愿和接受意愿均增强，碳辨识能力总体值在短期内增加较快，网络均衡性较差。随着仿真步长的增加，均衡性逐渐变好。

（二）无个人碳市场干预下的节点的扩散态度对碳辨识能力扩散的影响

考察无个人碳交易干预下的碳辨识能力扩散规律，此时将网络中节点的扩散态度按一定比例分布时，网络中各节点的碳辨识能力增长情况与网络能力扩散均衡性仿真结果见图 7-39。

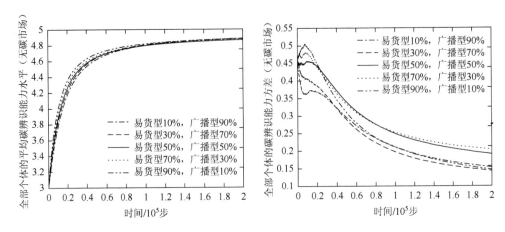

图 7-39　节点的扩散态度对碳辨识能力的影响（时间 = 200 000）

由图 7-39 可知，随着网络中"易货型"节点所占比例的增多，"广播型"节点所占的比例逐渐减少，网络中节点的平均知识水平增长速度逐渐提升。究其原因，主要是因为"易货型"节点与另外节点之间的能力扩散是以"互换扩散"，每次能力扩散都是触发两次传播过程，导致网络内整体的平均值上升速度较快。另外，平均碳辨识能力方差体现了碳辨识能力网络中能力扩散的均衡性。从图 7-39 可知，在整个仿真过程当中，随着仿真步长的增加，网络中节点的平均碳能力方差在前期波动较大，但是中后期呈明显的下降趋势。值得注意的是，并不是自利型所占比例越低，网络能力扩散的均衡性越好，在仿真的中后期，易货型比例为 30%，"广播型"比例为 70% 时，网络能力扩散的均衡性最好。

为清晰地展示仿真前期的碳辨识能力变化趋势，将仿真步长设为 10 000 步，结果如图 7-40 所示。

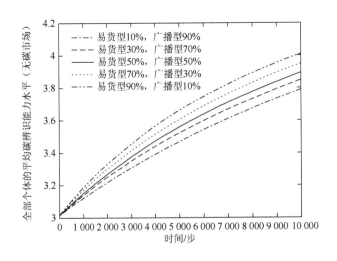

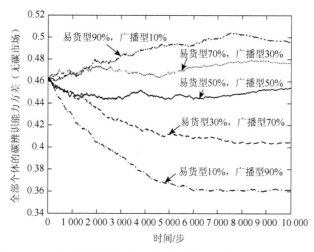

图 7-40　节点的扩散态度对碳辨识能力的影响（时间 = 10 000）

由图 7-40 可知，当网络中"易货型"节点的比例由初始的 10%变为最终的 90%，"广播型"节点的比例从 90%减少到 10%时，网络中节点的平均碳辨识能力水平逐渐增加，且增长速度逐渐增加。出现这种趋势的主要原因在于"易货型"和"广播型"这两类节点的能力传播机制和所需条件均有所不同。对于"易货型"节点，在进行一次成功的能力扩散过程中，能力扩散表现为互换扩散，就网络整体的能力增长幅度较高。与此同时，对于"广播型"节点而言，相比于"易货型"节点，成功完成一次知识传播所带来的能力增长幅度较低。因此，网络中"易货型"节点所占比例越多，网络中的"广播型"节点越少，随着仿真步长的增加，"易货型"节点知识扩散的优势越发凸显，带来的能力增量远大于"易货型"节点，所以会出现"易货型"节点越多，"广播型"节点越少，网络中碳辨识能力扩散的效率越高。然而，从网络中能力扩散的均衡性来讲，"易货型"节点增多尽管可以带来能力扩散效率的提升，但会伴随着网络均衡性变差的风险。

（三）个人碳市场干预下的节点的扩散态度对碳辨识能力扩散的影响

当存在个人碳交易干预下的碳辨识能力扩散规律，此时将网络中节点的扩散态度分别按不同的比例进行分布，网络中所有节点的碳辨识能力平均水平及方差仿真结果见图 7-41。由图 7-41 可知，与无引入碳市场交易机制的情况类似，随着网络中"易货型"节点的比例由 10%不断增加到 90%，网络中节点的平均碳辨识能力水平逐渐增加，且增长速度逐渐增加。

进一步地，为了更清晰地展示仿真前期的碳辨识能力变化趋势，将仿真步长设为 10 000 步，结果如图 7-42 所示。

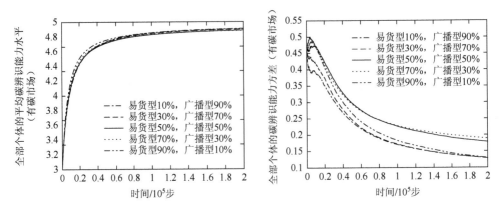

图 7-41　个人碳交易市场干预下节点的扩散态度对碳辨识能力的影响（时间 = 200 000）

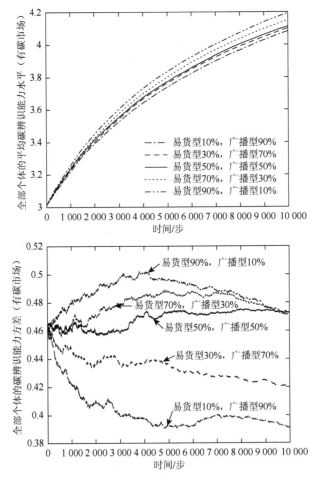

图 7-42　个人碳交易市场干预下节点的扩散态度对碳辨识能力的影响（时间 = 10 000）

由图 7-42 可知，引入碳市场交易机制后，网络中节点的平均碳辨识能力水平增长率明显增大，而且当仿真步长为 10 000 步时，网络中的平均碳辨识能力值接近 4.2，远高于未引入碳交易机制时相同步长下的碳辨识能力平均值。从整个仿真过程来看，"易货型"节点的比例越低，网络的能力扩散均衡性最好。

第八章 促进我国城市居民碳能力提升的政策建议

第一节 我国现行低碳引导政策梳理

从 20 世纪 80 年代以来，环境保护成了我国的基本国策。环境问题中重要的一部分便是温室气体排放、碳排放的问题，这些问题一直以来受到政府和各部门的高度关注，形成了一系列政策体系，具体内容如下所述。

（一）国家层面的法律

国家层面的法律是国家关于节能减排、低碳消费的最高法律依据，《中华人民共和国宪法》规定"国家保护和改善生活环境和生态环境，防治污染和其他公害"，这是我国制定其他相关法律法规的基础依据。目前，全国人民代表大会及其常务委员会颁布的相关法律有《中华人民共和国环境保护法》《中华人民共和国节约能源法》《中华人民共和国大气污染防治法》《清洁生产促进法》《中华人民共和国可再生能源法》《中华人民共和国能源法》《循环经济促进法》这七部相关法律，从立法层面确定了环境保护、低碳消费的重要性，其中最早的是《中华人民共和国环境保护法》，法律中提出"建议增加规定公民应当采用低碳、节俭的生活方式"。《中华人民共和国大气污染防治法》中提出"应当增强大气环境保护意识，采取低碳、节俭的生活方式，自觉履行大气环境保护义务"。《中华人民共和国可再生能源法》中提出"实现绿色发展、循环发展和低碳发展"的要求。2009 年 1 月，全国人民代表大会及其常务委员会通过了《全国人民代表大会常务委员会关于积极应对气候变化的决议》。提出从各个层面减少碳排放，低碳消费法也在全国人民代表大会会议上被提议，目前正在研究阶段。

（二）行政法规

行政法规是指由国家最高行政机关——国务院，根据宪法和法律制定并修改的有关行政管理和管理行政事项的规范性法律文件的总称。行政法规在规制企业行为中处于承上启下的桥梁作用，处于低于宪法、法律，高于其他地方性法规或部委规章的地位，是对法律的有效补充。国务院制定的现行有效的低碳消费、低碳减排领域的行政法规主要包括《国务院关于印发节能减排综合性工作方案的通知》（2007 年 5 月）、《国家环境保护"十一五"规划》（2007 年 11 月）、《我国应对气候变化的政策与行动白皮书》（2008 年 1 月）、《关于发展低碳经济的指导意见》（2009 年）、《国务院办公厅关于印发 2009 年节能减排工作安排的通知》（2009 年 7 月）、《国务院关于印发"十二五"节能减排综合性工作方案的通知》（2011 年 8 月）、《国家环境保护"十二五"规划》（2011 年 12 月）、《国务院关于印发"十二五"控制温室气体排放工作方案的通知》（2011 年 12 月）、《国务院关于印发节能减排"十二五"规划的通知》（2013 年 8 月）、《国务院关于加快发展节能环保产业的意见》（2013 年）、《国务院院办公厅关于加强内燃机工业节能减排的意见》（2013 年 2 月）、《国务院办公厅关于印发 2014—2015 年节能减排低碳发展行动方案的通知》（2014 年 5 月）、《国家应对气候变化规划（2014—2020 年）》（2014 年 9 月）等文件，由全国人民代表大会和国务院制定的法律和行政规定为低碳减排提供了一个法律框架。

（三）部委规章及行业适用标准

部委规章在管理政策体系中占有非常重要的地位，它们应当与国家层面的一般法律框架相配套，是有关法律和行政法规的具体化。它们是在全国人民代表大会及国务院颁布的法律法规基础上的细化管理办法，主要由国家发展和改革委员会、环境保护部、科学技术部等部委颁布，如《我国应对气候变化国家方案》（2007 年 6 月）、《关于印发节能减排全民行动实施方案的通知》（2012 年 1 月）、《节能低碳技术推广管理暂行办法》（2014 年 10 月）、《国家发展改革委办公厅关于切实做好全国碳排放权交易市场启动重点工作的通知》（2016 年 1 月）、《关于促进绿色消费的指导意见》（2016 年 2 月）等相关办法与指导意见。另外，为了标准化和规范化清洁生产与节能减排，国家还颁布了一系列的行业生产标准，主要有《清洁生产评价指标体系》，目前已经分批颁布 30 多个行业标准，《节能减排行业标准》共包括能源类 58 个，环境保护类 92 个，2015 年 11 月发布了 11 项温室气体管理国家标准，其中包括《工业企业温室气体排放核算和报告通则》及发电、钢铁、民航、化工、水泥等 10 个重点行业温室气体排放核算方法与报告要求。

（四）地方性法规、政策

地方性法规是由省、自治区、直辖市（其他部分城市）和设区的市人民代表大会及其常务委员会制定并修改的规范性文件。地方性法规在特定区域范围内具有法律效力的政策。以江苏省为例，近年颁布了《江苏省循环经济发展规划》（2005 年 4 月）、《江苏省清洁生产"十一五"行动纲要》（2006 年 9 月）、《江苏省循环经济试点实施方案》（2007 年 5 月）、《江苏省 2014—2015 年节能减排低碳发展行动实施方案》（2014 年 9 月）、《江苏省大气污染防治条例》（2015 年 2 月）、《江苏省循环经济促进条例》（2015 年 9 月）等相关的政策规定。根据法律法规的效力与颁布的机关，有关法律法规与规章制度的关系如图 8-1 所示。

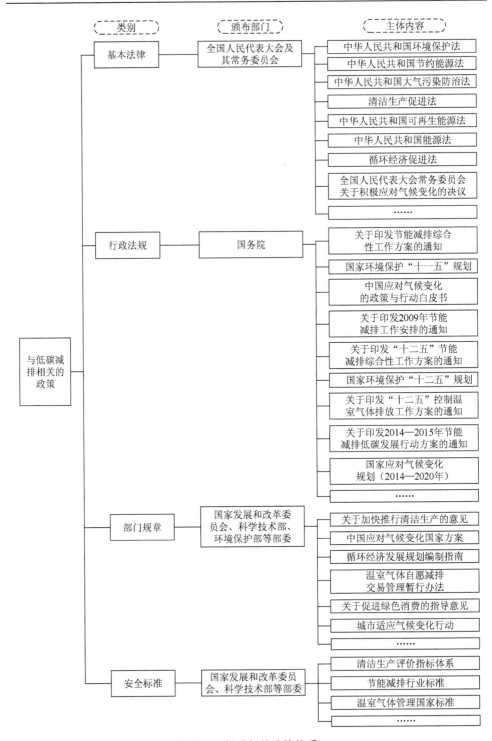

图 8-1　低碳相关政策体系

下面将近年来主要的与低碳减排相关的政策措施及与居民相关的内容概要进行了分类整理（表 8-1）。

表 8-1　主要低碳减排措施及与居民相关的内容概要

颁布时间	颁布部门	政策名称	政策主要内容
2017 年	国务院	《国务院关于印发"十三五"节能减排综合工作方案的通知》	加大对节能减排工作的资金支持力度，支持节能减排重点工程、能力建设和公益宣传；推行绿色消费；倡导绿色生活；积极引导消费者购买节能与新能源汽车、高效家电、节水型器具等节能环保低碳产品；到 2020 年，能效标识 2 级以上的空调、冰箱、热水器等节能家电市场占有率达到 50% 以上；倡导全民参与
2016 年	全国人民代表大会	《中华人民共和国国民经济和社会发展第十三个五年规划纲要》	主要目标之一：生态环境质量总体改善；生产方式和生活方式绿色、低碳水平上升；能源资源开发利用效率大幅提高，能源和水资源消耗、建设用地、碳排放总量得到有效控制，主要污染物排放总量大幅减少
2016 年	第十二届全国人民代表大会第四次会议	《关于 2015 年国民经济和社会发展计划执行情况与 2016 年国民经济和社会发展计划的决议》	启动第一批低碳城（镇）试点；节能减排深入开展；在大气污染治理重点城市实行煤炭消费总量控制，煤电节能减排升级改造行动计划全面实施；绿色建筑积极推进
2015 年	国务院	《生态文明体制改革总体方案》	建立统一的绿色产品体系，将目前分头设立的环保、节能、节水、循环、低碳、再生、有机等产品统一整合为绿色产品，建立统一的绿色产品标准、认证、标识等体系；完善对绿色产品研发生产、运输配送、购买使用的财税金融支持和政府采购等政策
2015 年	中共中央政治局会议	《中共中央国务院关于加快推进生态文明建设的意见》	提高全民生态文明意识；培育绿色生活方式。倡导勤俭节约的消费观；广泛开展绿色生活行动，推动全民在衣、食、住、行、游等方面加快向勤俭节约、绿色低碳、文明健康的方式转变，坚决抵制和反对各种形式的奢侈浪费、不合理消费；积极引导消费者购买节能与新能源汽车、高能效家电、节水型器具等节能环保低碳产品，减少一次性用品的使用，限制过度包装；大力推广绿色低碳出行，倡导绿色生活和休闲模式
2015 年	中国共产党第十八届中央委员会第五次全体会议	《中共中央关于制定国民经济和社会发展第十三个五年规划的建议》	加强生态价值观教育，培养公民环境意识，推动全社会形成绿色消费自觉；推动低碳循环发展；推进交通运输低碳发展，实行公共交通优先，加强轨道交通建设，鼓励自行车等绿色出行；实施新能源汽车推广计划
2015 年	环境保护部	《关于加快推动生活方式绿色化实施意见》（环发〔2015〕135 号）	节约优先、绿色消费；倡导勤俭节约的消费观，积极引导消费者购买节能环保低碳产品，倡导绿色生活和休闲模式，严格限制发展高耗能服务业，坚决抵制和反对各种形式的奢侈浪费、不合理消费；促进生产、流通、回收等环节绿色化，推进衣食住行等领域绿色化
2014 年	国务院办公厅	《2014—2015 年节能减排低碳发展行动方案》（国办发〔2014〕23 号）	动员公众积极参与；采取形式多样的宣传教育活动，调动社会公众参与节能减排的积极性；鼓励对政府和企业落实节能减排降碳责任进行社会监督

续表

颁布时间	颁布部门	政策名称	政策主要内容
2014 年	国家发展和改革委员会	《国家应对气候变化规范（2014—2020 年）》	倡导低碳生活：鼓励低碳消费，开展低碳生活专项行动，倡导低碳出行；到 2020 年，应对气候变化工作的主要目标是：控制温室气体排放行动目标全面完成；单位国内生产总值二氧化碳排放比 2005 年下降 40%～45%
2012 年	国务院	《节能减排"十二五"规划国发〔2012〕40 号》	加大高效节能产品推广力度；民用领域重点推广高效照明产品、节能家用电器、节能与新能源汽车等，商用领域重点推广单元式空调器等，工业领域重点推广高效电动机等，产品能效水平提高 10% 以上，市场占有率提高到 50% 以上；完善节能产品惠民工程实施机制，扩大实施范围，健全组织管理体系，强化监督检查；加大城镇污水处理设施建设力度
2012 年	工业和信息化部、国家发展和改革委员会、科学技术部、财政部	工业领域应对气球变化行动方案（2012—2020 年）（工信部联节〔2012〕621 号）	完善主要耗能产品能耗限额和产品能效标准，加大高效节能家电、汽车、电机、照明产品等推广力度；推动实施低碳产品标准、标识和认证制度，优先选择使用量大、普及面广的终端消费产品开展低碳产品标识试点，促进企业开发低碳产品，加快向低碳生产模式转变；采取综合性调控措施，抑制高消耗、高排放产品市场需求，鼓励企业采购绿色低碳产品，刺激低碳产品需求，提高低碳产品社会认知度，倡导低碳消费
2011 年	全国人民代表大会	《中华人民共和国国民经济和社会发展第十二个五年规划纲要》	健全节能减排激励约束机制；优化能源结构，合理控制能源消费总量，完善资源性产品价格形成机制和资源环境税费制度，健全节能减排法律法规和标准，强化节能减排目标责任考核，把资源节约和环境保护贯穿于生产、流通、消费、建设各领域各环节
2011 年	国务院	《"十二五"控制温室气体排放工作方案（国发〔2011〕41 号》	围绕到 2015 年全国单位国内生产总值二氧化碳排放比 2010 年下降 17% 的目标，大力开展节能降耗，优化能源结果，努力增加碳汇，加快形成以低碳为特征的生活方式
2007 年	国务院	《中国应对气候变化国家方案》（国发〔2007〕17 号）	全面落实国务院确定的各项节能降耗措施，通过调整产业结构、推动科技进步、加强依法管理、完善激励政策和动员全民参与，大力推进节能降耗

从措施内容来看，我国近年来开始重视低碳减排，出台了多种相应的政策措施，对于居民的低碳宣传教育、低碳生活方式培养等工作也较为重视。总体来看，针对企业研发和生产等环节的碳排放控制仍然是低碳减排政策的重要着力点，尽管这些政策与居民的生活有很大关联，但是具体到与居民日常生活紧密相关的减排措施上仍然呈现出鼓励型特征，并没有形成较强的约束力。尽管近年来相关政策中越来越多地提及居民低碳消费和低碳生活，但主要倾向于单向的宣传教育，参与型活动相对偏少，实施力度和效果也有待进一步考查。特别地，现有政策对于居民低碳行为的宣传和引导还是停留在行为本身，直接着眼于城市居民碳能力提升的政策和措施少之甚少。

第二节 城市居民碳能力"进阶循环式"提升政策建议

居民能源消耗和碳排放的增加不只是区域性的问题，更是全球性的问题。作为最大的发展中国家和最大的二氧化碳排放国，中国对实现国际低碳减排目标至关重要。然而，随着居民生活水平的提高，生产侧低碳减排的有限性日渐凸显，消费侧的自主减排越发重要，全民碳能力的提升迫在眉睫。碳能力产生和发展遵从一定的进阶规律，无论改变碳能力的哪一个能力环节都可以对其变化产生影响。结合实证分析的结果来看，外在驱动因素与碳能力的产生和发展有很大的关联性，任何因素的改变都会带来碳能力的改变。各个因素之间也是相互影响的，影响某一个能力环节的因素，同时也是影响其他能力环节的因素，各因素影响作用存在一定的交叉。因此，单纯的针对某一环节进行引导管理，往往花费巨大成本却不知道效果何时产生、效果的大小。因此有必要以系统的观点建立起一套系统策略模型，注重管理策略与激励方法之间的有机结合和协同作用，形成一个碳能力提升的过程引导体系。该体系主要是从城市居民碳能力自身建设、驱动因素重点引导、情境因素积极干预和效用体验感知积极强化四个方面出发，构建城市居民碳能力"进阶循环式"提升策略体系（图 8-2）。该体系共包含"四类"引导策略：碳能力自身建设和提升策略、强化"个人-组织-社会"层面的碳能力环境的一体化建设策略、积极干预型策略和效用体验感知积极强化策略。

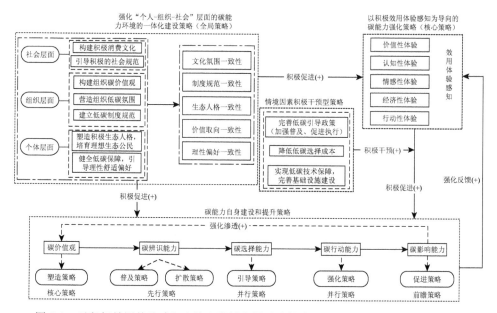

图 8-2 以积极效用体验感知为核心的城市居民碳能力"进阶循环式"提升建设策略

城市居民碳能力"进阶循环式"建设策略的建议措施如表 8-2 所示。

表 8-2　城市居民碳能力"进阶循环式"建设策略具体措施

策略体系		建议措施
碳能力自身建设和提升策略	碳价值观塑造策略	政府、企业、居民多主体共同参与，营造低碳氛围；衣、食、住、行多领域全方位发展，构建低碳生活方式；制度引领、法律保障、经济激励和教育培养多手段同时推进……
	碳辨识能力普及扩散策略	完善低碳教育大纲，普及低碳知识，创新普及方式，加强媒体宣传；培养碳辨识能力偶像；引入个人碳交易机制；激发低碳知识诉求……
	碳选择能力引导策略	在消费侧，完善补贴政策，对现阶段低碳产品进行精准补贴；在供给侧，完善低碳产品的获得渠道便捷性，注重技术开发及应用；作为联系消费侧和供给侧的重要媒介，关注低碳产品的应用场景建设……
	碳行动能力强化策略	政府应该保证低碳体系政策的持续性，强化个体低碳行为的持续性，鼓励公众参与行为；鼓励公众参与；优化基础设施建设……
	碳影响能力促进策略及强化渗透策略	政府偶像效应；树立标杆企业、社区模范户及榜样人物；有效扩散领袖低碳信息，形成"粉丝效应"影响他人的价值观及行为……
碳能力驱动因素引导	强化"个人-组织-社会"层面的碳能力环境的一体化建设策略 — 文化氛围一致性	政府自身建设（完善监督体系、实施"无碳"化运作）；企业积极响应，认真推进；公众引导（引导绿色饮食，推广绿色服装，倡导绿色居住，鼓励绿色出行）；积极宣传，组织全民低碳相关活动；加强日常宣传和舆论监督，全方位营造低碳氛围；构建低碳社区，必要时制定义务和奖励条款……
	制度规范一致性	政府：完善环保法律、法规、标准等，完善碳交易机制，鼓励企业积极加入碳交易市场……企业：推进低碳化管理模式，建立低碳导向的制度规范……
	生态人格一致性	树立经济发展和环境保护相统一的理念，促进平衡发展；开展全民生态教育，培养生态公民；健全环境信息公开制度……
	价值取向一致性	政府、企业和个人均关注低碳减排，将环保利益最大化作为自身价值观，鼓励全民低碳减排……
	理性偏好一致性	通过宣传教育和培训等方式引导居民理性地追求生活舒适度；高低碳产品/服务的技术水平，在满足居民生活舒适要求的同时尽可能地减少直接/间接性碳排放量……
	情境因素积极干预型策略	完善促进节能减排的经济政策，注重政策普及与执行；完善节能减排投入机制，降低低碳选择成本；提高低碳产品技术成熟度，实现低碳技术保障；实现低碳产品惠民工程，完善低碳产品购买渠道；完善基础设施建设，加大其有效供给……
效用体验感知强化	效用体验感知积极强化策略	加强宣传，倡导低碳的经济性、情感性、认知性、价值性、行动性体验；奖励低碳应用创新，奖励低碳先进个人/企业，补贴低碳产品，增强经济性、认知性体验……

　　基于上述引导体系，本书设计专家问卷，邀请能源经济领域的 5 位专家根据能力水平、效果显著性、实施困难度、成效凸显期和成本支出这五个指标对各项

策略进行了综合评估，并提出了碳能力建设的先行策略、核心策略、并行策略、前瞻策略、全局策略和巩固策略，结果如表 8-3 所示。

表 8-3　城市居民碳能力"进阶循环式"建设指标评估与策略选择

评估指标	碳能力自身建设和提升策略					碳能力驱动因素引导		效用体验感知积极强化
	碳价值观塑造策略	碳辨识能力普及策略	碳选择能力引导策略	碳行动能力强化策略	碳影响能力促进策略及强化渗透策略	强化"个人-组织-社会"层面的碳能力环境的一体化建设策略	情境因素积极干预型策略	效用体验感知积极强化策略
能力值	3.53	2.92	3.24	3.19	2.82	—	—	—
效果显著性	非常显著	非常显著	较显著	较显著	较显著	非常显著	较显著	较显著
实施困难度	较困难	较容易	较困难	较困难	较困难	较困难	较困难	较容易
成效凸显期	长期	短期	较长期	较长期	长期	长期	长期	较长期
成本支出	较高	较低	较高	较高	较低	较高	较高	较低
策略选择	核心策略	先行策略	并行策略	并行策略	前瞻策略	全局策略	全局策略	巩固策略

上述策略体系具体描述如下所述。

一、碳能力自身建设和提升策略

碳能力包含碳价值观、碳辨识能力、碳选择能力、碳行动能力和碳影响能力，除了对其驱动因素的引导之外，对碳能力自身能力的建设和提高也至关重要，但各个能力环节提升的收效期并不等同，具体的引导策略总结如下几点。

（一）先行策略——碳辨识能力普及

研究表明，碳辨识能力是城市居民碳能力的认知基础，但其均值较低（2.92），上升空间较大。结合碳能力成熟度分析可知，城市居民碳能力的成熟度整体处于初始级，这在很大程度上取决于碳辨识能力的劣性值偏高，因此提高碳辨识能力是促进碳能力成熟度提升的当务之急。从调查的结果来看，消费者对低碳是有一些基础认知的，如什么是低碳，低碳有什么作用等。但是对如何判断什么是低碳环保产品/服务的认识不够深刻。有针对性地普及碳辨识能力能快速提升城市居民碳能力，同样的成本投入能引发更多的碳能力增量，而且实施难度较小，应当作为城市居民碳能力建设的先行策略。

提高城市居民碳辨识能力主要通过以下三个方面：①加快低碳知识普及。由前文分析可知，碳价值观、碳辨识能力都与教育水平密切相关。此外，碳辨识能力和碳价值观之间、碳选择能力和碳辨识能力之间的缺口亦与城市居民碳能力整体偏低的现状有很大的关联。鉴于此，政府应该完善教育机制，基础教育与低碳教育并行。特别是对 41~50 岁、初中及以下学历水平、家庭成员 1 或 2 人、租房或房产数大于 5 套、所在单位是国有企业的城市居民应该予以重点关注。②创新低碳普及方式。可以采取多种形式向消费者进行多层面的资源节约与低碳知识教育，普及低碳知识应以微观、具体、针对性的低碳知识为重点。特别对那些学历较低或年龄较大的居民，向他们普及具体的、有针对性的低碳知识将会呈现更加明显的效果。③加强媒体低碳宣传，灵活运用各种传统媒体和新兴媒体等。④培养碳辨识能力偶像。从碳辨识能力扩散的仿真结果来看，应该选择以知识优先策略来确定能力扩散过程中的发送方，并以强度优先为辅助，能够快速促进城市居民碳辨识能力平均水平的提升，并能够使全体居民整体的碳辨识能力差距越来越小。因此，需要培养高碳辨识能力的居民偶像，并定期组织活动，拉近其与居民的距离感，高效传播碳辨识能力。⑤引入个人碳交易市场机制。仿真结果表明，引入个人碳交易市场机制后，碳辨识能力的增长速度明显提升，居民碳辨识能力的整体均衡性也优于无碳市场交易机制前，因此在未来的碳能力提升中可以将其纳入考虑范畴。⑥激发低碳知识诉求。仿真结果表明，网络内"易货型"节点所占比例越多，网络中碳辨识能力扩散的效率越高，因此应该采取多种手段激发居民的低碳知识诉求，使其愿意自主自发地学习低碳相关知识。

（二）核心策略——碳价值观塑造

碳价值观是碳能力最基础也是最关键的构成要素，但是碳价值观的塑造不是一蹴而就的，它的收效取决于国家教育、经济、法律体系的长期配合及居民整体低碳价值理念的改观。尽管价值观塑造策略实施难度大、耗时长、成本高，但是它最能触及碳能力的本质，能从根本上建设城市居民碳能力，因此它是碳能力建设的核心策略。

具体来看，为塑造城市居民碳价值观，政府首先应以身作则，引导企业、居民共同参与低碳，营造全民低碳氛围。对于城市居民来讲（特别是男性、低学历、离异、低收入的城市居民），可以通过培养居民的低碳责任担当性，转变居民的"责任逃避"心理，逐渐培养城市居民的低碳价值取向。其次，要注重衣、食、住、行等多领域全方位低碳发展，倡导低碳生活方式。最后，政府必须通过制度引领、法律保障、经济激励和教育培养多手段同时推进，塑造居民低碳价值观。政府要健全低碳制度和经济激励政策体系，完善低碳立法，并将低碳发展纳入到国家的长期发展规划当中。进一步地，政府应该在推进学校低碳教育的同时，大力倡导家庭低碳教育和社会低碳教育，不断完善教育体系。就目前来看，除了低碳教育体系的不完善，居民整体上还缺少科学的低碳实践和低碳体验，政府应该常态化举办一些低碳体验活动，重构社会的生活价值标准，将低碳生活与经济收益相联系（如构建居民碳交易市场等），进而促进居民碳价值观的形成和稳固。

（三）并行策略——碳选择能力引导

碳选择能力是城市居民碳能力的重要观测指标，对城市居民碳选择能力的引导能直接促进其碳能力水平的提升。研究表明，城市居民具有一定的碳选择能力，但在低碳产品的选择上仍呈现摇摆不定的态度，特别是在新能源产品（新能源汽车、绿电等）的选择上仍然存在诸多顾虑，产品品质、经济因素仍是影响居民行为选择的主导因素。这一现象提示政策制定者应该关注促进居民从"不选择"向"选择"转变的本质因素，这也意味着对城市居民碳选择能力的引导应当切中居民"选择"障碍的真实原因。从政府角度来讲，碳选择能力的引导应当从消费侧和供给侧两方面展开。①在消费侧，政府应该完善对低碳产品的补贴政策，对现阶段低碳产品进行精准补贴，减少城市居民在低碳产品选择方面的经济顾虑。如在消费环节，针对节能灯、新能源汽车等消费品给予补贴，不断培养城市居民的低碳选择习惯。②在供给侧，政府应该通过完善低碳产品的获得渠道便捷性，使城市居民更容易接触到低碳产品，从而引导其对低碳产品的选择，如提高能源效率、开发优质的低碳产品、建造功能完备的低碳建筑等。众所周知，低碳技术能够带来全球性的环境福利，它可能成为一类"准公共产品"。发达国家对气候变化具有历史责任，有义务将先进的技术转移到发展中国家。中国政府不仅应该广泛借鉴这些技术，还应该对本土企业、科研机构等的低碳技术改造、再生材料开发、推广及利用进行奖励，必要时可以设置低碳减排专项资金。通过企业的低碳技术创新来提高低碳产品在综合功能和低碳理念上的融合性，增加城市居民选择低碳产品的可能性。③作为联系消费侧和供给侧的重要媒介，政府应该关注低碳产品的应用场景建设，例如，为新能源汽车配备足量的充电桩，建设优美、高体验性的城市步行、自行车"绿道"等，切实转变城市居民由于基础设施不完备引发的对低碳产品的"不选择"行为。

（四）并行策略——碳行动能力强化

碳行动能力是碳能力的成熟水平，它是由碳选择能力的不断复制而形成的能力集合，碳选择能力引导策略与碳行动能力强化策略应当作为碳能力建设和提升的并行策略。碳行动能力的不断强化依赖于低碳政策体系的持续性、居民稳定的低碳行为及基础设施的有效提升。①为保证个体低碳行动的稳定性和长期性，政府应该保证低碳体系政策的持续性，不断修订和完善低碳体系政策，以促进长期低碳发展为目标，极力倡导居民低碳消费，鼓励城市居民以"低碳生活十大准则"来要求自己的日常生活，对男性、中等收入水平的城市居民应该予以重点关注和引导。②除了强化个体低碳行为的持续性，鼓励公众参与行为对于低碳减排也至关重要。调查结果表明，中国城市居民的公众参与行为普遍偏低，严重阻碍了碳行动能力的提升。为促进城市居民的公众参与行为，政府应当实行低碳信息公开化，在进行低碳制度建设、低碳立法中充分征集居民的意见，不断培育居民的主体意识，提高居民低碳政策参与的主动性和积极性。③完备并持续改进的基础设施是碳行动能力提升的基本保障，尽管中国目前的基础设施建设已经较之前取得了一定进步，但依然远远不足以满足全球低碳经济发展的要求。因此，政府首先要升级公共交通基础设施，鼓励有条件的城市根据自身情况进行绿色交通系统建设与定期升级。其次，要进行城市道路的改造和升级。最后，政府要不断优化城市步行和自行车交通系统建设，改善居民出行环境，保障出行安全，倡导绿色出行。

（五）前瞻策略——碳影响能力促进及强化渗透

碳影响能力是碳能力的领袖水平，为了激发碳影响能力在社会各阶层的广泛促进效应，应该从政府、企业、社区和个人这四个层面挖掘碳能力领袖的影响能力。①从政府层面来看，中国政府可以借鉴美国和欧盟关于多层次气候治理的经验，除了传统的政府政策，也可以非体制性的政府决策及政府行动对公众参加低碳活动产生积极影响。换言之，政府自身实施低碳并形成一种"偶像效应"，将会在一定程度上影响城市居民对于低碳生活方式的选择。政府在自身采取低碳措施的同时，可以选派一些具有广泛公众影响力的政府官员作为"低碳形象大使"，发挥其领袖魅力，引导企业和居民共同增进低碳意识，采取低碳行为。②从企业层面来看，政府应该鼓励企业开发低碳技术、优先采购低碳产品（如低碳型生产材料、低碳办公用等）、加强能源资源循环利用等，树立低碳模范企业、行业标兵等。与此同时，也可以通过举办多形式的低碳企业评比活动（如"绿色之星"等）树立典型标杆企业，扩大低碳企业的影响力。③从社区层面来看，可以鼓励社区开展"低碳模范户"的评比活动，向居民宣传低碳的重要意义。④从个体层面来看，应该寻求一批具有公众影响力的低碳主义者，并定期举办全民低碳活动，形成"粉丝效应"，全面提高居民的低碳意识。此外，政府需要重点引导碳影响能力高的居民领袖，广泛发挥自己的影响力，不断影响其他人树立低碳理念，形成低碳价值观。⑤政府应该广泛借助新闻媒体的宣传作用，大力宣传各层级低碳领袖的低碳事迹，并定期予以更新，对居民形成持续性信息刺激，激发居民低碳价值理念和低碳行为选择，进而影响其碳能力。总体来看，碳影响能力培育策略及其对碳价值观的强化渗透策略是碳能力建设的前瞻策略，需要长期坚持实施才能达到预期效果。

二、强化"个人-组织-社会"层面的碳能力环境的一体化建设策略

实证分析结果表明，舒适偏好、生态人格的理智性和责任心维度、组织碳价值观、组织低碳氛围、社会消费文化及社会规范完全通过效用体验感知作用于碳能力，而生态宜人性和生态开放性部分通过效用体验感知作用于碳能力，部分直接作用于碳能力。可见，个人因素、组织因素和社会因素均对碳能力产生显著影响，着眼于个人、组织和社会不同层面的驱动因素引导能够有效地提升城市居民碳能力。强化"个人-组织-社会"层面的碳能力环境的一体化建设策略主要通过以下五个部分展开，分别是文化氛围一致性建设、制度规范一致性建设、价值取向一致性建设、生态人格一致性建设和理性偏好一致性建设。具体描述如下几点。

（一）文化氛围一致性建设——构建积极社会消费文化及低碳氛围

从实证研究可以看出，社会消费文化、组织低碳氛围、和社会规范对效用体验感知、碳能力都有影响。社会消费文化是各种外部因素相互作用的一个最终的显性化状态，是消费者外部环境因素的综合[145]。多数居民的个体消费理念是整体社会消费文化的缩影，个人消费低碳化需要以个人自律为主线，社会他律为辅线。因此，要构建积极的社会消费文化，不能仅靠个体消费者，个体消费者的力量太小不足以改变社会消费文化的方向；也不能仅仅依靠政府的法律法规，没有消费者的支持很难推行下去。然而政府和个体消费者直接接触毕竟有限，企业是政府和消费者相互作用的中间环节。积极社会消费文化的建设需要政府、企业和个体的共同配合，进行文化氛围的一致性建设。

政府自身建设可以通过以下三个方面展开。首先，要制定和完善相关法律法规，使"低碳经济""低碳消费"有法可依。目前来看，我国尚没有建立统一的低碳消费市场，低碳产品数量少，产品结构单一，获得渠道不够便利。在调查中消费者普遍认为低碳选择成本偏高（>3分，总分5分），这些问题都严重影响到消费者对低碳产品/服务的信心，因此加强低碳消费的监督体系的建设是十分有必要

的。最后，要提供财政税收支持。通过经济杠杆的手段来调控消费方式，这比直接采取法律法规等强制性手段效果显现得慢，但是效果的持续时间更长。

从企业促进层面来讲，要积极响应政府的低碳政策，自觉遵守环保相关法律法规、规章和市场管理的各项规章制度，维护市场秩序。维护合法竞争，保证低碳产品的质量和数量，保障自己的利益不受到侵害，只有市场公平、稳定才能给消费者提供一个交易的场所。同时，为了营造低碳氛围，可以定期采购符合低碳环保要求的办公设施及用品，举办低碳环保类公益活动，并鼓励员工积极参加。员工与组织关系的和谐能够促进员工对组织制度的执行程度[280]，因此在低碳制度实施期间，组织领导必须以身作则，在工作中关注低碳环保，鼓励并赞赏低碳行为，奖励员工对于低碳管理模式和低碳技术的开发、应用等，从组织层面营造低碳氛围。

公众引导方面主要通过引导居民的衣、食、住、行四个方面来展开，引导绿色饮食、推广绿色服装、倡导绿色居住、鼓励绿色出行。欧洲国家通过互联网建立了低碳社区，在社区里开展具有针对性的碳排放行动，让参与社区建设的每个人尽可能得为社区做出一份贡献[281]。这种社区可以是虚拟社区，也可以是地理意义上的社区[282]。消费者以住宅小区为单位，通过测算碳足迹、讨论环境恶化带来的危害等活动，来亲身感受低碳的重要性。同时还可以制定一些义务和奖励条款，鼓舞社区成员行为的改变。最后，加强舆论监督，当低碳消费的理念不断演变为一种新型的消费时尚或社会规范，"高碳化"消费行为的实施者将会感受到更多的社会舆论压力和心理压力，从而不断规范自己的消费行为。

（二）制度规范一致性建设

一方面，从政府层面来讲，应该完善环保法律、法规、标准等，完善碳交易机制，鼓励企业积极加入碳交易市场。另一方面，从企业层面来讲，企业可以有意识地建设低碳导向的管理制度，不断改进工作制度及流程，以便达到更加低碳环保的效果，不断推进低碳导向的规章制度和管理模式。与此同时，可以定期采购符合低碳环保要求的办公设施及用品，举办低碳环保类公益活动，并鼓励员工积极参加。奖励员工对于低碳管理模式和低碳技术的开发、应用等，从组织层面贯彻国家政策制度，并且构建符合自己实际情况的公司制度。

（三）生态人格一致性建设——塑造积极生态人格，培育理想生态公民

生态人格对城市居民碳能力有显著的影响，警示我们在低碳城市建设中要注重对生态人格进行塑造和培养的重要性，但是从消极生态人格到积极生态人格的

转变并不是一蹴而就的。人格的积极生态化意味着这些非生态人格要在由工业文明向生态文明的历史转型过程中获得生态内涵，塑造城市居民的生态人格、引导城市居民明确自身的低碳消费权利和义务成为政府和社会各界的重要任务。

首先，政府应该树立经济发展和环境保护相统一的理念，实现空间均衡，把握人口、经济、资源和环境的平衡发展，使经济的发展速度不超过资源的承载力和环境容量。其次，完善环保法律、法规和标准体系。推动加快大气污染防治法等法律制修订进程，完善环境质量标准等，构建环境治理和生态保护市场体系、生态文明绩效评价考核和责任追究制度等激励约束并重的生态文明制度体系，推进生态文明建设。再次，政府应该开展全民生态教育，培养生态公民。同时，鉴于生态责任心、生态宜人性、生态开放性和生态理智性对于碳能力的重要影响，可以在生态教育尤其是非正式的生态教育、生态宣传中，注重塑造城市居民的生态责任心、生态宜人性、生态开放性和生态理智性特质，从根源上塑造真正意义上的生态居民。此外，还可以充分发挥在这些具备积极生态人格特质的城市居民的榜样作用，不断影响其他人树立低碳消费理念，形成低碳价值观，建设碳能力并饯行低碳消费行为。促进相互影响的形式可以多元化，政府可以开展以生活方式低碳化为主题的浸入式、互动式生态体验活动，在加强与自然生态的交流中，不仅普及了生态知识和生态理念，更是帮助居民深刻认识到人与自然的内在关系。最后，健全环境信息公开制度，充分利用传统媒体、新兴媒体和社会组织，引导全体居民树立生态环保意识，完善公众参与制度，通过建立环境保护网络举报平台和举报制度保障居民依法有序行使环境监督权。

（四）价值取向一致性建设——塑造积极的低碳价值观

政府、企业和个人均关注低碳减排，将环保利益最大化作为自身价值观，鼓励全民低碳减排。前文已经阐述了个体碳价值观的塑造，因此在这里主要讨论如何构建组织碳价值观，实证研究表明，组织碳价值观对于碳能力的建设至关重要，特别是对于个体碳价值观的建设有显著影响。企业作为链接政府与个体的重要桥梁，需要积极促进低碳减排。首先，关注低碳减排，树立低碳减排的理念，将环保利益最大化作为自身价值观，不断去影响组织内员工的价值观。其次，积极承担社会责任，提供低碳型产品和服务。最后，组织应该将低碳环保纳入自己的长期战略体系，积极致力于低碳环保，必要时加入碳交易市场。

（五）理性偏好一致性建设——健全低碳保障，引导理性舒适偏好

实证分析表明，舒适偏好显著影响个体碳能力，因此不仅要通过宣传教育和

培训等方式引导居民理性地追求生活舒适度，更应该通过提高低碳产品/服务的技术水平，健全低碳保障，在满足居民生活舒适度要求的同时尽可能地减少居民的直接和间接性碳排放量。

三、情境因素积极干预型策略

实证分析结论显示，除了行为实施成本外，其余情境因素（如政策普及程度、政策执行效度、个人经济成本、习惯转化成本、产品技术成熟度、产品易获得性和基础设施完备性）对效用体验感知作用于碳能力的路径呈现出显著的调节作用。其中，个人经济成本和习惯转化成本的调节作用为负向抑制，其他因素均为正向促进的调节作用。碳能力关键能力环节仿真也表明，无论是外界情境因素综合作用还是单独作用，碳辨识能力的扩散效率均会明显上升。因此，本书提出如下建议：①完善低碳减排政策，注重政策普及的同时积极推动政策执行。在完善低碳减排政策的基础上，政府首先应该创新普及方式，可以采取多种形式，向居民解释政策的具体条例和实施细则，从居民切身利益出发普及和推行低碳引导政策。②完善节能减排投入机制，完善促进节能减排的经济政策，降低低碳成本。③提高低碳产品技术成熟度，为低碳产品技术成熟度升级和技术创新提供基础保障。建立统一的绿色产品分类标准、认证机构和成熟度标识体系。④实现低碳产品惠民工程，完善低碳产品购买渠道，增强产品易获得性。在居民生活领域重点推广相关的低碳产品，在保证上述产品的可购买渠道多样性的同时，保障这些产品的市场占有率，同时应该配套相应的管理办法。⑤完善基础设施建设，加大基础设施有效供给。首先，加快提升基础设施现代化水平；其次，推动基础设施区域协调发展；最后，加快推动基础设施绿色低碳循环发展，定期维护和升级各项基础设施，保障居民的基本生活。

四、以积极效用体验感知为导向的碳能力强化策略

碳能力对于效用体验感知具有正向的影响，而效用体验感知对碳能力也具有正向的影响，因此对碳能力结果的积极、高效强化能进一步增强和巩固居民的碳能力。政府可以通过奖励低碳应用创新、补贴低碳产品选购、奖励低碳先进个人/企业等方式对城市居民形成经济性刺激，促进城市居民进行自主碳能力建设。进一步地，通过持续宣传低碳所带来的经济性、环保性、价值性、行动性体验，培养居民对碳能力结果的准确、积极的认知，驱动城市居民进行自主碳能力建设和提升。

第三节　本书的研究展望

针对本书的研究现状，结合本书研究实施过程中产生的一些思考和想法，本书对未来研究内容提出如下展望。

（1）扩大和均衡调研样本分布范围。完善调查数据，将调研范围从东部地区扩展至中部、东北和西部地区，以进一步丰富研究数据，提高研究结论的普适性，为区域性碳能力提升政策的制定提供理论依据。

（2）修正完善调研量表。以理论文献综述和居民专家访谈为基础，借助行为经济学、实验经济学等学科的研究方法，科学设计实验场景并进行试验模拟和数据仿真模拟，不断完善调查分析量表，并进行分时间、分地域的多次验证和修订。

（3）丰富政策的研究方法。基于研究结论，本研究提出了碳能力提升政策建议，在未来的研究中可以考虑纵向追踪的方法，通过追踪居民的碳能力变化足迹和政策响应结果，提出不同情境下的碳能力修订政策，并探究政府、企业和居民多主体合作视角下的碳能力提升路径。

参 考 文 献

[1] TASESKA V, MARKOVSKA N, CAUSEVSKI A, et al. Greenhouse gases (GHG) emissions reduction in a power system predominantly based on lignite[J]. Energy, 2011, 36(4): 2266-2270.

[2] STEM N. The economics of climate change[J]. American economic review, 2008, 98(2): 1-37.

[3] FARBOTKO C, LAZRUS H. The first climate refugees? Contesting global narratives of climate change in Tuvalu[J]. Global environmental change, 2012, 22(2): 382-330.

[4] IPCC (Intergovernmental Panel on Climate Change). Contribution of working group II to the fourth assessment report of the intergovernmental panel on climate change, 2007[EB/OL]. http: //www. ipcc.ch/publications_and_data/ar4/wg2/en/contents.html[2016-05-03].

[5] IPCC (Intergovernmental Panel on Climate Change). Organization of IPCC [EB/OL]. http: //www. ipcc.ch/organization/organization.shtml [2016-05-04].

[6] UMFCCC (United Nations Framework Convention on Climate Change). Kyoto protocol to the United Nations framework convention on climate change [EB/OL]. http: //unfccc.int/essential_ background/kyoto_protocol/items/1678.php [2016-04-15].

[7] ELZEN M G J, HOF A F, BELTRAN A M, et al. The Copenhagen accord: abatement costs and carbon prices resulting from the submissions[J]. Environmental science and policy, 2011, 14(1): 28-39.

[8] JAEHN F, LETMATHE P. The emissions trading paradox[J]. Journal of operational research, 2010, 202(1): 248-254.

[9] BP. BP statistical review of world energy 2015 [EB/OL]. http: //www.bp.com/en/global/corporate/ energy-economics/statistical-review-of-world-energy.html [2016-05-02].

[10] 国家统计局. 年度数据[R]. http: //data.stats.gov.cn/ks.htm?cn = C01&zb = A0501.

[11] 国家发展和改革委员会. 关于印发节能减排全民行动实施方案的通知[EB/OL]. http: //zfxxgk. ndrc.gov.cn/PublicItemView.aspx?ItemID = {4eced587-a4ef-483d-b6a4-4685 ddf55839} [2016-05-15].

[12] 国务院. 国务院关于印发"十三五"节能减排综合工作方案的通知[R]. http: //www.gov.cn/ zhengce/content/2017-01/05/content_5156789.htm.

[13] State Council of the People's Republic of China. The national climate change program issued by the State Council (2014—2020) [EB/OL]. http: //www.gov.cn/xinwen/2014- 09/19/content_ 2753014.htm[2016-05-15].

[14] 碳交易网. 中国 17 年将建全球最大碳市场[EB/OL]. http: //www.tanpaifang.com/tanjiaoyi/ 2016/0226/50896.html[2016-02-26].

[15] STEG L. Promoting household energy conservation[J]. Energy policy, 2008, 36(12):

4449-4453.

[16] LINDEN A L, CARLSSON-KANYAMA A, ERIKSSON B. Efficient and inefficient aspects of residential energy behaviour: what are the policy instruments for change?[J]. Energy policy, 2006, 34(14): 1918-1927.

[17] LINDEN A L. CARLSSON-KANYAMA A. Voluntary agreements—a measure for energy-efficiency in industry? Lessons from a Swedish programme[J]. Energy policy, 2002, 30(10): 897-905.

[18] SHUI B. DOWLATABADI H. Consumer lifestyle approach to US energy use and the related CO_2, emissions[J]. Energy policy, 2005, 33(2): 197-208.

[19] HERTWICH E G, PETERS G P. Carbon footprint of nations: a global, trade-linked analysis[J]. Environmental science and technology, 2009, 43(16): 6414-6420.

[20] INTERNATIONAL ENERGY AGENCY. CO_2 Emissions from fuel combustion highlights 2014[R]. http: //www.iea.org/publications/freepublications/publication/CO_2Emissions FromFuel CombustionHighlights2014.pdf.

[21] BRAND C, GOODMAN A, RUTTER H, et al. Associations of individual, household and environmental characteristics with carbon dioxide emissions from motorised passenger travel[J]. Applied energy, 2013, 104: 158-169.

[22] 赵晓丽, 李娜. 我国居民能源消费结构变化分析[J]. 中国软科学, 2011, 11: 40-51.

[23] 石秀华, 刘伦. 我国地区能源消费与产业结构的关系研究[J]. 中国地质大学学报 (社会科学版), 2014, 6: 39-47.

[24] 中华人民共和国统计局. 中国能源统计年鉴 2014[M]. 北京: 中国统计出版社, 2015.

[25] 冯怡琳. 城镇居民节能意识和节能状况[J]. 中国统计, 2008(8): 15-16.

[26] LENZEN M, WIER M, COHEN C, et al. A comparative multivariate analysis of household energy requirements in Australia, Brazil, Denmark, India and Japan[J]. Energy, 2006, 31(2): 181-207.

[27] LANGEVIN J, GURIAN P L, WEN J. Reducing energy consumption in low-income housing: Interviewing residents about energy behaviors[J]. Applied energy, 2013, 102(2): 1358-1370.

[28] SEYFANG G, LORENZONI I, NYE M. Personal carbon trading: notional concept or workable proposition? Exploring theoretical, ideological and practical underpinnings[J]. Working paper-centre for social and economic research on the global environment, 2007, 96(1): 3601-3608.

[29] WHITMARSH L, O'NEILL S J, SEYFANG G, et al. Carbon capability: what does it mean, how prevalent is it, and how can we promote it?[J]. Tyndall centre university of East Anglia, 2008.

[30] WHITMARSH L, SEYFANG G, O'NEILL S. Public engagement with carbon and climate change: to what extent is the public "carbon capable"?[J]. Global environmental change, 2011, 21(1): 56-65.

[31] MCCLELLAND D C. Testing for competence rather than for "intelligence" [J]. American psychologist, 1973, 28(1): 1-14.

[32] YAN Y J. Problems of quality of migrant workers and counter measures from the perspective of iceberg model[J]. Asian agricultural research, 2012, 5(5): 48-50.

[33] CARTER N, OCKWELL D. New labour, new environment? An analysis of the labour government's policy on climate change and biodiversity loss[J]. Bulletin of Canadian petroleum geology, 2007, 34(3): 364-378.

[34] AAMAAS B, BORKEN-KLEEFEID J, PETERS G P. The climate impact of travel behavior: a German case study with illustrative mitigation options[J]. Environmental science and policy, 2013, 33: 273-282.

[35] NICOLAS J P, David D. Passenger transport and CO_2 emissions: what does the French transport survey tell us?[J]. Atmospheric environment, 2009, 43: 1015-1020.

[36] BRAND C, PRESTON J M. '60-20 emission'—the unequal distribution of greenhouse gas emissions from personal, non-business travel in the UK[J]. Transport policy, 2010, 17: 9-19.

[37] 国家发展和改革委员会. 关于 2013 年全国节能宣传周和全国低碳日活动安排的通知 [EB/OL]. http: //www.gov.cn/zwgk/2013-05/07/content_2397275.htm[2016-05-15].

[38] 国家发展和改革委员会. 关于 2014 年全国节能宣传周和全国低碳日活动安排的通知 [EB/OL]. http: //www.sdpc.gov.cn/zcfb/zcfbtz/201405/t20140516_611821.html[2016-05-15].

[39] 国家发展和改革委员会. 关于 2015 年全国节能宣传周和全国低碳日活动安排的通知. [EB/OL]. http: //www.sdpc.gov.cn/gzdt/201505/t20150515_692041.html[2016-05-15].

[40] 国家发展和改革委员会新闻中心. 2015 年全国节能宣传周活动在北京启动[EB/OL]. http: //xwzx.ndrc.gov.cn/xwfb/201506/t20150613_696021.html[2016-05-15].

[41] 陈明华, 郝国彩. 中国人口老龄化地区差异分解及影响因素研究[J]. 中国人口·资源与环境, 2014, 24(4): 136-141.

[42] 刘华军, 赵浩. 中国二氧化碳排放强度的地区差异分析[J]. 统计研究, 2012, 29(6): 46-50.

[43] 我国中部地区能源消费与经济增长——基于中部 6 省面板数据的协整检验[J]. 经济经纬, 2009(4): 69-72.

[44] 芈凌云. 城市居民低碳化能源消费行为及政策引导研究[D]. 徐州: 中国矿业大学, 2011.

[45] 丁永霞. 我国居民生活能源消费时空变化分析[D]. 兰州: 兰州大学, 2011.

[46] 赵卫亚, 袁军江, 陈新涛. 我国城镇居民消费行为区域异质分析——基于动态面板分位数回归视角[J]. 经济经纬, 2012(4): 6-10.

[47] 中华人民共和国国家统计局. 历年中国统计年鉴 2015 [EB/OL]. http: //www.stats.gov.cn/tjsj/ndsj/[2016-05-15].

[48] 耶鲁-南京信息工程大学大气环境中心研究小组. 我国 $PM_{2.5}$ 时空分布研究[N]. http: //news.mydrivers.com/1/451/451740.htm[2015-10-15].

[49] WEINERT F E. Concepts of competence, Munich: Max Planck institute for psychological research published as a contribution to the DECD project definition and selection of competencies: Theoretical and conceptual foundations (DeSeCo)[R]. Neuchatel: DeSeCo, 1999.

[50] 彼得·罗夫斯基. 普通心理学[M]. 北京: 人民教育出版社, 1981.

[51] 陈勇. 大学生就业能力及其开发路径研究[D]. 杭州: 浙江大学, 2012.

[52] 曹日昌. 普通心理学[M]. 北京: 人民教育出版社, 1987.

[53] 陈至立. 辞海[M]. 上海: 上海辞书出版社, 2009.

[54] STEPHENS C, BREHENY M, MANSVELT J. Healthy ageing from the perspective of older people: a capability approach to resilience[J]. Psychology and health, 2014, 30: 1-17.

[55] LIN H C, TURKIER Y. CHANG K I. Anticipating competitive tension: a psychology-based awareness-motivation-capability perspective[J]. Academy of management annual meeting proceedings, 2015(1): 17230-17230.

[56] 马克思恩格斯全集. 第 42 卷[M]. 北京: 人民出版社, 1972.

[57] 吴晓义, 杜晓颖. 能力概念的多维透视[J]. 吉林工程技术师范学院学报, 2006(4): 1-5.

[58] 韩庆祥. 建构能力社会: 21 世纪中国人的发展图景[M]. 广州: 广东教育出版社, 2003: 135-136.

[59] ROBBINS S P. Organizational Behavior 15th Ed[M]. Upper Sadale River，New Jersey：Prentice hall, 2013.

[60] MCCLELLAND D C. Testing for competence rather than intelligence[J]. American psychologist, 1973, 28(1): 1-14.

[61] WILHELM O, NICKOLAUS R. What distinguishes the concept of competence from established categories such as ability, skill or intelligence?[J]. Zeitschrift für erziehungswissenschaft, 2013, 16: 23-26.

[62] VOS A D, HAUW S D, W I. An integrative model for competency development in organizations: the flemish case[J]. International journal of human resource management, 2015, 26: 1-26.

[63] SPENCER L M, SPENCER S M. Competence at work: models for superior performance[M]. New York: John Wiley and Songs, Inc, 1993.

[64] 仲理峰, 时勘. 胜任特征研究的新进展[J]. 南开管理评论, 2003(2): 4-8.

[65] COCKERILL T, HUNT J, SCHRODER H. Managerial competencies: fact or fiction?[J]. Business strategy review, 1995, 6(3): 1-12.

[66] COCKERILL B T. The kind of competence for rapid change[C]. Personnel management, 2010.

[67] PALARDY J M, EISELE J E. Competency based education[J]. Clearing house, 1972, 46(9): 545-548.

[68] FOX J, GOTTS K. The resurgence of competency-based education in Canada[J]. New department of education and training, 2001, 9(3): 5-7.

[69] BOET S, PIGFORD A A E, NAIL V N. Program director and resident perspectives of a competency-based medical education anesthesia residency program in Canada: a needs assessment[J]. Korean journal of medical education, 2016, 28(2): 157-168.

[70] GALE L E, POL G. Determining required competence: a need assessment methodology and computer program[J]. Educational technology, 1977, 17: N/A.

[71] BYHAM W C. Developing dimension-competency-based human resource systems, Development Dimensions International[EB/OL]. http: //csgconsult.com/ezonev2/documents/competencybased-hrystems_mg_ddi.pdf[2016-04-05].

[72] HENEMAN R L, LEDFORD G E. Competency pay for professionals and managers in business: a review and implications for teachers[J]. Journal of personnel evaluation in education, 1998, 12(2): 103-121.

[73] CHRISTINE V. An alternative conception of competence: implications for vocational education[J]. Journal of vocational education and training, 1999, 51(3): 437-447.

[74] CHRISTINE V. Case-based facilitator behavior assessment milestone tool[J]. Savi christine, 2013, 12:6-20.

[75] SANDBERG J, ALBA G D. Reframing the practice of competence development[M]. Stockholm, Sweden: IFL, 2002.

[76] 陈英和. 认知发展心理学 (新世纪高等学校教材)[M]. 北京: 北京师范大学出版社, 2013.

[77] YEKOVICH C W, YEKOVICH F R. The cognitive psychology of school learning[M]. New York: Harper Collins College Publishers, 1993.

[78] CARROLL J B. Psychometrics, intelligence, and public perception[J]. Intelligence, 1997, 24(1): 25-52.

[79] SPEARMAN C. "General intelligence", objectively determined and measured[J]. American Journal of psychology, 1903, 15(4): 201-292.

[80] THURSTONE L L. Primary mental abilities[M]. Chicago: University of Chicago Press, 1938.

[81] GUILFORD J P. The nature of human intelligence[M]. New York: McGraw-Hill, 1967.

[82] STERNBERG R J. A triarchic theory of human intelligence[J]. Behavioral and brain sciences, 1985, 7(2): 269-287.

[83] STERNBERG R J. Successful intelligence: how practical and creative intelligence determine success in life[J]. Simon and schuster, 1996, 7(2): 269-287.

[84] 吕鲲, 陈西平. 能力结构模型、评价和实证方法研究[J]. 现代教育管理, 2010(9): 62-65.

[85] MOLENAAR W M, ZANTING A, VAN BEUKELEN P, et al. A framework of teaching competencies across the medical education continuum[J]. Medical teacher, 2009, 31(5): 390-396.

[86] JELENC L, PISAPIA J, IVANUSIC N. Demographic variables influencing individual entrepreneurial orientation and strategic thinking capability[C]//International Scientific Conference on Economic and Social Development, 2015: 331-335.

[87] 罗冬林. 新生代农民工可持续就业能力系统的反馈动态复杂性分析[J]. 统计与决策, 2014(15): 106-109.

[88] 张军, 许庆瑞, 张素平. 企业创新能力内涵、结构与测量——基于管理认知与行为导向视角[J]. 管理工程学报, 2014(3): 1-10.

[89] 郑胜华, 芮明杰. 动态能力的研究述评及其启示[J]. 自然辩证法通讯, 2009, 31(5): 56-64, 70.

[90] BAILEY D B J, SIMEONSSON R J. A functional model of social competence[J]. Topics in early childhood special education, 1985, 4(4): 20-31.

[91] DAS J P, NAGLIERI J A, KIRBY J R. Assessment of cognitive processes: the PASS theory of intelligence[M]. New York: Allyn and Bacon, 1994.

[92] CRICK N R, DODGE K A. A review and reformulation of social information-processing mechanisms in children's social adjustment[J]. Psychological bulletin, 1993, 115(1): 74-101.

[93] LEMERISE E A, ARSENIO W F. An integrated model of emotion processes and cognition in social information processing[J]. Child development, 2000, 71(1): 107-118.

[94] ROSE-KRASNOR L. The nature of social competence: a theoretical review[J]. Review of social development, 1997, 6(1): 111-135.

[95] DENHAM S A, BLAIR K A, DEMULDER E, et al. Preschool emotional competence: pathway to social competence?[J]. Child development, 2003, 74(1): 238-256.

[96] 陈英和. 认知发展心理学 (新世纪高等学校教材)[M]. 北京: 北京师范大学出版社, 2013.

[97] YEATES K O, SELMAN R L. Social competence in the schools: toward an integrative developmental model for intervention[J]. Developmental review, 1989, 9(1): 64-100.

[98] GOLD S. Measuring social competence, task competence and self-protection in an organizational context[D]. Task competence，Australia：University of Newcastle, 2009.

[99] MILLER M L, OMENS R S, DELVADIA R. Dimensions of social competence: personality and coping style correlates[J]. Personality and individual differences, 1991, 12(9): 955-964.

[100] NEBBERGALL A J. Assessment of social competence and problem behavior: the psychometric properties of a social competency rating form[D]. Dissertations and Theses-Gradworks，College Park: University of Maryland, 2007.

[101] CAVELL T A. Social adjustment, social performance, and social skills: a tri-component model of social competence[J]. Journal of clinical child psychology, 1990, 19(2): 111-122.

[102] KENDRICK K. Interparental violence: associations with mother-child attachment and children's social competence[D]. University of Calgary, 2008.

[103] 许庆瑞, 吴志岩, 陈力田. 转型经济中企业自主创新能力演化路径及驱动因素分析——海尔集团 1984～2013 年的纵向案例研究[J]. 管理世界, 2013(4): 121-134.

[104] CHEN X, FRENCH D C. Children's social competence in cultural context[J]. Annual review of psychology, 2008, 59(1): 591-616.

[105] 张晓, 陈会昌. 关系因素与个体因素在儿童早期社会能力中的作用[J]. 心理发展与教育, 2008, 24(4): 19-24.

[106] OHAN J L, JOHNSTON C. What is the social impact of ADHD in girls? A multi-method assessment[J]. Journal of abnormal child psychology, 2007, 35(2): 239-250.

[107] RENK K, PHARES V. Cross-informant ratings of social competence in children and adolescents[J]. Clinical psychology review, 2004, 24(2): 239-254.

[108] VAUGHN B E, SHIN N, KIM M, et al. Hierarchical models of social competence in preschool children: a multisite, multinational study[J]. Child development, 2009, 80(6): 1775-1796.

[109] EIDEN R D, COLDER C, EDWARDS E P, et al. A longitudinal study of social competence among children of alcoholic and nonalcoholic parents: role of parental psychopathology, parental warmth, and self-regulation[J]. Psychology of addictive behaviors, 2009, 23(1): 36-46.

[110] SHIN N, VAUGHN B E, KIM M, et al. Longitudinal analyses of a hierarchical model of peer social competence for preschool children: structural fidelity and external correlates[J]. Merrill-palmer quarterly, 2011, 57(1): 73-103.

[111] MCFALL B R M. A review and reformulation of the concept of social skills[C]//Behavioral Assessment, 2012: 1-33.

[112] WATERS E, SROUFE L A. Social competence as a developmental construct[J]. Developmental review, 1983, 3: 79-97.

[113] TOVEY L. Competency assessment: a strategic approach—part II [J]. Executive development, 1994, 7(1): 16-19.

[114] DIRKS M A, TREAT T A, WEERING V R. Integrating theoretical, measurement, and intervention models of youth social competence[J]. Clinical psychology review, 2007, 27(3): 327-347.

[115] PRESTON B, KENNEDY K J. The national competency framework for beginning teaching: a radical approach to initial teacher education?[J]. Australian educational researcher, 1995, 22(22): 27-62.

[116] DUTTA S, NARASIMHAN O, RAJIV S. Conceptualizing and measuring capabilities: methodology and empirical application[J]. Strategic management journal, 2005, 26(3): 277-285.

[117] 张静, 田录梅, 张文新. 社会能力: 概念分析与模型建构[J]. 心理科学进展, 2012, 20(12): 1991-2000.

[118] HAVIGHURST R J. Developmental tasks and education[M]. New York: David McKay Company, 1948.

[119] BORNSTEIN M H, HAHN C S, HANES A O M. Social competence, externalizing, and internalizing behavioral adjustment from early childhood through early adolescence: developmental cascades[J]. Development and psychopathology, 2010, 22(4): 717-35.

[120] 马军, 周琳, 李薇. 城市低碳经济评价指标体系构建——以东部沿海 6 省市低碳发展现状为例[J]. 科技进步与对策, 2010, 27(22): 165-167

[121] 胡大立, 丁帅. 低碳经济评价指标体系研究[J]. 科技进步与对策, 2010, 27(22): 160-164.

[122] 朱杏珍. 人文环境对低碳消费的影响分析[J]. 技术经济与管理研究, 2013(1): 79-82.

[123] KOTCHEN M J. Impure public goods and the comparative static of environmentally friendly consumption[J]. Journal of environmental economics and management, 2005, 49: 281-300.

[124] 王建明, 王俊豪. 公众低碳消费模式的影响因素模型与政府管制政策——基于扎根理论的一个探索性研究[J]. 管理世界, 2011(4): 58-68.

[125] OCKWELL D, WHITMARSH L, O'NEILL S. Reorienting climate change communication for effective mitigation: forcing people to be green or fostering grass-roots engagement?[J]. Science communication: linking theory and practice, 2009, 30(3): 305-327.

[126] BURGESS J, NYE M. Rematerialising energy use through transparent monitoring system[J]. Energy policy, 2008, 36: 4454-4459.

[127] ABAS A S, MOHD YUNOS M Y, MOHD ISA N K, et al. Carbon-capability framework for Malaysia: towards encouraging low-carbon community lifestyles[J]. Applied mechanics and materials, 2015, 747: 290-293.

[128] 石洪景. 城市居民低碳消费行为及影响因素研究——以福建省福州市为例[J]. 资源科学, 2015(2): 308-317.

[129] 杨东红, 王伟, 匡瑾璘, 等. 基于结构方程模型的经销商低碳行为能力评价[J]. 西南石油大学学报 (社会科学版), 2012, 14(2): 11-15.

[130] 林崇德. 智力活动中的非智力因素[J]. 华东师范大学学报 (教育科学版), 1992(4): 65-72.

[131] AJZEN I. The theory of planned behavior[J]. Organizational behavior and human decision processes, 1991, 50(2): 179-211.

[132] TAYLOR S, TODD P A. Understanding information technology usage: a test of competing models[J]. Information system research, 1995, 6(2): 144-176.

[133] STERN P C, DIETZ T, ABEL T, et al. A value-belief-norm theory of support for social movements: the case of environmentalism[J]. Human ecology review, 1999, 6(2): 81-97.

[134] FISHBEIN M, AJZEN I. Attitude-behavior relations: a theoretical analysis and review of empirical research[J]. Psychological bulletin, 1977, 84(5): 888-918.

[135] GUAGNANO A, STERN C, DIETZ T, et al. Influences on attitude behavior relationships: a natural experiment with curbside recycling[J]. Environment and behavior, 1995, 27(5): 699-718.

[136] VINSON D E, SCOTT J E, LAMONT L M. The role of personal values in marketing and consumer behavior[J]. Journal of marketing, 1997, 41(2): 44-50.

[137] DEMBKOWSKI S, HANMER L S. The environmental value-attitude-system model: a framework to guide the understanding of environmentally conscious consumer behavior[J]. Journal of marketing, 1994, 10(7): 593-603.

[138] FULTON D C, MANFREDO M J, LIPSCOMB J. Wildlife value orientations: a conceptual and measurement approach[J]. Human dimensions of wildlife: an international journal, 1996, 1(2): 24-47.

[139] HINES J M, HUNGERFORD H R, TOMERA A N. Analysis and synthesis of research on responsible environmental behavior: a meta-analysis[J]. Journal of environmental education, 1986, 18(2): 1-8.

[140] FRAJ E, MARTINEZ E. Ecological consumer behavior: an empirical analysis[J]. International journal of consumer studies, 2007, 31(1): 26-33.

[141] BOHLEN G, SCHLEGELMILCH B B, DIAMANTOPOULOS A. Measuring ecological concern: a multi-construct perspective[J]. Journal of marketing management, 1993, 9(4): 415-430.

[142] ROBERTS J A, STRAUGHAN R D. Environmental segmentation alternatives: a look at green consumer behavior in the new millennium[J]. Journal of consumer marketing, 1999, 16(6): 558-575.

[143] WEBSTER F E. Determining the characteristics of the socially conscious consumer[J]. Journal of consumer research, 1975, 12(2): 188-196.

[144] THOGERSEN J, ÖLANDER F. Human values and the emergence of a sustainable consumption pattern: a panel study[J]. Journal of economic psychology, 2002, 23(5): 605-630.

[145] CHEN H, LONG R, NIU W, et al. How does individual low-carbon consumption behavior occur?——An analysis based on attitude process[J]. Applied energy, 2014, 116: 376-386.

[146] 刘春济. 消费者行为意向的前因与作用机理研究述评[J]. 软科学, 2014(11): 107-110.

[147] JIANG P, CHEN Y, XU B, et al. Building low carbon communities in China: the role of individual's behaviour change and engagement[J]. Energy policy, 2013, 60(C): 611-620.

[148] FRAJY E, MARTINEZ E. Influence of personality on ecological consumer behaviour[J]. Journal of consumer behaviour, 2006, 5(3): 167-181.

[149] HIRSH J B. Personality and environmental concern[J]. Journal of environmental psychology, 2010, 30(2): 245-248.

[150] MILFONT T L, SIBLEY C G. The big five personality traits and environmental engagement:

associations at the individual and societal level[J]. Journal of environmental psychology, 2012, 32(2): 187-195.

[151] JIANG P, CHEN Y, XU B, et al. Building low carbon communities in China: the role of individual's behavior change and engagement[J]. Energy policy, 2013, 60: 611-620.

[152] 贺爱忠, 李韬武, 盖延涛. 城市居民低碳利益关注和低碳责任意识对低碳消费的影响——基于多群组结构方程模型的东、中、西部差异分析[J]. 中国软科学, 2011(8): 185-192.

[153] 王建明, 贺爱忠. 消费者低碳消费行为的心理归因和政策干预路径: 一个基于扎根理论的探索性研究[J]. 南开管理评论, 2011, 14(4): 80-89, 99.

[154] 陈红, 冯群, 牛文静. 个体低碳消费行为引导的低碳经济实现路径[J]. 北京理工大学学报(社会科学版), 2013, 15(2): 16-22.

[155] BURT K B, OBRADOVIC J, LONG J D, et al. The interplay of social competence and psychopathology over 20 years: testing transactional and cascade models[J]. Child development, 2008, 79(2): 359-374.

[156] RISI S, GERHARDSTEIN R, KISTNER J. Children's classroom peer relationships and subsequent educational outcomes[J]. Journal of clinical child and adolescent psychology, 2003, 32: 351-361.

[157] CHEN X, CHEN H, Li D, et al. Early childhood behavioral inhibition and social and school adjustment in Chinese children: a 5-year longitudinal study[J]. Child development, 2009, 80(6): 1692-1704.

[158] ROBBINS S P, JUDGE T A, VOHRA N. Organizational behavior[M]. 15th edition. New Jersey: Pearson education, 2013.

[159] 吴晓义, 杜晓颖. 能力概念的多维透视[J]. 吉林工程技术师范学院学报, 2006(4): 1-5.

[160] 傅维利, 刘磊. 个体实践能力要素构成的质性研究及其教育启示[J]. 华东师范大学学报(教育科学版), 2012, 30(1): 1-13.

[161] WEI J. CHEN H, QI H. Who reports low safety commitment levels? An investigation based on Chinese coal miners[J]. Safety science, 2015, 80: 178-188.

[162] AIKEN L R. 态度与行为——理论、测量与研究[M]. 何清华, 雷霖, 陈浪译. 北京: 中国轻工业出版社, 2008.

[163] BAUER M W, GASKELL G. Social representations theory: a progressive research programme for social psychology[J]. Journal for the theory of social behavior, 2008, 38: 335-353.

[164] COHEN M J. Consumer credit, household financial management, and sustainable consumption[J]. International journal of consumer studies, 2007, 31: 57-65.

[165] STERN P C, DIETZ T, ABEL T, et al. A value-belief-norm theory of support for social movements: the case of environmentalism[J]. Human ecology review, 1999, 6(2): 81-98.

[166] VALKILA N, SARRI A. Attitude——behavior gap in energy issues: case study of three different finnish residential areas[J]. Energy for Sustainable Development, 2013, 17: 24-34.

[167] 刘春济. 消费者行为意向的前因与作用机理研究述评[J]. 软科学, 2014(11): 107-110.

[168] JIANG P, CHEN Y, XU B, et al. Building low carbon communities in china: the role of individual's behavior change and engagement[J]. Energy policy, 2013, 60: 611-620.

[169] BARR S, GILG A W, FORD N. The household energy gap: examining the divide between

habitual-and purchase-related conservation behaviors[J]. Energy policy, 2005, 33(11): 1425-1444.

[170] 陈利顺. 城市居民能源消费行为研究[D]. 大连: 大连理工大学, 2009.

[171] VLIET B V, CHAPPELLS H, SHOVE E. Infrastructures of consumption: restructuring the utility industries[J]. European journal of surgical oncology, 2005, 41(6): S32.

[172] GIDDENS A. The constitution of society: outline of the theory of structuration[M]. Cambridge: Polity Press, 1984.

[173] SPAARGAREN G. Sustainable consumption: a theoretical and environmental policy perspective[J]. Society and natural resources, 2003, 16: 687-701.

[174] WEI J, CHEN H, CUI X, et al. Carbon capability of urban residents and its structure: evidence from a survey of Jiangsu Province in China[J]. Applied energy, 2016, 173: 635-649.

[175] 杨一平. 企业信息化能力成熟度的研究[D]. 北京: 首都经济贸易大学, 2009.

[176] 杨一平. 现代软件工程技术与 CMM 的融合[M]. 北京: 人民邮电出版社, 2002.

[177] 陈向明. 质的研究方法和社会科学研究[M]. 北京: 教育科学出版社, 2000.

[178] MAXWELL J A. 质性研究设计[M]. 陈浪译. 北京: 中国轻工业出版社, 2008.

[179] 王建明. 公众资源节约与循环回收行为的内在机理研究——模型构建、实证检验和管制政策[M]. 北京: 中国环境出版社, 2013.

[180] GLASSER B G, STRAUSS A L. The discovery of grounded theory: strategies for qualitative research[M]. New York: Aldine Publishing Company, 1967.

[181] 陈向明. 质的研究方法和社会科学研究[M]. 北京: 教育科学出版社, 2000.

[182] 范明林, 吴军. 质性研究[M]. 上海: 格致出版社, 上海人民出版社, 2009.

[183] 杨冉冉, 龙如银. 基于扎根理论的城市居民绿色出行行为影响因素理论模型探讨[J]. 武汉大学学报 (哲学社会科学版), 2014, 67(5): 13-19.

[184] STRAUSS A L, CORBIN J M. Basic of qualitative research: grounded theory procedures and techniques[M]. Newbury Park: Sage Publications, 1990.

[185] FASSINGER R E. Paradigms, praxis, problems and problems and promise: grounded theory in counseling psychology research[J]. Journal of counseling psychology, 2005, 52(2): 156-166.

[186] AJZEN I. Residual effects of past on later behavior habituation and reasoned action perspectives[J]. Personality and social psychology review, 2002, 6: 107-122.

[187] KNUSSENA C, YULE F, MACKENZIE J, et al. An analysis of intentions to recycle household waste: the roles of past behaviour, perceived habit, and perceived lack of facilities[J]. Journal of environmental psychology, 2004, 24: 237-246.

[188] YUE T. LONG R, CHEN H. Factors influencing energy-saving behavior of urban households in Jiangsu Province[J]. Energy policy, 2013, 62: 665-675.

[189] TRIANDIS H C. Values, attitudes, and interpersonal behavior[J]. Nebraska symposium on motivation, 1979, 27: 195-259.

[190] SEYFANG G. Ecological citizenship and sustainable consumption: examining local organic food networks[J]. Journal of rural studies, 2006, 22(4): 383-395.

[191] EVANS D. Consuming conventions: sustainable consumption, ecological citizenship and the worlds of worth[J]. Journal of rural studies, 2011, 27(2): 109-115.

[192] COSTA P T, MCCRAE R R. Personality in adulthood: a five-factor theory perspective[J].

International and cultural psychology, 2002: 303-322.

[193] 彭立威. 试论生态化人格及推进人格生态化的意义[J]. 中国人口·资源与环境, 2012(3): 170-174.

[194] DOBSON A. Citizenship and the environment[M]. Oxford: Oxford University Press, 2003.

[195] DOBSON A, BELL D. Environmental citizenship[M]. Boston: MIT Press, 2005.

[196] ANANTHARAMAN M. Networked ecological citizenship, the new middle classes and the provisioning of sustainable waste management in Bangalore, India[J]. Journal of cleaner production, 2014, 63(63): 173-183.

[197] 刘艳. 从普通消费者到生态公民：生态文明建设的一种主体性策略[J]. 湖南师范大学社会科学学报, 2012, 41(6): 32-36.

[198] ARBUTHNOT J. The roles of attitudinal and personality variables in the prediction of environmental behavior and knowledge[J]. Environment and behavior, 1977, 9(2): 217.

[199] MINDERMAN J, REID J M, EVANS P G H, et al. Personality traits in wild starlings: exploration behavior and environmental sensitivity[J]. Behavioral ecology, 2009, 20(4): 830-837.

[200] 彭立威, 罗常军. 文明演进背景下的人格模式探析[J]. 湖南师范大学社会科学学报, 2011(3): 14-17.

[201] 彭立威. 论生态人格——生态文明的人格目标诉求[J]. 教育研究, 2012(9): 21-26.

[202] HIRSH J B. Environmental sustainability and national personality[J]. Journal of environmental psychology, 2014, 38: 233-240.

[203] 唐长华. 当前人自身建设的双重变奏——论现代性人格与生态人格的塑造[J]. 山东理工大学学报 (社会科学版), 2004(6): 17-21.

[204] WEI J, CHEN H, LONG R. Is ecological personality always consistent with low-carbon behavioral intention of urban residents?[J]. Energy policy, 2016, 98: 343-352.

[205] BERGER J. 疯传——让你的产品、思想、行为像病毒一样入侵[M]. 刘生敏, 廖建桥译.北京: 电子工业出版社, 2014.

[206] 崔珍. 微信朋友圈的自我呈现："社交货币"理论的视角[D]. 南昌: 南昌大学, 2016.

[207] LEE C. Modifying an American consumer behavior model for consumers in Confucian culture: the case of Fishbein behavioral intentions model[J]. Journal of international consumer marketing, 1990, 3(1): 27-50.

[208] AHMED Q I, LU H, YE S. Urban transportation and equity: a case study of Beijing and Karachi[J]. Transportation research part A: policy and practice, 2008, 42(1): 125-139.

[209] GENG J, LONG R, CHEN H, et al. Exploring multiple motivations on urban residents' travel mode choices: an empirical study from Jiangsu province in China[J]. Sustainability, 2017, 9(1): 136.

[210] YANG R, LONG R. Analysis of the influencing factors of the public willingness to participate in public bicycle projects and intervention strategies—a case study of Jiangsu Province, China[J]. Sustainability, 2016, 8(4), 349.

[211] 魏佳, 陈红, 龙如银. 生态人格及其对城市居民低碳消费行为的影响[J]. 北京理工大学学报 (社会科学版), 2017(2): 45-54.

[212] HIRSH J B, DOLDERMAN D. Personality predictors of consumerism and environmentalism: a preliminary study[J]. Personality and individual differences, 2007, 43(6): 1583-1593.

[213] MARKOWITZ E M, GOLDBERG L R, ASHTON M C, et al. Profiling the "pro-environmental individual": a personality perspective[J]. Journal of personality, 2012, 80(1): 81-111.

[214] MILFONT T L, WILSON J, DINIZ P. Time perspective and environmental engagement: a meta-analysis[J]. International journal of psychology, 2012, 47(5): 325-334.

[215] MILFONT T L, SIBLEY C G. The big five personality traits and environmental engagement: associations at the individual and societal level[J]. Journal of environmental psychology, 2012, 32(2): 187-195.

[216] FRAJY E, MARTINEZ E. Influence of personality on ecological consumer behaviour[J]. Journal of consumer behaviour, 2006, 5(3): 167-181.

[217] MCCRAE R R, TERRACCIANO A. Personality profiles of cultures: aggregate personality traits[J]. Journal of personality and social psychology, 2005, 89(3): 407-425.

[218] 陈志霞, 李启明. 不同年龄群体大五人格与幸福感关系[J]. 心理与行为研究, 2014(5): 633-638.

[219] ROGERS M E, CRED P A, SEARLE J. Person and environmental factors associated with well-being in medical students[J]. Personality and individual differences, 2012, 52(4): 472-477.

[220] KERRET D, ORKIBI H, RONEN T. Green perspective for a hopeful future: explaining green schools' contribution to environmental subjective well-being[J]. Review of general psychology, 2014, 18(2): 82-88.

[221] WISEMAN M, BOGNER F X. A higher-order model of ecological values and its relationship to personality[J]. Personality and individual differences, 2003, 34(5): 783-794.

[222] BOWMAN J L, BEN-AKIVA M. Activity-based disaggregates travel demand model system with activity schedules[J].Transportation research part A, 2000, 35(1): 1-28.

[223] ANKER-NILSSEN P. Household energy use and the environment—a conflicting issue[J]. Applied energy, 2003(76): 189-196.

[224] 芦慧, 刘霞, 陈红. 企业员工亲环境行为的内涵、结构与测量研究[J]. 软科学, 2016, 30(8): 69-74.

[225] TAND C, CHEN Y, ZU Y. The Discussion of corporation environmental responsibility-influence on employees'attitude and behavior (manufacturing and environmental management)[J]. Journal of information and management, 2011, 31: 140-151.

[226] NOLAN J M, SCHULTZ P W, CIALDINI R B, et al. Normative social influence is underdetected[J]. Personality and social psychology bulletin, 2008, 34(7): 913-923.

[227] EGMOND C, JONKER R, KOK G. A strategy to encourage housing associations to invest in energy conservation[J]. Energy policy, 2005, 33(18): 2374-2384.

[228] SCHWANEN T, DIELEMAN F M, DIJST M. Travel behaviour in Dutch monocentric and policentric urban systems[J]. Journal of transport geography, 2001, 9(3): 173-186.

[229] 曲英, 朱庆华. 情境因素对城市居民生活垃圾源头分类行为的影响研究[J]. 管理评论, 2002, 22(9): 121-128.

[230] LINDEN A L, CARLSSON-KANYAMA A, ERIKSSON B. Efficient and inefficient aspects of

residential energy behaviour: what are the policy instruments for change?[J]. Energy policy, 2006(34): 1918-1927.

[231] WILSON C, DOWLATABADI H. Models of decision making and residential energy use[J]. Decision making and energy use, 2007, 32(1): 169-203.

[232] SCHWAB D P. Construct validity in organizational behavior[J]. Research in organizational behavior, 1980, 2: 3-43.

[233] BENTLER P M, CHOU C P. Practical issues in structural modeling[J]. Sociological methods research, 1987, 16(1): 78-117.

[234] BERDIE D R. Reassessing the value of high response rates to mail surveys[J]. Marketing research, 1989, 1(9): 52-64.

[235] BERGER I E. The demographics of recycling and the structure of environmental behavior[J]. Environmental and behavior, 1997, 29(4): 515-531.

[236] KLINE R B. Principles and practice of structural equation modeling[M]. New York: Guilford Press, 1998.

[237] BAGOZZI R P, YI Y. On the evaluation of structural equation models[J]. Journal of the academy of marketing science, 1988, 16(1): 74-94.

[238] GARVER M S, MENTZER J T. Logistics research methods: employing structural equation modeling to test for construct validity[J]. Journal of business logistics, 1999, 20(l): 33-57.

[239] GASKI J F. Interrelations among a channel entity's power sources: impact of the exercise of reward and coercion on expert, referent, and legitimate power sources[J]. Journal of marketing research, 1986, 23(1): 62.

[240] BARR S. Household waste management: social psychological paradigm in social psychological context[J]. Environment and behavior, 1995, 27(6): 723-743.

[241] CHUANG S S, POOM C S A. comparison of waste-reduction practices and new environmental paradigm of rural and urban Chinese citizens[J]. Journal of environmental management, 2001, 62(1): 3-19.

[242] GOLOB T F. Structural equation modeling for travel behavior research[J].Transportation research part B: methodological, 2003, 37(1): 1-25.

[243] BARR S. What we buy, what we throw away and how we use our voice, sustainable household waste management in the UK[J]. Sustainable development, 2004, 12(1): 32-44.

[244] AYDINALP M, UGURSAL V I, FUNG A S. Modeling of the space and domestic hot-water heating energy-consumption in the residential sector using neural networks[J]. Applied energy, 2004, 79(2): 159-178.

[245] KNUSSENA C, YULE F, MACKENZIE J, et al. An analysis of intentions to recycle household waste: the roles of past behaviour, perceived habit, and perceived lack of facilities[J]. Journal of environmental psychology, 2004, 24(2): 237-246.

[246] 岳婷. 城市居民节能行为影响因素及引导政策研究[D]. 徐州: 中国矿业大学, 2014.

[247] JOHN O P, DONAHUE E M, KENTLE R L. The big-five inventory[J]. University of California Berkeley, 1991, 18(5): 367-385.

[248] RAMMSTEDT B, JOHN O P. Measuring personality in one minute or less: a 10-item short

version of the big five inventory in English and German[J]. Journal of research in personality, 2007, 41(1): 203-212.

[249] FOSSATI A, BORRONI S, MARCHIONE D, et al. The big five inventory(BFI)[J]. European journal of psychological assessment, 2011, 27(1): 50-58.

[250] O'REILLY C A, CHATMAN J, CALDWELLDF. People and organizational culture: a profile comparison approach to assessing person-organization fit[J]. Academy of management journal, 1991, 34(3): 487-516.

[251] 欧阳斐. 低碳企业文化与企业内部社会资本书[D]. 上海: 华东师范大学, 2012.

[252] 董进才. 组织价值观、组织认同与领导认同对并购后员工行为的影响研究[D]. 杭州: 浙江大学, 2011.

[253] 邱皓政. 组织环境与创新行为——组织创新量表的发展与创新指标的建立 (从科技产业到政府机构)[C]. 台湾"行政院"科学委员会专题研究计划成果报告, 2002.

[254] 姜彩芬. 面子与消费——基于结构方程模型的实证分析[J]. 广州大学学报 (社会科学版), 2009, 8(10): 55-60.

[255] PALMER J A, SUGGATE J, ROBOTTOM I, et al. Significant life influences and formative influences on the development of adults' environmental awareness in the UK, Australia and Canada[J]. Environmental education research, 1999, 5(2): 181-200.

[256] 吴明隆. SPSS 统计应用实务[M]. 北京: 中国铁道出版社, 2000.

[257] 杜强, 贾丽艳. SPSS统计分析 从入门到精通[M]. 北京: 人民邮电出版社, 2009: 139-140.

[258] HAIR J F, ANDERSON R E, TATHAM R L, et al. Multivariate data analysis: with readings[M]. Englewood Cliffs, NJ: Prentice Hall, 1998.

[259] HENSON R K, KOGAN L R, VACHA-HAASE T. A reliability generalization study of the teacher efficacy scale and related instruments[J]. Educational and psychological measurement, 2001, 61(3): 404-420.

[260] 张咪咪, 徐丽, 林筱文. 我国抽样调查方法的最新进展[J]. 统计与决策, 2010(8): 191.

[261] 国务院第六次全国人口普查办公室. 2010 年第六次全国人口普查主要数据: 汉英对照[M]. 北京: 中国统计出版社, 2011.

[262] 孙岩. 居民环境行为及其影响因素研究[D]. 大连: 大连理工大学, 2006.

[263] MARDIA K V. Measures of multivariate skewness and kurtosis with applications[J]. Biometrika, 1970, 57: 519-530.

[264] MARDIA K V, FOSTER K. Omnibus tests of multinormality based on skewness and kurtosis[J]. Communications in statistics-theory and methods, 1983, 12: 207-212.

[265] KLINE R B. Principles and practice of structural equation modeling[M]. New York: Guildwood, 1998.

[266] LORENZONI I, PODGEON N F. Public views on climate change: European and USA perspectives[J]. Climatic change, 2006, 77(1): 73-95.

[267] 王济川, 王小倩, 姜宝法. 结构方程模型: 方法与应用[M]. 北京: 高等教育出版社, 2011.

[268] ALLEN T. Managing the flow of technology[M]. Cambridge, MA: MIT Press, 1977.

[269] 谢荷锋, 水常青. 个体间非正式知识扩散研究述评[J]. 研究发展管理, 2006(4): 54-61.

[270] 王倩. 知识网络中的知识扩散建模与仿真[D]. 上海: 华东理工大学, 2013.

[271] KIM H, PARK Y. Structural effects of R&D collaboration network on knowledge diffusion performance[J]. Expert systems with applications, 2009, 36(5): 8986-8992.

[272] 胡峰, 张黎. 知识扩散网络模型及其启示[J]. 情报学报, 2006(1): 109-114.

[273] COWAN R, JONARD N, ÖZMAN M. Knowledge dynamics in a network industry[J]. Technological forecasting and social change, 2003, 71(5): 469-484.

[274] GRANOVETTER M. The strength of weak ties[J]. American journal of sociology, 1973(78): 1360-1380.

[275] MORONE P, TAYLOR R. Knowledge diffusion dynamics and network properties of face-to-face interactions[J]. Journal of evolutionary economics, 2004, 14(3): 327-351.

[276] FRITSCH M, KAUFFELD-MONZ M. The impact of network structure on knowledge transfer: an application of social network analysis in the context of regional innovation networks[J]. The annals of regional science, 2010, 44(1): 21-38.

[277] RAUS C, CROISSANT Y, PONS D. Would personal carbon trading reduce travel emissions more effectively than a carbon tax?[J]. Transportation research part D: transport and environment, 2015, 35: 72-83.

[278] LI W, LONG R, CHEN H. Consumers' evaluation of national new energy vehicle policy in China: an analysis based on a four paradigm model[J]. Energy policy, 2016, 99: 33-41.

[279] RAUX C, CROISSANT Y, PONS D. Would personal carbon trading reduce travel emissions more effectively than a carbon tax?[J]. Transportation research part D: transport and environment, 2015, 35: 72-83.

[280] CHEN H, WEI J. WANG K, et al. Does employee relationship quality influence employee well-being? an empirical analysis based on manufacturing and service industries[J]. Human factors and ergonomics in manufacturing and service industries, 2016, 26(5): 559-576.

[281] RAVEN R, HEISKANEN E, LOVIO R, et al. The contribution of local experiments and negotiation processes to fieldlevel learning in emerging (niche) technologies: metaanalysis of 27 new energy projects in Europe[J]. Bulletin of science technology society, 2008, 28(6): 464-477.

[282] DEWITT J. Opportunities for economic and community development in energy and climate change[J]. Economic development quarterly, 2008(2): 107-111.

附　　录

附录 1　受访者资料及访谈记录

附表 1　受访者资料一览表

序号	受访者	性别	年龄	地点	职业	访谈方式	访谈时间
R01	张小姐	女	27	北京	公务员	网络访谈	2016 年 7 月
R02	耿先生	男	30	江苏	科研人员	面对面	2016 年 7 月
R03	周先生	男	27	江苏	餐厅经理	面对面	2016 年 7 月
R04	李小姐	女	55	江苏	后勤服务	面对面	2016 年 7 月
R05	李女士	女	32	北京	公司职员	面对面	2016 年 7 月
R06	李先生	男	46	江苏	个体户	面对面	2016 年 7 月
R07	王小姐	女	31	北京	公务员	网络访谈	2016 年 7 月
R08	王先生	男	32	广东	大学教师	网络访谈	2016 年 7 月
R09	赵先生	男	26	江苏	学生	面对面	2016 年 7 月
R10	黄小姐	女	50	广东	公务员	网络访谈	2016 年 7 月
R11	郭先生	男	25	北京	学生	面对面	2016 年 7 月
R12	张小姐	女	30	江苏	辅导员	面对面	2016 年 8 月
R13	张先生	男	55	北京	公司职员	面对面	2016 年 8 月
R14	崔小姐	女	42	广东	中学教师	网络访谈	2016 年 8 月
R15	李小姐	女	40	江苏	公务员	面对面	2016 年 8 月
R16	魏先生	男	37	江苏	公司职员	面对面	2016 年 8 月
R17	李小姐	女	35	广东	辅导员	网络访谈	2016 年 8 月
R18	李先生	男	48	江苏	公司职员	面对面	2016 年 8 月
R19	韩小姐	女	32	广东	公务员	网络访谈	2016 年 8 月
R20	朱先生	男	38	江苏	公司经理	面对面	2016 年 8 月
R21	张先生	男	36	北京	公司职员	面对面	2016 年 8 月
R22	林先生	男	33	江苏	大学教师	面对面	2016 年 8 月
R23	候小姐	女	45	北京	公司职员	网络访谈	2016 年 8 月
R24	邹先生	男	22	北京	学生	面对面	2016 年 8 月
R25	丁小姐	女	24	江苏	学生	面对面	2016 年 8 月
R26	曹先生	男	55	广东	公司职员	网络访谈	2016 年 8 月
R27	魏先生	男	26	江苏	公务员	面对面	2016 年 8 月
R28	张小姐	女	29	广东	大学教师	网络访谈	2016 年 8 月

续表

序号	受访者	性别	年龄	地点	职业	访谈方式	访谈时间
R29	李先生	男	52	江苏	公司经理	面对面	2016 年 8 月
R30	魏小姐	女	35	江苏	公司经理	面对面	2016 年 8 月
R31	王先生	男	38	北京	公司职员	网络访谈	2016 年 8 月
R32	孙先生	男	48	广东	中学教师	网络访谈	2016 年 8 月
R33	赵小姐	女	23	北京	学生	网络访谈	2016 年 8 月
R34	林小姐	女	50	广东	保洁	网络访谈	2016 年 8 月
R35	徐小姐	女	24	广东	学生	网络访谈	2016 年 8 月

附表 2　访谈初始记录（示例 1）

被访谈人 R05：李女士，32 周岁，公司职员　　　　　访谈日期：2016 年 7 月 2 日

……

Q：那您能结合您的理解谈一下对低碳消费的看法吗？

R05：你说消费我还挺熟悉的，但是你说低碳消费我就有点模糊了，你能先给我具体解释一下什么是低碳消费吗？

Q：好的，我们通常提到的"低碳"包括居民在日常生活消费过程中减少的直接性二氧化碳排放（如减少油、气、电等能源的消耗相应减少的碳排放）和间接性二氧化碳排放（如避免过度消费、注重循环利用等相应减少的碳排放）。低碳产品主要是指具备减排性能的产品。如太阳能产品、变频空调、低碳住宅、自行车、新能源汽车、天然竹木产品、黑金活炭、电子签章等等。我这么说您明白吗？

R05：好的，我明白了。低碳消费应该很浪费钱吧，市场上的低碳产品貌似都卖得比较贵吧，我周围人没有那么高尚，也不会有人想要我低碳消费，我们老百姓就做好基本工作，没有别的想法。

Q：您确实代表了一部分人的观点，那您觉得我们为什么不需要低碳消费啊？

R05：最重要的原因是我现在的经济能力跟不上，我现在的工资水平买不低碳的产品都有点吃力，如果让我多拿出钱买低碳产品的话我肯定是做不到的；另外，现在有相当大的一部分人觉得低碳有点丢面子吧，像中国传统以来就喜欢铺张浪费、讲排场，大型婚宴啊，如果因为搞低碳消费丢了排场，很多人恐怕都很难接受吧，其实我觉得这也和我们中国的消费习惯和消费文化有关吧。

Q：确实是这样。那您认为实施低碳消费需不需要个人的低碳能力？

R05：个人的低碳能力还是需要的吧，毕竟从整体来看对社会和我们自己都有利。

Q：那您认为我们需要哪些方面的能力？能不能具体描述一下？

R05：首先，我得有环保意识吧，然后我得有这个低碳的知识，比如到底开空调多少度才比较好，冰箱怎样储存比较低碳。这些应该是最基本的吧。

Q：对。那如果将个人在低碳减排方面的能力命名为碳能力，您认为碳能力可以从哪些方面进行衡量？

R05：碳能力可以从个体的价值观取向来衡量，像我这样经济基础太差的人估计不太会有碳能力；二是碳能力的相关知识。

Q：那您能结合您日常生活具体说明吗？

R05：生活中选购低碳产品，比如一级和二级能效的空调，碳排放肯定是不同的，当然价格也会不同，对自己的耗电量和社会碳排放也是不一样的，那时候需要我有经济能力和低碳选择的知识。

Q：那您本人或者您家人、朋友、同事中有没有具备碳能力的？

R05：有，但是相对来说比较少，毕竟我接触的人群和我的经济能力、知识水平结构都差不多。

Q：那您能具体谈谈这些具备碳能力的人有没有什么共同的特质？

R05：这些人当中女性相对较多一些，她们相对来说还比较注重环保这一块；还有就是经济状况较好的人碳能力相对较强一些吧，还有，我表弟是学能源相关专业的，他的碳能力和环保意识明显的要比我们强很多，我觉得这些都是非常重要的因素吧，其他的我暂时还想不到。

Q：那您认为影响碳能力的主要因素来自于哪几个方面呢？

R05：个人的学历啊、家庭影响啊、所在群体的行为模式啊、生活中的某些体验啊这些吧，我认为是这样的。

Q：那您认为要把低碳从理念转变为一种实际行为，还需要做哪些努力？

R05：首先我得明白具体哪些产品和行为是低碳的，哪些不是低碳的，现在其实还有一个重要的原因是有些东西我根本分不清楚哪些是低碳产品，也不知道去哪里买，还有如果不是在任意一家超市买到的话，我很难接受，毕竟生活消费品都是为了方便生活的，跑老远去买，还要坐车，其实一点也不低碳；其次，国家对低碳的宣传也要重视起来吧，我接触到的低碳宣传很少，也不知道什么国家政策，最近有所了解也是看了柴静的雾霾视频，所以我觉得宣传上也得到位；再有就是如果国家给些补贴，低碳可能会更好实施，就像我们这些收入较低的人群，往往是心有余而力不足啊。

Q：您觉得您或者家人都通过哪些渠道获取低碳相关的知识、技能呢？

R05：也是通过看一些视频吧，毕竟现在网络这么发达，网上经常有一些低碳相关的小知识小技能什么的，周围的邻居朋友有的时候也会提起吧，就从他们口中了解一点。

Q：您是否注意过低碳消费和低碳生活方式方面的宣传教育？这些宣传对您来讲有没有效果呢？

R05：我没有接收到什么低碳的宣传，大路上某个站牌屏幕上偶尔会出现低碳宣传啥的也对我没什么影响，我也不怎么关注。所以对我来说根本就没有多大的效果。

Q：那您觉得什么样的宣传教育才更有效、更能培养人们的低碳能力？或者说如何才能让宣传教育收到实效？

R05：低碳应该是全民参与，应该加大宣传力度，让人人意识到低碳的重要性，让人人记住一定要低碳生活，变成人们的潜意识行动，无意中就在实施低碳消费，但是具体的宣传过程我这我真没什么想法，想不出来。

Q：好的，我明白啦，那您认为您选择低碳产品或服务、实施低碳行为的主要障碍是什么？

R05：选择低碳产品或服务、实施低碳行为的经济成本我认为是最大的障碍；产品的性能也很重要，我们买产品不就是希望它好用实用吗？不然花那么多钱也没有用；产品的普及程度也非常重要，如果这个产品很难买到，且我身边的人都没有用的，那我估计也不会购买。

Q：那您认为您选择低碳产品或服务、实施低碳行为的主要动力是什么？

R05：国家对择低碳产品的补贴，购买的时候非常方便，使用体验非常好啊，都是我选择低碳产品或服务、实施低碳行为的主要动力。

Q：那您是不是在每次做选择时都会受到这些因素的影响？

R05：我现在还没有选择过，不过等我真正买的时候我一定会考虑这些因素的，不然我应该不会购买。

Q：那您能对这些因素的重要性进行排序吗？

R05：我认为是经济成本、便捷性、产品的性能。

Q：好，那您的言行会不会影响到周围人进行低碳消费呢？如果不会，那是受制于什么因素呢？另外，您会被周围人的低碳行为所影响吗？

R05：不会。因为生活中不喜欢强迫向别人宣传自己的理念。但自己会被别人低碳行为影响。

Q：在您看来，如何培养人们的碳能力，促进人们从"高碳"向"低碳"的生活方式和消费模式转变？

R05：生活习惯首先应该培养起来，如果高碳习惯了，哪能一下子就改，没办法，得高碳，就算有些人做到了，过一段时间可能又回到原来的状态，习惯成自然了；再有就是低碳的宣传得到位，多宣传可以促进人们改变观念，像我只是听说过低碳消费，具体什么意思我并不明白，所以也就谈不上什么低碳不低碳了。

Q：那您认为政府应该制定哪些措施来持续推动呢？

R05：首先，基础设施要完善，路边没有垃圾回收的装置，垃圾经常都是放在一起直接扔在垃圾桶里，也不知道怎么分类，也不知道环卫工人或其他工作人员有没有对垃圾进行分类、循环利用；还有就是如果国家给些补贴，低碳可能会更好实施；除了补贴惩罚也是必要的，但是虽然"限塑令"导致塑料袋收费了，但由于经济损失太少，也就两毛钱、五毛钱的，还是有很多人用；最后希望国家和科技人员多开发出实用、经济实惠、质量过硬、外观美观的低碳产品吧，只有这样大家才愿意买。

注：Q表示访谈者的提问，R××表示第××位受访者的回答，下同

附表3　访谈初始记录（示例2）

被访谈人 R08：王先生，32 周岁，大学教师	访谈日期：2016 年 7 月 28 日

......

Q：我现在在对低碳能力进行研究，我看您在相关领域也有涉猎，从您的角度看，您对低碳消费有什么看法？

R08：低碳能力这个词相对来说比较新颖，但是能力这个词我们大家都比较熟悉。就我个人而言，我觉得拥有低碳能力很时尚，很吸引眼球，让人觉得很爽，在同事面前也比较有谈资，比如特斯拉，比如骑行，有碳能力岂不是让我很有面子，现在我周围的人拥有这种低碳能力的人越来越多了，我相信低碳能力这个概念也会慢慢普及。

Q：您确实代表了一部分人的观点，那您觉得我们为什么需要低碳消费啊？

R08：因为低碳消费对绿色清洁环境意义重大，从全球生态环境恶化角度来讲，低碳消费有其必要性；从人类居住舒适度来讲，低碳消费更加具有重要意义；从资源的利用角度来讲，地球资源的有限性让我们不得不更加爱惜资源，做到持续利用；当然从我们个人的发展观念角度来讲，我们从节约到浪费再到现在的提倡节能环保，社会的整个风气都在变化，以前你节约还有人觉得你抠门，缺乏低碳氛围，现在提倡全民低碳，这个氛围又慢慢回来了，我们更要顺应这个潮流，所以无论从哪个角度看，我们都需要低碳消费。然而现在很多人不选择低碳产品一是不够经济；二是不够便利；三是习惯问题；四是不够吸引眼球，或者引领未来。每次做选择的时候可能会考虑这些，甚至是无意识的情况下按照原来的行为习惯就做了决定。

Q：您回答的确实非常全面，从各个角度都有比较深入的思考。那您认为实施低碳消费需不需要个人的低碳能力？需要哪些方面的能力？

R08：实施低碳消费当然需要个人的低碳能力，而且我个人认为是非常必要的。我认为首先需要的是识别低碳行为，也就是说我需要知道哪些具体的行为是低碳行为。

Q：那您能不能具体描述一下识别低碳行为呢？

R08：人走不关灯，不需要的时候都开着空调、电脑等设备，不节约用水，剩饭菜、浪费食物，购物买东西时使用不必要的塑料袋或包装，等等。总之，浪费能源资源、不节省、不环保的行为都是不低碳的，而这些都是需要我们在日常生活中去加以识别的。

Q：对，确实是这样的。那如果将个人在低碳减排方面的能力命名为碳能力，您认为碳能力可以从哪些方面进行衡量？

R08：我认为碳能力首先应该包括低碳行为意识，这种意识是一种基本的东西，然后还需要有低碳行为辨识啊，持续的低碳行动力啊，倡导他人低碳行为的倾向啊，等等，当然这仅仅是我个人的观点。

Q：那您能结合您日常生活具体说明吗？

R08：就举一些我们身边的例子吧。你比如说：在同样照明度下，节能灯比白炽灯节电；塑料制品"顽固不化"，造成严重的环境污染；洗衣机开强档省电，还能延长机器寿命；等等，但是在现实生活中，很多人搞不清楚这些。

Q：对，我身边的人包括我的父母对这些知识也不是很了解。那您本人或者您家人、朋友、同事中有没有具备碳能力的？

R08：因为我周围的老师也有很多是研究低碳的、能源的，因此我的朋友、同事中具备碳能力的人比较多。但是我的父母这方面的能力相对较弱一些。

Q：那这些具备碳能力的人有没有什么共同的特质？

R08：我这些低碳的朋友同事在一部分人看起来有些事多，甚至被认为是小气和琐碎，但是我觉得这恰恰是个人素质高的体现。

Q：那您认为影响碳能力的主要因素来自于哪几个方面呢？

R08：因素确实是有很多，你比如说，我们大家都知道的政策环境，这个我就不需要多说了；舆论的引导啊，这种方式也特别的多，电视啦、广播啦、报纸啦；周围的环境也是一个非常重要的因素；再有我觉得就是个人的自觉性了。

Q：那您认为要把低碳从理念转变为一种实际行为，还需要做哪些努力？

R08：我认为现在基础设施的建设是非常必要的，在一些设施上，需要引领和改变，比如智能家居方面，人离开房间多久就会结束房间里的一切能源设备，比如低碳出行需要提供自行车，需要宣传步行出门等；低碳住宅方面，不知道有没有他们配套设施，好方便生活。再比如消费领域，消费者购买使用中总有一些不方便，有些人哪怕有一点点不方便他都不会去做的，就拿去超市用购物袋吧，我也很难做到，大多是买一次性塑料袋。这些都是需要再努力改进的地方。

Q：您觉得您或者家人都通过哪些渠道获取低碳相关的知识、技能呢？

R08：大多都是一些口号，宣传标语吧。

Q：那您是否注意过低碳消费和低碳生活方式方面的宣传教育？

R08：当然有注意过。

Q：这些宣传对您来讲有没有效果呢？

R08：讲实话，我觉得效果不太，现在的宣传渠道不仅单一而且缺乏针对性，基本上就是大广告一张，根本没考虑到宣传的效果如何。

Q：那您觉得什么样的宣传教育才更有效、更能培养人们的低碳能力？或者说如何才能让宣传教育收到实效？

R08：宣传的话还要针对不同的群体，我觉得从孩子教育会比较好，融入学校，有时候孩子的行为也会对家长的行为起到一定的规范作用，因为家长也是要做榜样的嘛。

Q：您认为您选择低碳产品或服务、实施低碳行为的主要障碍是什么？

R08：对我个人而言，主要是低碳产品的成熟度还不够，你比方说，目前市场上同样质量的产品，低碳产品可以选择的种类很少，这样我选择的时候可能因为外观等原因最终导致我放弃购买该产品；但对一般人而言，价格是一个比较大的障碍，不够经济，同样质量的产品，低碳产品往往价格相对较高，这样使一般公众接受起来有些难度；还有我认为有一个习惯性的问题，每次做选择的时候可能会考虑这些，甚至是无意识的情况下按照原来的行为习惯就做了决定；再有就是不够吸引眼球，或者说不能引领未来，就拿新能源汽车来说，普通的奇瑞电动汽车在外观性能上现在根本没有办法跟特斯拉相比，如果所有的新能源汽车都能做到特斯拉或者做的比特斯拉更强，我觉得大家的接受程度会更高。低碳行为方面就更加显而易见了，路边没有垃圾回收的装置啊，或者不知道什么是可回收垃圾啊，垃圾经常都是放在一起直接扔出垃圾桶里，也不知道怎么分类，甚至我们不知道环卫工人或其他工作人员有没有对垃圾进行分类、循环利用。

Q：那您认为您选择低碳产品或服务、实施低碳行为的主要动力是什么？

R08：就目前而言的话，我认为主要有两个方面吧，一个方面是道德底线的约束，现在大家都知道环境污染日益严重，资源也越来越少，大家出于自觉开始慢慢重视低碳了；另一个方面的原因是现在有些人已经意识到低碳是一件非常时尚的事情了，观念上有所转变了，比如以前大家觉得没有吃完的饭菜打包带走会觉得没有面子，很不好意思，但是现在打包已经成为一件很普遍和正常的事情了。

Q：那您是不是在每次做选择时都会受到这些因素的影响？

R08：差不多吧，基本上都会考虑这几个因素吧。

Q：那您能对这些因素的重要性进行排序吗？

R08：低碳产品的成熟度我认为是最重要的，其次是便捷度，再次是价格，最后是时尚，吸引眼球，具有科技性和未来性。

Q：那您的言行会不会影响到周围人进行低碳消费呢？

R08：多多少少会影响到吧，最起码能影响到一个小家庭，现在我的父母在环保材料、家具的购置上基本都会听我的买低碳的。

Q：那么您觉得是哪些因素激发了这种影响能力呢？

R08：当然一方面是受我的影响，也就是说低碳能力会受周围人的影响；还有现在很多低碳的产品，如电冰箱、洗衣机等家电，新能源汽车等都有国家的补贴，这在很大程度上刺激了消费者的购买意愿；再者现在购买低碳产品也越来越方便了，选择性也相对来说越来越多了，低碳的产品做的也越来越时尚了，这很符合当代年轻人的消费定位；使用的体验感也越来越强了，这些都是激发碳能力的重要因素。

Q：您会被周围人的低碳行为所影响吗？

R08：我也会啊。现在我周围学术圈的人都在研究低碳，也都在用实际行动支持低碳，这对我是一个很大的冲击，同时作为一名教师，我也有义务和责任为自己的学生树立良好的榜样，身体力行。

Q：在您看来，如何培养人们的碳能力，促进人们从"高碳"向"低碳"的生活方式和消费模式转变？

R08：经济上的支持应该是最直接和最有效的吧。比如政府可以多与企业合作，不仅体现在低碳产品的推广上，还应体现在低碳行为的培养上，比如政府可以与体育锻炼的一些软件进行合作，对经常进行体育锻炼或步行的人予以资金支持，提供小的礼物或者奖励。政策上的支持也是必不可少的，如果有法律法规的限制，这个比较有力度，效果将会立竿见影，拿出行来讲，现在的单双日限行就是一个很好的例子。

Q：那您认为政府应该制定哪些措施来持续推动呢？

R08：其实精神上的奖励比物质上的奖励效果更加持久，按照个人碳能力高低减免一些税费是不错的，但是加入个人道德积分、信用积分之类的奖励措施会使得低碳行为的推动更加趣味和人性化。对于企业来讲，可以提升企业的排碳标准。

附录2 城市居民碳能力初始调查问卷

（一）城市居民碳能力初始调查问卷

尊敬的先生/女士：

您好，我是一名博士研究生，现在正在进行一项关于低碳环保方面的问卷调查，您的支持和及时客观反馈对我们非常重要。问卷全部采用匿名方式，结果仅供学术研究专用，我们将恪守科学研究的道德规范，问卷信息绝不做其他任何用途。答案及选项无对错之分，请您仔细阅读以下各部分问题，并根据实际情况在相应的位置填空或打√即可。衷心感谢您的合作！

问卷说明：问卷中提到的"低碳"包括居民在日常生活消费过程中减少的直接性二氧化碳排放（如减少油、气、电等能源的消耗相应减少的碳排放）和间接性二氧化碳排放（如避免过度消费、注重循环利用等相应减少的碳排放）。问卷中提到的低碳产品主要是指具备减排性能的产品。举例：太阳能产品、变频空调、低碳住宅、自行车、新能源汽车、天然竹木产品、黑金活炭、电子签章等。

1. 您的性别　　　　　□男　　　　　□女
2. 您的出生年份_____年
3. 您的籍贯_____省_____市
4. 您所居住的城市：_____省_____市
5. 您的婚姻状况
　□未婚　　　　□已婚　　　□离异　　　□再婚　　　□其他_____
6. 您的学历水平（包含正在攻读的）
　□初中及以下　　　□高中或中专　　　□大专
　□本科　　　　　　□硕士　　　　　　□博士或博士后
7. 您的每月总收入
　□2000 元以下　　　□2000～4000 元　　　□4001～6000 元
　□6001～8000 元　　□8001～10000 元　　□10001～30000 元
　□30001～100000 元　□100000 以上
8. 您的家庭成员数
　□1 或 2 人　　　□3 人　　　□4 人　　　□5 人及以上
9. 您的家庭月收入水平
　□2000 元以下　　　□2000～4000 元　　　□4001～6000 元
　□6001～8000 元　　□8001～10000 元　　□10001～30000 元
　□30001～100000 元　□100000 以上
10. 您的住宅类型　　　□自购房（总共____套）□租房
11. 您的住宅面积
　□40 m² 及以下　　□41～80 m²　　□81～120 m²　　□121～150 m²
　□151～200 m²　　□201～300 m²　　□300 m² 以上
12. 您的家庭小汽车拥有数量
　□0 辆　　　□1 辆　　　□2 辆　　　□3 辆及以上
13. 您的职业领域

□农林牧渔业　　　　□采矿业　　　　□制造业　　　　□水利水电
□建筑/房地产　　　　□现代物流业　　□金融/保险业　　□信息产业
□批发/零售业　　　　□住宿/餐饮业　　□环境和公共设施管理业
□租赁和商务服务业　□居民服务业　　□教育/科研机构　　□文体娱乐业
□医药卫生　　　　　□政府部门和社会组织　　　　　　□军队/警察
□自由职业者（请直接填写16题）　　□退休及家庭主妇（请直接填写16题）
□在校大学生或研究生（请直接填写16题）　　□其他（请注明）＿＿＿＿＿

14. 您所在单位的组织性质

□政府部门　　　　□事业单位　　　　□国有企业　　　　□民营企业
□港/澳/台独（合）资　　　□外商独（合）资　　　□其他＿＿＿＿＿＿

15. 您的职务层级

□基层员工　　　　□基层管理人员　　　　□中层管理人员
□高层管理人员　　□其他＿＿＿＿＿＿

16. 请根据您的实际情况选择最符合下列描述的选项：

序号	描述	不知道	知道
16-1	在同样照明度下，节能灯比白炽灯节电，且使用寿命较长	1	5
16-2	棉质、亚麻和丝绸的衣服，不仅环保而且耐穿	1	5
16-3	塑料制品在自然界中上百年都"顽固不化"，造成严重的环境污染	1	5
16-4	洗衣机开强档比开弱档更省电，还能延长机器寿命	1	5
16-5	肉类在生产、加工及处理过程中排放的温室气体远高于其他食品	1	5
16-6	电风扇转速越快越耗电，大多时候中低档风速足以满足生活需要	1	5
16-7	报纸、图书、办公用纸等可以回收，但是纸巾由于水溶性太强而不可回收	1	5
16-8	洗衣机内洗涤的衣物过少和过多都会增加耗电量	1	5

17. 请根据您的真实想法及实际做法选择最符合的选项：

序号	描述	非常不符合	比较不符合	一般	比较符合	非常符合
17-1	我几乎不会关注气候变化问题，也从不主动了解碳排放信息	1	2	3	4	5
17-2	我觉得我只要顾好自己的生活就行了，低碳减排是政府的责任，与我无关	1	2	3	4	5
17-3	我认为大多数人都与我一样，缺乏长期坚持低碳减排行为的动力	1	2	3	4	5
17-4	我觉得维护低碳减排与我的关系并不大	1	2	3	4	5
17-5	购买家电设施时，我总是选择节能型产品，哪怕会增加我的支出成本	1	2	3	4	5
17-6	同样性能的产品，我总是选择有"碳标签"的低碳产品，哪怕它的价格更高	1	2	3	4	5

续表

序号	描述	非常不符合	比较不符合	一般	比较符合	非常符合
17-7	如果绿电（风能等发的电）有较好的稳定度，就算它的价格再高，我也会选择	1	2	3	4	5
17-8	在购买住宅时，我优先考虑住宅是否有低碳节能设计（如集中供暖、自然采光等）	1	2	3	4	5
17-9	购买汽车时，只要基础设施（如充电桩）能够完善，我一定会选择新能源汽车（电力、混合动力汽车），哪怕它的价格高于同等性能的其他汽车	1	2	3	4	5
17-10	无论购买什么东西，哪怕是一件衣服，我都会考虑它是不是低碳产品	1	2	3	4	5
17-11	家用电器不使用的时候，我一定会切断电源	1	2	3	4	5
17-12	在冰箱中存取食物时，我总是尽量减少冰箱的开关门次数	1	2	3	4	5
17-13	在我们家，空调夏季室内温度设置绝不低于 26℃，冬季室温设置决不高于20℃	1	2	3	4	5
17-14	条件允许情况下，我总是选择公交、地铁、骑车或步行方式出行	1	2	3	4	5
17-15	出门购物，我总是自己带环保袋，不使用免费或者收费的塑料袋	1	2	3	4	5
17-16	虽然使用一次性筷子/杯子是浪费资源，但现实中很难避免这种现象，我也是	1	2	3	4	5
17-17	我总是在积累适量的衣物之后才使用洗衣机	1	2	3	4	5
17-18	我总是关掉不用的电脑程序，减少硬盘工作量，这样既省电又维护我的电脑	1	2	3	4	5
17-19	我总是尽量利用废旧物品，比如将废旧报纸铺垫在衣橱用以吸潮、除异味	1	2	3	4	5
17-20	我总是将生活垃圾按可回收性进行分类处理	1	2	3	4	5
17-21	只要可能，我总是尽量循环使用（或重复利用）产品，直至其完全废弃	1	2	3	4	5
17-22	我积极参与签名或寻求他人一起签名以支持低碳政策或法规	1	2	3	4	5
17-23	我积极参加与低碳主题相关的活动（如"地球一小时"）	1	2	3	4	5
17-24	如果对某一环境问题有意见，我一定会写信给政府或机构相关部门表达看法	1	2	3	4	5
17-25	周围人采取低碳环保行为往往是因为我是这样做的	1	2	3	4	5
17-26	我能强烈影响我的亲人和朋友，使他们采取对环境有益的低碳消费方式	1	2	3	4	5
17-27	我总是能说服其他人采取低碳消费行为	1	2	3	4	5
17-28	我非常了解"碳足迹"的概念内涵和实施意义	1	2	3	4	5
17-29	我非常了解"碳标签"的概念内涵和实施意义	1	2	3	4	5
17-30	我非常了解"碳中和（碳补偿）"的概念内涵和实施意义	1	2	3	4	5

序号	描述	非常不符合	比较不符合	一般	比较符合	非常符合
18-1	与低碳相比，我更注重生活的舒适性	1	2	3	4	5
18-2	虽然低碳很重要，但我更注重生活的舒适性	1	2	3	4	5
18-3	如果选择低碳会降低我的生活质量，我宁愿不低碳	1	2	3	4	5
18-4	我们单位积极承担社会责任，努力为大众提供"绿色、低碳"的产品和服务	1	2	3	4	5
18-5	我们单位关注低碳减排，将环保利益最大化作为企业的价值观	1	2	3	4	5
18-6	我们单位积极致力于低碳环保，鼓励员工低碳减排	1	2	3	4	5
18-7	我们单位有意识地建设低碳导向的管理制度	1	2	3	4	5
18-8	我们单位不断改进工作制度及流程，以便达到更加低碳环保的效果	1	2	3	4	5
18-9	我们单位规定要采购符合低碳环保要求的办公设施及用品	1	2	3	4	5
18-10	我们单位经常举办低碳环保类公益活动，并鼓励员工积极参加	1	2	3	4	5
18-11	我们领导在工作中十分关注低碳环保，鼓励并赞赏低碳行为	1	2	3	4	5
18-12	我的同事们都具有环保意识，将低碳环保作为自身行为准则	1	2	3	4	5
18-13	拥有名牌能彰显品位，没有人关注它们是不是低碳	1	2	3	4	5
18-14	据我观察，人们吃饭都很讲究排场	1	2	3	4	5
18-15	据我观察，人们过度消费的现象很普遍	1	2	3	4	5
18-16	我很看重别人的评价，低碳总是让我很有面子	1	2	3	4	5
18-17	低碳非常时尚，让我在朋友圈很有谈资	1	2	3	4	5
18-18	虽然低碳很重要，但我更在意它会不会让我有面子	1	2	3	4	5
18-19	我总能感受到强大的低碳环保氛围	1	2	3	4	5
18-20	参加低碳宣传活动是件十分光荣的事	1	2	3	4	5
18-21	乱丢垃圾的行为会受到周围人的谴责和排斥	1	2	3	4	5
18-22	"低碳"能让我掌握更多的知识和生活技巧	1	2	3	4	5
18-23	"低碳"能给我带来非常强烈的精神愉悦感	1	2	3	4	5
18-24	"低碳"能给我带来非常优越的行动体验	1	2	3	4	5
18-25	"低碳"能给我带来非常大的经济节省	1	2	3	4	5
18-26	"低碳"能给社会带来非常重要的环保意义	1	2	3	4	5
19-1	多数人实施低碳行为主要是为了省钱	1	2	3	4	5
19-2	购买低碳产品时，我更看重它的使用和维护成本	1	2	3	4	5
19-3	与一般旅行相比，我觉得低碳旅行更加费钱	1	2	3	4	5
19-4	我觉得人们很难改变传统消费习惯	1	2	3	4	5
19-5	低碳消费对我来说太难了，我更想坚持原来的生活习惯	1	2	3	4	5

续表

序号	描述	非常不符合	比较不符合	一般	比较符合	非常符合
19-6	我觉得低碳非常麻烦	1	2	3	4	5
19-7	我觉得低碳非常浪费时间	1	2	3	4	5
19-8	我对低碳相关的各种政策都十分了解	1	2	3	4	5
19-9	我觉得低碳政策的宣传十分到位	1	2	3	4	5
19-10	我在政府宣传中了解到了很多低碳政策	1	2	3	4	5
19-11	据我所知，现行的低碳政策都已经得到了很好的贯彻和落实	1	2	3	4	5
19-12	政策对居民低碳行为的引导很有成效	1	2	3	4	5
19-13	政策对企事业单位低碳行为的引导很有成效	1	2	3	4	5
19-14	我是否购买低碳节能产品，完全取决于该产品技术是否成熟	1	2	3	4	5
19-15	我很在意低碳产品在使用过程中的技术稳定性	1	2	3	4	5
19-16	只有技术成熟的低碳产品才能给生活带来真正的实惠和好处	1	2	3	4	5
19-17	我觉得低碳产品的使用体验非常好	1	2	3	4	5
19-18	我可以便利地购买到各类低碳产品	1	2	3	4	5
19-19	据我所知，大家都可以方便地选购各类低碳产品	1	2	3	4	5
19-20	我可以在周围便利地找到垃圾回收设施	1	2	3	4	5
19-21	我周围的很多小区都是基于低碳理念设计和装修的	1	2	3	4	5
19-22	据我观察，公共自行车、充电桩等基础设施已经非常完善	1	2	3	4	5
19-23	身边的设施比较落后，让我想低碳都无能为力	1	2	3	4	5
20-1	我对环境问题非常敏感，在户外活动的时候，哪怕是再小的环境问题，也会突然改变我的心情	1	2	3	4	5
20-2	媒体报道的各种环境问题总是让我产生非常大的情绪波动	1	2	3	4	5
20-3	接触到环境问题时，我时而欣喜若狂，时而沮丧悲伤	1	2	3	4	5
20-4	保护环境与否，完全都是由我的心情而定	1	2	3	4	5
20-5	没有人可以避免不去践踏草坪，我觉得这完全不是什么问题	1	2	3	4	5
20-6	只有人与自然的共生和友好相处，才能促进社会和谐进步	1	2	3	4	5
20-7	我从不使用珍稀野生动物制品，如皮衣、补品、菜肴等	1	2	3	4	5
20-8	只要能满足人类需要，我觉得牺牲多少生态环境都是值得的	1	2	3	4	5
20-9	我对各种自然生命都充满了强烈的敬畏	1	2	3	4	5
20-10	万物都有其自然的生长规律，人类活动必须顺其自然，不能刻意破坏	1	2	3	4	5
20-11	我们急需采取措施节约资源、保护环境，以促进生态可持续发展	1	2	3	4	5
20-12	谁也不知道将来会怎样，环境保护得再好，与我有什么关系	1	2	3	4	5

序号	描述	非常不符合	比较不符合	一般	比较符合	非常符合
20-13	我总是非常关注各种生态环境问题，喜欢主动亲近自然	1	2	3	4	5
20-14	我总是能很好地体验自然，我觉得我就是大自然的一份子	1	2	3	4	5
20-15	我喜欢各种户外活动，总是不由自主地想融入自然	1	2	3	4	5
20-16	我对生态环境完全没有好奇心，提不起任何兴趣	1	2	3	4	5
20-17	我总是付出额外的努力去节约资源、保护环境	1	2	3	4	5
20-18	我总是做一些环保行为，而且将来也会一直坚持	1	2	3	4	5
20-19	就算没有一些环保法律法规的要求和限制，我也会采取环保行为	1	2	3	4	5
20-20	应对气候变化、减少碳排放是政府和企业的责任，与我没有半点关系	1	2	3	4	5

问卷到此结束，再次感谢您的参与！

（二）城市居民碳能力正式调查问卷

尊敬的先生/女士：

您好，我是一名博士研究生，现在正在进行一项关于低碳环保方面的问卷调查，您的支持和及时客观反馈对我们非常重要。问卷全部采用匿名方式，结果仅供学术研究专用，我们将恪守科学研究的道德规范，问卷信息绝不做其他任何用途。答案及选项无对错之分，请您仔细阅读以下各部分问题，并根据实际情况在相应的位置填空或打√即可。衷心感谢您的合作！

问卷说明：问卷中提到的"低碳"包括居民在日常生活消费过程中减少的直接性二氧化碳排放（如减少油、气、电等能源的消耗相应减少的碳排放）和间接性二氧化碳排放（如避免过度消费、注重循环利用等相应减少的碳排放）。问卷中提到的低碳产品主要是指具备减排性能的产品。举例：太阳能产品、变频空调、低碳住宅、自行车、新能源汽车、天然竹木产品、黑金活炭、电子签章等。

1. 您的性别　　　　□男　　　　　　□女
2. 您的出生年份＿＿＿＿＿＿＿＿＿年
3. 您的籍贯＿＿＿＿＿＿省＿＿＿＿＿＿市
4. 您所居住的城市：＿＿＿＿＿＿省＿＿＿＿＿＿市
5. 您的婚姻状况
□未婚　　　□已婚　　　□离异　　　□再婚　　　□其他＿＿＿＿＿＿

6. 您的学历水平（包含正在攻读的）

□初中及以下　　　□高中或中专　　　□大专　　　□本科

□硕士　　　　　　□博士或博士后

7. 您的每月总收入

□2000 元以下　　　□2000～4000 元　　　□4001～6000 元

□6001～8000 元　　□8001～10000 元　　□10001～30000 元

□30001～100000 元　□100000 以上

8. 您的家庭成员数

□1 或 2 人　　　□3 人　　　□4 人　　　□5 人及以上

9. 您的家庭月收入水平

□2000 元以下　　　□2000～4000 元　　　□4001～6000 元

□6001～8000 元　　□8001～10000 元　　□10001～30000 元

□30001～100000 元　□100000 以上

10. 您的住宅类型　　　□自购房（总共＿＿套）□租房

11. 您的住宅面积

□40 m² 及以下　　□41～80 m²　　　□81～120 m²　　　□121～150 m²

□151～200 m²　　□201～300 m²　　□300 m² 以上

12. 您的家庭小汽车拥有数量

□0 辆　　　□1 辆　　　□2 辆　　　□3 辆及以上

13. 您的职业领域

□农林牧渔业　　　　□采矿业　　　□制造业　　　□水利水电

□建筑/房地产　　　□现代物流业　　□金融/保险业　　□信息产业

□批发/零售业　　　□住宿/餐饮业　　□环境和公共设施管理业

□租赁和商务服务业　□居民服务业　　□教育/科研机构　□文体娱乐业

□医药卫生　　　　　□政府部门和社会组织　　　　　□军队/警察

□自由职业者（请直接填写 16 题）　□退休及家庭主妇（请直接填写 16 题）

□在校大学生或研究生（请直接填写 16 题）□其他（请注明）＿＿＿＿＿＿＿

14. 您所在单位的组织性质

□政府部门　　　□事业单位　　　　　□国有企业

□民营企业　　　□港/澳/台独（合）资　　□外商独（合）资

□其他＿＿＿＿＿

15. 您的职务层级

□基层员工　　　□基层管理人员　　　□中层管理人员

□高层管理人员　□其他＿＿＿＿＿＿

16. 请根据您的实际情况选择最符合下列描述的选项：

序号	描述	不知道	知道
16-1	棉质、亚麻和丝绸的衣服，不仅环保而且耐穿	1	5
16-2	洗衣机开强档比开弱档更省电，还能延长机器寿命	1	5
16-3	肉类在生产、加工及处理过程中排放的温室气体远高于其他食品	1	5
16-4	电风扇转速越快越耗电，大多时候中低档风速足以满足生活需要	1	5
16-5	报纸、图书、办公用纸等可以回收，但是纸巾由于水溶性太强而不可回收	1	5
16-6	洗衣机内洗涤的衣物过少和过多都会增加耗电量	1	5

17. 请根据您的真实想法及实际做法选择最符合的选项：

序号	描述	非常不符合	比较不符合	一般	比较符合	非常符合
17-1	我几乎不会关注气候变化问题，也从不主动了解碳排放信息	1	2	3	4	5
17-2	我觉得我只要顾好自己的生活就行了，低碳减排是政府的责任，与我无关	1	2	3	4	5
17-3	我认为大多数人都与我一样，缺乏长期坚持低碳减排行为的动力	1	2	3	4	5
17-4	我觉得维护低碳减排与我的关系并不大	1	2	3	4	5
17-5	购买家电设施时，我总是选择节能型产品，哪怕会增加我的支出成本	1	2	3	4	5
17-6	同样性能的产品，我总是选择有"碳标签"的低碳产品，哪怕它的价格更高	1	2	3	4	5
17-7	如果绿电（风能等发的电）有较好的稳定度，就算它的价格再高，我也会选择	1	2	3	4	5
17-8	在购买住宅时，我优先考虑住宅是否有低碳节能设计（如集中供暖、自然采光等）	1	2	3	4	5
17-9	购买汽车时，只要基础设施（如充电桩）能够完善，我一定会选择新能源汽车（如电力、混合动力汽车），哪怕它的价格高于同等性能的其他汽车	1	2	3	4	5
17-10	无论购买什么东西，哪怕是一件衣服，我都会考虑它是不是低碳产品	1	2	3	4	5
17-11	家用电器不使用的时候，我一定会切断电源	1	2	3	4	5
17-12	在冰箱中存取食物时，我总是尽量减少冰箱的开关门次数	1	2	3	4	5
17-13	条件允许的情况下，我总是选择公交、地铁、骑车或步行方式出行	1	2	3	4	5
17-14	出门购物，我总是自己带环保袋，从不使用免费或者收费的塑料袋	1	2	3	4	5
17-15	我总是在积累适量的衣物之后才使用洗衣机	1	2	3	4	5
17-16	我总是关掉不用的电脑程序，减少硬盘工作量，这样既省电又维护我的电脑	1	2	3	4	5

续表

序号	描述	非常不符合	比较不符合	一般	比较符合	非常符合
17-17	我总是尽量利用废旧物品，例如，将废旧报纸铺垫在衣橱用以吸潮、除异味	1	2	3	4	5
17-18	我总是将生活垃圾按可回收性进行分类处理	1	2	3	4	5
17-19	只要可能，我总是尽量循环使用（或重复利用）产品，直至其完全废弃	1	2	3	4	5
17-20	我积极参与签名或寻求他人一起签名以支持低碳政策或法规	1	2	3	4	5
17-21	我积极参加与低碳主题相关的活动（如"地球一小时"）	1	2	3	4	5
17-22	如果对某一环境问题有意见，我一定会写信给政府或机构相关部门表达看法	1	2	3	4	5
17-23	周围人采取低碳环保行为往往是因为我是这样做的	1	2	3	4	5
17-24	我能强烈影响我的亲人和朋友，使他们采取对环境有益的低碳消费方式	1	2	3	4	5
17-25	我总是能说服其他人采取低碳消费行为	1	2	3	4	5
17-26	我非常了解"碳足迹"的概念内涵和实施意义	1	2	3	4	5
17-27	我非常了解"碳标签"的概念内涵和实施意义	1	2	3	4	5
17-28	我非常了解"碳中和（碳补偿）"的概念内涵和实施意义	1	2	3	4	5
18-1	与低碳相比，我更注重生活的舒适性	1	2	3	4	5
18-2	虽然低碳很重要，但我更注重生活的舒适性	1	2	3	4	5
18-3	如果选择低碳会降低我的生活质量，我宁愿不低碳	1	2	3	4	5
18-4	我们单位积极承担社会责任，努力为大众提供"绿色、低碳"的产品和服务	1	2	3	4	5
18-5	我们单位关注低碳减排，将环保利益最大化作为企业的价值观	1	2	3	4	5
18-6	我们单位积极致力于低碳环保，鼓励员工低碳减排	1	2	3	4	5
18-7	我们单位有意识地建设低碳导向的管理制度	1	2	3	4	5
18-8	我们单位不断改进工作制度及流程，以便达到更加低碳环保的效果	1	2	3	4	5
18-9	我们单位规定要采购符合低碳环保要求的办公设施及用品	1	2	3	4	5
18-10	我们单位经常举办低碳环保类公益活动，并鼓励员工积极参加	1	2	3	4	5
18-11	我们领导在工作中十分关注低碳环保，鼓励并赞赏低碳行为	1	2	3	4	5
18-12	我的同事们都具有环保意识，将低碳环保作为自身行为准则	1	2	3	4	5
18-13	拥有名牌能彰显品位，没有人关注它们是不是低碳	1	2	3	4	5

续表

序号	描述	非常不符合	比较不符合	一般	比较符合	非常符合
18-14	据我观察，人们吃饭都很讲究排场	1	2	3	4	5
18-15	据我观察，人们过度消费的现象很普遍	1	2	3	4	5
18-16	我很看重别人的评价，低碳总是让我很有面子	1	2	3	4	5
18-17	低碳非常时尚，让我在朋友圈很有谈资	1	2	3	4	5
18-18	虽然低碳很重要，但我更在意它会不会让我有面子	1	2	3	4	5
18-19	我周围的低碳环保氛围很浓厚	1	2	3	4	5
18-20	参加低碳宣传活动是件十分光荣的事	1	2	3	4	5
18-21	乱丢垃圾的行为会受到周围人的谴责和排斥	1	2	3	4	5
18-22	"低碳"能让我掌握更多的知识和生活技巧	1	2	3	4	5
18-23	"低碳"能给我带来非常强烈的精神愉悦感	1	2	3	4	5
18-24	"低碳"能给我带来非常优越的行动体验	1	2	3	4	5
18-25	"低碳"能给我带来非常大的经济节省	1	2	3	4	5
18-26	"低碳"能给社会带来非常重要的环保意义	1	2	3	4	5
19-1	多数人认为实施低碳行为并不省钱	1	2	3	4	5
19-2	购买低碳产品时，我更看重它的使用和维护成本	1	2	3	4	5
19-3	与一般旅行相比，我觉得低碳旅行更加费钱	1	2	3	4	5
19-4	我觉得人们很难改变传统消费习惯	1	2	3	4	5
19-5	低碳消费对我来说太难了，我更想坚持原来的生活习惯	1	2	3	4	5
19-6	我觉得低碳非常麻烦	1	2	3	4	5
19-7	我觉得低碳非常浪费时间	1	2	3	4	5
19-8	我对低碳相关的各种政策都十分了解	1	2	3	4	5
19-9	我觉得低碳政策的宣传十分到位	1	2	3	4	5
19-10	我在政府宣传中了解到了很多低碳政策	1	2	3	4	5
19-11	据我所知，现行的低碳政策都已经得到了很好的贯彻和落实	1	2	3	4	5
19-12	政策对居民低碳行为的引导很有成效	1	2	3	4	5
19-13	政策对企事业单位低碳行为的引导很有成效	1	2	3	4	5
19-14	我是否购买低碳节能产品，完全取决于该产品技术是否成熟	1	2	3	4	5
19-15	我很在意低碳产品在使用过程中的技术稳定性	1	2	3	4	5
19-16	只有技术成熟的低碳产品才能给生活带来真正的实惠和好处	1	2	3	4	5

续表

序号	描述	非常不符合	比较不符合	一般	比较符合	非常符合
19-17	我觉得低碳产品的使用体验非常好	1	2	3	4	5
19-18	我可以便利地购买到各类低碳产品	1	2	3	4	5
19-19	据我所知，大家都可以方便地选购各类低碳产品	1	2	3	4	5
19-20	我可以在周围便利地找到垃圾回收设施	1	2	3	4	5
19-21	我周围的很多小区都是基于低碳理念设计和装修的	1	2	3	4	5
19-22	据我观察，公共自行车、充电桩等基础设施已经非常完善	1	2	3	4	5
19-23	身边的设施比较落后，让我想低碳都无能为力	1	2	3	4	5
20-1	我对环境问题非常敏感，在户外活动的时候，哪怕是再小的环境问题，也会突然改变我的心情	1	2	3	4	5
20-2	媒体报道的各种环境问题总是让我产生非常大的情绪波动	1	2	3	4	5
20-3	接触到环境问题时，我时而欣喜若狂，时而沮丧悲伤	1	2	3	4	5
20-4	保护环境与否，完全都是由我的心情而定	1	2	3	4	5
20-5	无论在什么时候，我都会爱护花草树木，关爱各种小生命，绝不做伤害和破坏的事情	1	2	3	4	5
20-6	只有人与自然的共生和友好相处，才能促进社会和谐进步	1	2	3	4	5
20-7	我从不使用珍稀野生动物制品，如皮衣、补品、菜肴等	1	2	3	4	5
20-8	只有人与自然的共生和友好相处，才能促进社会和谐进步	1	2	3	4	5
20-9	我对各种自然生命都充满了强烈的敬畏	1	2	3	4	5
20-10	万物都有其自然的生长规律，人类活动必须顺其自然，不能刻意破坏	1	2	3	4	5
20-11	我们急需采取措施节约资源、保护环境，以促进生态可持续发展	1	2	3	4	5
20-12	人类决不能盲目地去征服自然，必须认识到大自然是人类生命栖居的家园	1	2	3	4	5
20-13	我总是非常关注各种生态环境问题，喜欢主动亲近自然	1	2	3	4	5
20-14	我总是能很好地体验自然，我觉得我就是大自然的一份子	1	2	3	4	5
20-15	我喜欢各种户外活动，总是不由自主地想融入自然	1	2	3	4	5
20-16	我对生态环境极有好奇心，充满求知欲	1	2	3	4	5
20-17	我总是付出额外的努力去节约资源、保护环境	1	2	3	4	5
20-18	我总是做一些环保行为，而且将来也会一直坚持	1	2	3	4	5
20-19	就算没有一些环保法律法规的要求和限制，我也会采取环保行为	1	2	3	4	5
20-20	应对气候变化、减少碳排放不仅是政府和企业的责任，也是我们每一个公民的责任	1	2	3	4	5

问卷到此结束，再次感谢您的参与！

附录 3　城市居民碳能力成熟度判断代码

```
A1=zeros(2056,1);A2=zeros(2056,1);A3=zeros(2056,1);A4=zeros
(2056,1);A5=zeros(2056,1);% 碳价值观 碳辨识能力 碳选择能力 碳行
动能力 碳影响能力
[A1,A2,A3,A4,A5]=textread('C: \Users\ Desktop\carbon.txt','%f
%f  %f  %f  %f',2056);% 读取碳能力维度值 txt 文件
AA=[A1,A2,A3,A4,A5];
BB=zeros(2056,1);% 每行最小值
CC=zeros(2056,1);% 输出结果
DD=zeros(2056,1);% 碳能力测度值
for i=1: 2056
    BB(i,1)=min([AA(i,1)AA(i,2)AA(i,3)AA(i,4)AA(i,5)]);
    DD(i,1)=0.3031*AA(i,1)+0.0794*AA(i,2)+0.2604*AA(i,3)+
0.2724*AA(i,4)+0.0847*AA(i,5);
    if BB(i,1)==AA(i,1)
      if AA(i,1)>3
          if 1<=DD(i,1)<=3
              CC(i,1)=1;初始级到优化级分别用 1-5 代替
          end
          if 3<DD(i,1)<=3.5
              CC(i,1)=2;
          end
          if 3.5<DD(i,1)<=4
              CC(i,1)=3;
          end
          if 4<DD(i,1)<=4.5
              CC(i,1)=4;
          end
          if 4.5<DD(i,1)<=5
              CC(i,1)=5;
          end
      end
      if AA(i,1)<=3
```

```
            CC(i,1)=1;
        end
    end
    if BB(i,1)==AA(i,2)
        if AA(i,1)<=3
            CC(i,1)=1;
        end
        if AA(i,1)>3
            if AA(i,2)<=3
                CC(i,1)=1;
            end
            if AA(i,2)>3
                if 1<=DD(i,1)<=3
                    CC(i,1)=1;
                end
                if 3<DD(i,1)<=3.5
                    CC(i,1)=2;
                end
                if 3.5<DD(i,1)<=4
                    CC(i,1)=3;
                end
                if 4<DD(i,1)<=4.5
                    CC(i,1)=4;
                end
                if 4.5<DD(i,1)<=5
                    CC(i,1)=5;
                end
            end
        end
    end
    if BB(i,1)==AA(i,3)
        if AA(i,1)<=3
            CC(i,1)=1;
        end
        if AA(i,1)>3
```

```
        if AA(i,2)<=3
            CC(i,1)=1;
        end
        if AA(i,2)>3
            if AA(i,3)<=3.5
                CC(i,1)=2;
            end
            if AA(i,3)>3.5
                if AA(i,1)>AA(i,2)
                    CC(i,1)=3;
                end
                if AA(i,1)<=AA(i,2)
                    if 1<=DD(i,1)<=3
                        CC(i,1)=1;
                    end
                    if 3<DD(i,1)<=3.5
                        CC(i,1)=2;
                    end
                    if 3.5<DD(i,1)<=4
                        CC(i,1)=3;
                    end
                    if 4<DD(i,1)<=4.5
                        CC(i,1)=4;
                    end
                    if 4.5<DD(i,1)<=5
                        CC(i,1)=5;
                    end
                end
            end
        end
    end
end
if BB(i,1)==AA(i,4)
    if AA(i,1)<=3
        CC(i,1)=1;
```

```
end
if AA(i,1)>3
    if AA(i,2)<=3
        CC(i,1)=1;
    end
    if AA(i,2)>3
        if AA(i,3)<=3.5
            CC(i,1)=2;
        end
        if AA(i,3)>3.5
            if AA(i,4)<=4
                CC(i,1)=3;
            end
            if AA(i,4)>4
                if AA(i,1)>AA(i,2)>AA(i,3)
                    CC(i,1)=4;
                else
                    if 1<=DD(i,1)<=3
                        CC(i,1)=1;
                    end
                    if 3<DD(i,1)<=3.5
                        CC(i,1)=2;
                    end
                    if 3.5<DD(i,1)<=4
                        CC(i,1)=3;
                    end
                    if 4<DD(i,1)<=4.5
                        CC(i,1)=4;
                    end
                    if 4.5<DD(i,1)<=5
                        CC(i,1)=5;
                    end
                end
            end
        end
    end
end
```

```
            end
        end
end
if BB(i,1)==AA(i,5)
    if AA(i,1)<=3
        CC(i,1)=1;
    end
    if AA(i,1)>3
        if AA(i,2)<=3
            CC(i,1)=1;
        end
        if AA(i,2)>3
            if AA(i,3)<=3.5
                CC(i,1)=2;
            end
            if AA(i,3)>3.5
                if AA(i,4)<=4
                    CC(i,1)=3;
                end
                if AA(i,4)>4
                    if AA(i,5)<=4
                        CC(i,1)=4;
                    end
                    if AA(i,5)>4
                        if AA(i,1)>AA(i,2)>AA(i,3)>AA(i,4)
                            CC(i,1)=5;
                        else
                            if 1<=DD(i,1)<=3
                                CC(i,1)=1;
                            end
                            if 3<DD(i,1)<=3.5
                                CC(i,1)=2;
                            end
                            if 3.5<DD(i,1)<=4
                                CC(i,1)=3;
```

```
                                        end
                                        if  4<DD(i,1)<=4.5
                                            CC(i,1)=4;
                                        end
                                        if  4.5<DD(i,1)<=5
                                            CC(i,1)=5;
                                        end
                                    end
                                end
                            end
                        end
                    end
                end
            end
        end
end
save(['C:\Users\ \','jia.txt'],'CC','-ASCII');% 保存输出结果
```
到 txt 文件

附录4　实证分析相关代码

1. Mplus Syntax 1 自变量作用于因变量的路径分析

```
TITLE: 自变量作用于碳价值观
    DATA: FILE=中介效应数据.csv;
        LISTWISE=ON;
    VARIABLE:
        NAMES=y1-y35 x1-x41 r1-r5;
        MISSING=ALL(-9);
        USEVARIABLES=y1-y4 x1-x41;
    ANALYSIS: ESTIMATOR=ML;
    MODEL:
        CV BY y1 y2 y3 y4;
        PC BY x1 x2 x3;! Preferences of Comfort;
        EN BY x4 x5 x6 x7;! Eco-neuroticism;
        EA BY x8 x9 x10 x11;! Eco-agreeableness;
```

```
    EO BY x12 x13 x14 x15;! Eco-openness;
    EE BY x16 x17 x18 x19;! Eco-extraversion;
    EC BY x20 x21 x22 x23;! Eco-conscientiousness;
    OLV BY x24 x25 x26;! Organizational Low-carbon Values;
    OIN BY x27 x28 x29;! Organizational Institutional Norm;
    OLC BY x30 x31 x32;! Organizational Low-carbon
Climate;
    SCC BY x33 x34 x35;! Social Consumer Culture;
    SC BY x36 x37 x38;! Social Currency;
    SN BY x39 x40 x41;! Social Norms;


    CV ON PC EN EA EO EE EC OLV OIN OLC SCC SC SN;

  OUTPUT: TECH1 TECH4 STDYX MODINDICES
TITLE: 自变量作用于碳辨识能力
  DATA: FILE=中介效应数据.csv;
        LISTWISE=ON;
  VARIABLE:
      NAMES=y1-y35 x1-x41 r1-r5;
      MISSING=ALL(-9);
      USEVARIABLES=y5-y13 x1-x41;
  ANALYSIS: ESTIMATOR=ML;
  MODEL:
      CIC BY y5 y6 y7 y8 y9 y10 y11 y12 y13;! Carbon
Identification Capability;
      PC BY x1 x2 x3;! Preferences of Comfort;
      EN BY x4 x5 x6 x7;! Eco-neuroticism;
      EA BY x8 x9 x10 x11;! Eco-agreeableness;
      EO BY x12 x13 x14 x15;! Eco-openness;
      EE BY x16 x17 x18 x19;! Eco-extraversion;
      EC BY x20 x21 x22 x23;! Eco-conscientiousness;
      OLV BY x24 x25 x26;! Organizational Low-carbon Values;
      OIN BY x27 x28 x29;! Organizational Institutional Norm;
      OLC BY x30 x31 x32;! Organizational Low-carbon
Climate;
```

```
    SCC BY x33 x34 x35;! Social Consumer Culture;
    SC BY x36 x37 x38;! Social Currency;
    SN BY x39 x40 x41;! Social Norms;


    CIC ON PC EN EA EO EE EC OLV OIN OLC SCC SC SN;


OUTPUT: TECH1 TECH4 STDYX MODINDICES
```

TITLE: 自变量作用于碳选择能力

```
    DATA: FILE=中介效应数据.csv;
        LISTWISE=ON;
    VARIABLE:
        NAMES=y1-y35 x1-x41 r1-r5;
        MISSING=ALL(-9);
        USEVARIABLES=y14-y19 x1-x41;
    ANALYSIS: ESTIMATOR=ML;
    MODEL:
        CCC BY y14 y15 y16 y17 y18 y19;! Carbon Choice
        Capability;
        PC BY x1 x2 x3;! Preferences of Comfort;
        EN BY x4 x5 x6 x7;! Eco-neuroticism;
        EA BY x8 x9 x10 x11;! Eco-agreeableness;
        EO BY x12 x13 x14 x15;! Eco-openness;
        EE BY x16 x17 x18 x19;! Eco-extraversion;
        EC BY x20 x21 x22 x23;! Eco-conscientiousness;
        OLV BY x24 x25 x26;! Organizational Low-carbon Values;
        OIN BY x27 x28 x29;! Organizational Institutional Norm;
        OLC BY x30 x31 x32;! Organizational Low-carbon
        Climate;
        SCC BY x33 x34 x35;! Social Consumer Culture;
        SC BY x36 x37 x38;! Social Currency;
        SN BY x39 x40 x41;! Social Norms;


        CCC ON PC EN EA EO EE EC OLV OIN OLC SCC SC SN;
OUTPUT: TECH1 TECH4 STDYX MODINDICES
```

TITLE: 自变量作用于碳行动能力
　　DATA: FILE=中介效应数据.csv;
　　　　　　　LISTWISE=ON;
　　VARIABLE:
　　　　　　　NAMES=y1-y35 x1-x41 r1-r5;
　　　　　　　MISSING=ALL(-9);
　　　　　　　USEVARIABLES=y20-y31 x1-x41;
　　ANALYSIS: ESTIMATOR=ML;
　　MODEL:
　　　　　CAC BY y20 y21 y22 y23 y24 y25 y26 y27 y28 y29 y30 y31;!
Carbon Action Capability;
　　　　　PC BY x1 x2 x3;! Preferences of Comfort;
　　　　　EN BY x4 x5 x6 x7;! Eco-neuroticism;
　　　　　EA BY x8 x9 x10 x11;! Eco-agreeableness;
　　　　　EO BY x12 x13 x14 x15;! Eco-openness;
　　　　　EE BY x16 x17 x18 x19;! Eco-extraversion;
　　　　　EC BY x20 x21 x22 x23;! Eco-conscientiousness;
　　　　　OLV BY x24 x25 x26;! Organizational Low-carbon Values;
　　　　　OIN BY x27 x28 x29;! Organizational Institutional Norm;
　　　　　OLC BY x30 x31 x32;! Organizational Low-carbon
　　　　　Climate;
　　　　　SCC BY x33 x34 x35;! Social Consumer Culture;
　　　　　SC BY x36 x37 x38;! Social Currency;
　　　　　SN BY x39 x40 x41;! Social Norms;

　　　　　CAC ON PC EN EA EO EE EC OLV OIN OLC SCC SC SN;

　　OUTPUT: TECH1 TECH4 STDYX MODINDICES

TITLE: 自变量作用于碳影响能力
　　DATA: FILE=中介效应数据.csv;
　　　　　LISTWISE=ON;
　　VARIABLE:
　　　　　NAMES=y1-y35 x1-x41 r1-r5;
　　　　　MISSING=ALL(-9);

```
        USEVARIABLES=y32-y34 x1-x41;
    ANALYSIS: ESTIMATOR=ML;
    MODEL:
        CINC BY y32 y33 y34;! Carbon Influence Capability;
        PC BY x1 x2 x3;! Preferences of Comfort;
        EN BY x4 x5 x6 x7;! Eco-neuroticism;
        EA BY x8 x9 x10 x11;! Eco-agreeableness;
        EO BY x12 x13 x14 x15;! Eco-openness;
        EE BY x16 x17 x18 x19;! Eco-extraversion;
        EC BY x20 x21 x22 x23;! Eco-conscientiousness;
        OLV BY x24 x25 x26;! Organizational Low-carbon Values;
        OIN BY x27 x28 x29;! Organizational Institutional Norm;
        OLC BY x30 x31 x32;! Organizational Low-carbon
Climate;
        SCC BY x33 x34 x35;! Social Consumer Culture;
        SC BY x36 x37 x38;! Social Currency;
        SN BY x39 x40 x41;! Social Norms;

        CINC ON PC EN EA EO EE EC OLV OIN OLC SCC SC SN;

    OUTPUT: TECH1 TECH4 STDYX MODINDICES
TITLE: 自变量作用于碳能力
    DATA: FILE=中介效应数据.csv;
        LISTWISE=ON;
    VARIABLE:
        NAMES=y1-y35 x1-x41 r1-r5;
        MISSING=ALL(-9);
        USEVARIABLES=y1-y35 x1-x41;
    ANALYSIS: ESTIMATOR=ML;
    MODEL:
        CC BY y1-35;! Carbon Influence Capability;
        PC BY x1 x2 x3;! Preferences of Comfort;
        EN BY x4 x5 x6 x7;! Eco-neuroticism;
        EA BY x8 x9 x10 x11;! Eco-agreeableness;
        EO BY x12 x13 x14 x15;! Eco-openness;
```

```
    EE BY x16 x17 x18 x19;! Eco-extraversion;
    EC BY x20 x21 x22 x23;! Eco-conscientiousness;
    OLV BY x24 x25 x26;! Organizational Low-carbon Values;
    OIN BY x27 x28 x29;! Organizational Institutional Norm;
    OLC BY x30 x31 x32;! Organizational Low-carbon
    Climate;
    SCC BY x33 x34 x35;! Social Consumer Culture;
    SC BY x36 x37 x38;! Social Currency;
    SN BY x39 x40 x41;! Social Norms;


    CC ON PC EN EA EO EE EC OLV OIN OLC SCC SC SN;

OUTPUT: TECH1 TECH4 STDYX MODINDICES
```

2. Mplus Syntax 2　自变量与中介变量作用路径分析

```
TITLE: 自变量作用于效用体验感知
DATA: FILE=中介效应数据.csv;
    LISTWISE=ON;
VARIABLE:
    NAMES=y1-y35 x1-x41 r1-r5;
    MISSING=ALL(-9);
    USEVARIABLES=x1-x41 r1-r5;
ANALYSIS: ESTIMATOR=ML;
MODEL:
    PC BY x1 x2 x3;! Preferences of Comfort;
    EN BY x4 x5 x6 x7;! Eco-neuroticism;
    EA BY x8 x9 x10 x11;! Eco-agreeableness;
    EO BY x12 x13 x14 x15;! Eco-openness;
    EE BY x16 x17 x18 x19;! Eco-extraversion;
    EC BY x20 x21 x22 x23;! Eco-conscientiousness;
    OLV BY x24 x25 x26;! Organizational Low-carbon Values;
    OIN BY x27 x28 x29;! Organizational Institutional Norm;
    OLC BY x30 x31 x32;! Organizational Low-carbon Climate;
    SCC BY x33 x34 x35;! Social Consumer Culture;
    SC BY x36 x37 x38;! Social Currency;
```

```
    SN BY x39 x40 x41;! Social Norms;
    UEP BY r1 r2 r3 r4 r5;! Utility Experience Perception;

    UEP ON PC EN EA EO EE EC OLV OIN OLC SCC SN SC;

    OUTPUT: TECH1 TECH4 STDYX MODINDICES
```

3. Mplus Syntax 3 中介变量与因变量作用路径分析

```
TITLE: 中介变量作用于碳价值观
DATA: FILE=中介效应数据.csv;
       LISTWISE=ON;
VARIABLE:
       NAMES=y1-y35 x1-x41 r1-r5;
       MISSING=ALL(-9);
       USEVARIABLES=y1-y4 r1-r5;
ANALYSIS: ESTIMATOR=ML;
MODEL:
       CV BY y1 y2 y3 y4;! Carbon values;
       UEP BY r1 r2 r3 r4 r5;! Utility Experience Perception;

       CV ON UEP;

       OUTPUT: TECH1 TECH4 STDYX MODINDICES
TITLE: 中介变量作用于碳辨识能力
DATA: FILE=中介效应数据.csv;
       LISTWISE=ON;
VARIABLE:
     NAMES=y1-y35 x1-x41 r1-r5;
     MISSING=ALL(-9);
     USEVARIABLES=y5-y13 r1-r5;
ANALYSIS: ESTIMATOR=ML;
MODEL:
     CIC BY y5 y6 y7 y8 y9 y10 y11 y12 y13;! Carbon
Identification Capability;
     UEP BY r1 r2 r3 r4 r5;! Utility Experience Perception;
```

```
    CIC ON UEP;


    OUTPUT: TECH1 TECH4 STDYX MODINDICES
TITLE: 中介变量作用于碳选择能力
DATA: FILE=中介效应数据.csv;
    LISTWISE=ON;
VARIABLE:
    NAMES=y1-y35 x1-x41 r1-r5;
    MISSING=ALL(-9);
    USEVARIABLES=y14-y19 r1-r5;
ANALYSIS: ESTIMATOR=ML;
MODEL:
    CCC BY y14 y15 y16 y17 y18 y19;! Carbon Choice Capability;
    UEP BY r1 r2 r3 r4 r5;! Utility Experience Perception;


    CCC ON UEP;


    OUTPUT: TECH1 TECH4 STDYX MODINDICES
TITLE: 中介变量作用于碳行动能力
DATA: FILE=中介效应数据.csv;
    LISTWISE=ON;
VARIABLE:
    NAMES=y1-y35 x1-x41 r1-r5;
    MISSING=ALL(-9);
    USEVARIABLES=y20-y31 r1-r5;
ANALYSIS: ESTIMATOR=ML;
MODEL:
    CAC BY y20 y21 y22 y23 y24 y25 y26 y27 y28 y29 y30 y31;!
Carbon Action Capability;
    UEP BY r1 r2 r3 r4 r5;! Utility Experience Perception;


    CAC ON UEP;
    OUTPUT: TECH1 TECH4 STDYX MODINDICES


TITLE: 中介变量作用于碳影响能力
```

```
DATA: FILE=中介效应数据.csv;
    LISTWISE=ON;
VARIABLE:
    NAMES=y1-y35 x1-x41 r1-r5;
    MISSING=ALL(-9);
    USEVARIABLES=y32-y34 r1-r5;
ANALYSIS: ESTIMATOR=ML;
MODEL:
    CINC BY y32 y33 y34;! Carbon Influence Capability;
    UEP BY r1 r2 r3 r4 r5;! Utility Experience Perception;

    CINC ON UEP;

    OUTPUT: TECH1 TECH4 STDYX MODINDICES
TITLE: 中介变量作用于碳能力
DATA: FILE=中介效应数据.csv;
    LISTWISE=ON;
VARIABLE:
    NAMES=y1-y35 x1-x41 r1-r5;
    MISSING=ALL(-9);
    USEVARIABLES=y1-y35 r1-r5;
ANALYSIS: ESTIMATOR=ML;
MODEL:
    CC BY y1- y35;! Carbon Influence Capability;
    UEP BY r1 r2 r3 r4 r5;! Utility Experience Perception;

    CC ON UEP;

    OUTPUT: TECH1 TECH4 STDYX MODINDICES
```

4. Mplus Syntax 4 中介效应检验

```
TITLE: 包含中介效应的全模型检验
DATA: FILE=中介效应数据.csv;
    LISTWISE=ON;
VARIABLE:
```

```
    NAMES=y1-y35 x1-x41 r1-r5;
    MISSING=ALL(-9);
    USEVARIABLES=y1-y35 x1-x41 r1-r5;
ANALYSIS: ESTIMATOR=MLR;
MODEL:
    CV BY y1 y2 y3 y4;! Carbon values;
    CIC BY y5 y6 y7 y8 y9 y10 y11 y12 y13;! Carbon
Identification Capability;
    CCC BY y14 y15 y16 y17 y18 y19;! Carbon Choice Capability;
    CAC BY y20 y21 y22 y23 y24 y25 y26 y27 y28 y29 y30 y31;!
Carbon Action Capability;
    CINC BY y32 y33 y34;! Carbon Influence Capability;
    CC BY y1-y35;! Carbon Capability;
    PC BY x1 x2 x3;! Preferences of Comfort;
    EN BY x4 x5 x6 x7;! Eco-neuroticism;
    EA BY x8 x9 x10 x11;! Eco-agreeableness;
    EO BY x12 x13 x14 x15;! Eco-openness;
    EE BY x16 x17 x18 x19;! Eco-extraversion;
    EC BY x20 x21 x22 x23;! Eco-conscientiousness;
    OLV BY x24 x25 x26;! Organizational Low-carbon Values;
    OIN BY x27 x28 x29;! Organizational Institutional Norm;
    OLC BY x30 x31 x32;! Organizational Low-carbon Climate;
    SCC BY x33 x34 x35;! Social Consumer Culture;
    SC BY x36 x37 x38;! Social Currency;
    SN BY x39 x40 x41;! Social Norms;
    UEP BY r1 r2 r3 r4 r5;! Utility Experience Perception;

    UEP ON PC EN EA EO EE EC OLV OIN OLC SCC SC SN;

    OUTPUT: TECH1 STDYX MODINDICES;
    MODEL INDIRECT:
        CV VIA UEP PC;
        CV VIA UEP EN;
        CV VIA UEP EA;
        CV VIA UEP EO;
```

```
CV VIA UEP EE;
CV VIA UEP EC;
CV VIA UEP OLV;
CV VIA UEP OIN;
CV VIA UEP OLC;
CV VIA UEP SCC;
CV VIA UEP SC;
CV VIA UEP SN;

CIC VIA UEP PC;
CIC VIA UEP EN;
CIC VIA UEP EA;
CIC VIA UEP EO;
CIC VIA UEP EE;
CIC VIA UEP EC;
CIC VIA UEP OLV;
CIC VIA UEP OIN;
CIC VIA UEP OLC;
CIC VIA UEP SCC;
CIC VIA UEP SC;
CIC VIA UEP SN;

CCC VIA UEP PC;
CCC VIA UEP EN;
CCC VIA UEP EA;
CCC VIA UEP EO;
CCC VIA UEP EE;
CCC VIA UEP EC;
CCC VIA UEP OLV;
CCC VIA UEP OIN;
CCC VIA UEP OLC;
CCC VIA UEP SCC;
CCC VIA UEP SC;
CCC VIA UEP SN;
```

```
CAC VIA UEP PC;
CAC VIA UEP EN;
CAC VIA UEP EA;
CAC VIA UEP EO;
CAC VIA UEP EE;
CAC VIA UEP EC;
CAC VIA UEP OLV;
CAC VIA UEP OIN;
CAC VIA UEP OLC;
CAC VIA UEP SCC;
CAC VIA UEP SC;
CAC VIA UEP SN;

CINC VIA UEP PC;
CINC VIA UEP EN;
CINC VIA UEP EA;
CINC VIA UEP EO;
CINC VIA UEP EE;
CINC VIA UEP EC;
CINC VIA UEP OLV;
CINC VIA UEP OIN;
CINC VIA UEP OLC;
CINC VIA UEP SCC;
CINC VIA UEP SC;
CINC VIA UEP SN;

CC VIA UEP PC;
CC VIA UEP EN;
CC VIA UEP EA;
CC VIA UEP EO;
CC VIA UEP EE;
CC VIA UEP EC;
CC VIA UEP OLV;
CC VIA UEP OIN;
CC VIA UEP OLC;
```

```
        CC VIA UEP SCC;
        CC VIA UEP SC;
        CC VIA UEP SN;


    OUTPUT: STDYX MODINDICES;
```

5. Mplus Syntax 5 碳能力作用于效用体验感知作用路径分析

```
TITLE：碳能力作用于效用体验感知
DATA: FILE=中介效应数据.csv;
    LISTWISE=ON;
VARIABLE:
    NAMES=y1-y35 x1-x41 r1-r5;
    MISSING=ALL(-9);
    USEVARIABLES=y1-y35 r1-r5;
ANALYSIS: ESTIMATOR=ML;
MODEL:
    UEP BY r1 r2 r3 r4 r5;! Utility Experience Perception;
    CV BY y1 y2 y3 y4;! Carbon values;
    CIC BY y5 y6 y7 y8 y9 y10 y11 y12 y13;! Carbon
Identification Capability;
    CCC BY y14 y15 y16 y17 y18 y19;! Carbon Choice Capability;
    CAC BY y20 y21 y22 y23 y24 y25 y26 y27 y28 y29 y30 y31;!
Carbon Action Capability;
    CINC BY y32 y33 y34;! Carbon Influence Capability;
    CC BY y1-y35;! Carbon Capability;

    UEP ON CV CIC CCC CAC CINC CC;

    OUTPUT: TECH1 TECH4 STDYX MODINDICES
```

附录 5　城市居民碳辨识能力扩散仿真代码（示例）

```
accept_node=0;%接受节点
send_node=0;%发送节点
c=0;%选择传播的知识类
```

```
epsilon=0.05;%关系强度变化值
delta=0.05;%意愿变化值
time_T=200000;%仿真时步
V=zeros(500,1);%节点平均知识矩阵
V_sum=zeros(time_T,1);%网络知识平均值
V_var=zeros(time_T,1);%网络知识方差

lambda=[0.067,0.062,-0.052,-0.174,0.085];%不同情境变量的干预
系数
xl=[0.167,0.155,-0.092,-0.072,0.125];%α、β、γ、ξ、κ
di=1;%政策普及程度
ei=1;%政策执行效度
fi=1;%个人经济成本
gi=1;%习惯转化成本
hi=1;%产品易获得性
check=zeros(500,5);%用于检测节点是否被干预过(分五类情景)

load('mat\\A.mat');%读取网络的邻接矩阵
load('mat\\B15.mat');%读取知识矩阵(1、5分布)
% load('mat\\W.mat');%读取权值(0~1)
% load('mat\\W13.mat');%读取权值(0.1~0.3)
% load('mat\\W79.mat');%读取权值(0.7~0.9)
load('mat\\beta.mat');%读取吸收系数矩阵(0~0.2)
load('mat\\ai.mat');%读取 ai 矩阵

t=0;%仿真时步计数器
while t < time_T
    accept_node=ceil(500*rand);%随机选择接受点
    c=ceil(8*rand);%随机选择知识类
    neighbour=find(A(accept_node,: ) > 0);%筛选出接受点的所有邻居
    neigh_base=find(B(neighbour,c) > B(accept_node,c));%筛选
满足"知识差条件"的邻点
    if(isempty(neigh_base));continue;%若不存在满足"知识差条件"
的邻点,则重新选择
    else
```

```
        neigh_num=length(neigh_base);
        neigh_base_new=neighbour(neigh_base);%规化下标

%           %随机 选择发送节点
%           send_node=neigh_base_new(ceil(neigh_num*rand));

%           %强度优先 选择发送节点
%           temp=1;
%           temp_w=W(neigh_base_new(temp),accept_node);
%           for i=2: neigh_num    %选出权值最大的邻居节点
%               if(W(neigh_base_new(i),accept_node) > temp_w)
%                   temp_w=W(neigh_base_new(i),accept_node);
%                   temp=i;
%               end
%           end
%           send_node=neigh_base_new(temp);
        %知识优先 选择发送节点
        temp=1;
        temp_c=B(neigh_base_new(temp),c);
        for i=2: neigh_num    %选出知识差最大的邻居节点
            if(B(neigh_base_new(i),c) > temp_c)
                temp_c=B(neigh_base_new(i),c);
                temp=i;
            end
        end
         send_node=neigh_base_new(temp);

        %知识散播过程
        B(accept_node,c)=B(accept_node,c)+beta(accept_node)*
W(accept_node,send_node)*(B(send_node,c)-B(accept_node,c));
        %关系强度变化

W(accept_node,send_node)=W(accept_node,send_node)+epsilon;
%关系增强
        if(W(accept_node,send_node) > 1)%权值 w 不能超过 1
```

```
        W(accept_node,send_node)=1;%超过 1 的话强行归 1
    end
    neigh_w=find(W(accept_node,neighbour) >  epsilon);% 筛
选出权值大于 0.05 的邻居
    neigh_w_new=neighbour(neigh_w);%规化下标
    neigh_w_new(neigh_w_new==send_node)=[];%从中去掉发送节点
    if(isempty(neigh_w_new)==0)%是否存在可以减轻权值的邻居
        node_k=neigh_w_new(ceil(length(neigh_w_new)*rand))
;%随机选择节点 k
        W(accept_node,node_k)=W(accept_node,node_k)-
epsilon;%关系减弱
    end
    %加入情境因素的影响-政策普及程度
    di=5;
    if(check(accept_node,1)==0)%检查接受节点是否被干预过
        check(accept_node,1)=1;
        theta=rand;%theta 随机 0~1

B(accept_node,c)=B(accept_node,c)+xl(1)*di+lambda(1)*ai(ac
cept_node)*di+theta;
        if(B(accept_node,c) > 5)
            B(accept_node,c)=5;
        end
    end
    if(check(send_node,1)==0)%检查发送节点是否被干预过
        check(send_node,1)=1;
        theta=rand;%theta 随机 0~1
B(send_node,c)=B(send_node,c)+xl(1)*di+lambda(1)*ai(send_
node)*di+theta;
        if(B(send_node,c) > 5)
            B(send_node,c)=5;
        end
    end

    t=t+1;%仿真时步+1
```

```
    end

    for i=1：500   %求每个点的知识均值
        V(i)=sum(B(i,：))/8;
    end
    V_sum(t)=sum(V)/500;%求 t 时刻的网络知识平均值
    V_var(t)=var(V,1);%求 t 时刻的网络知识方差
end
%画图测试部分
x=zeros(1,time_T);
for i=1：time_T
    x(i)=i;
end

V_draw=(V_sum-1)/4;
plot(x,V_draw);
xlabel('时间');
ylabel('全部个体的平均碳辨识能力水平');
figure;
plot(x,V_var);
xlabel('时间');
ylabel('全部个体的碳辨识能力方差');

V_draw_yt_p19=V_draw;%%% 存储数据
V_var_yt_p19=V_var;%%% 存储数据
```